电工技术概论

DIANGONG JISHU GAILUN

李 创 储春华 于 涛 张 玲 刘晓梅 编著

中国水利水电出版社
www.waterpub.com.cn

内 容 提 要

本书对电工技术的知识进行了总结,主要介绍了电路的基本概念与基本定律、电路的分析方法、电路的暂态分析、磁路、电路的频率特性、正弦交流电路、三相交流电路、变压器、电动机、继电接触器控制系统、可编程控制器的原理及应用、工业企业供电与安全用电以及电工测量。

本书的内容知识体系丰富,语言简明流畅,重点应用知识突出,例题都有解答过程,便于读者学习和掌握。本书可供从事电子技术的工程技术人员参考。

图书在版编目(CIP)数据

电工技术概论/李创等编著. --北京:中国水利
水电出版社,2015.7(2022.10重印)
  ISBN 978-7-5170-3459-9

  Ⅰ.①电…　Ⅱ.①李…　Ⅲ.①电工技术—概论　Ⅳ.
①TM

中国版本图书馆 CIP 数据核字(2015)第 174709 号

策划编辑:杨庆川　责任编辑:陈　洁　封面设计:崔　蕾

书　　名	电工技术概论
作　　者	李　创　储春华　于　涛　张　玲　刘晓梅　编著
出版发行	中国水利水电出版社 (北京市海淀区玉渊潭南路 1 号 D 座 100038) 网址:www. waterpub. com. cn E-mail:mchannel@263. net(万水) 　　　　sales@mwr.gov.cn 电话:(010)68545888(营销中心)、82562819(万水)
经　　售	北京科水图书销售有限公司 电话:(010)63202643、68545874 全国各地新华书店和相关出版物销售网点
排　　版	北京厚诚则铭印刷科技有限公司
印　　刷	三河市人民印务有限公司
规　　格	184mm×260mm　16 开本　18 印张　438 千字
版　　次	2016年1月第1版　2022年10月第2次印刷
印　　数	2001—3001册
定　　价	56.00 元

前　言

电工技术的发展和应用已经实现跨越式发展,并且渗透到我国现代化建设的各个领域。本书在编撰时尽量做到内容的系统性、完整性、科学性和适用性的完整结合,力求深入浅出,从具体知识抽象到理论层次,从物理概念到数学模型的推导尽可能符合人们的思维认知过程,使读者便于认知理解并加以掌握。

本书共 13 章,分为电路、电动机、安全用电以及电工测量四个部分。电路部分包括 1~7 章,主要介绍了电路的基本概念、原理、电路的分析、电磁现象、正弦交流电路、三相交流电路以及电路的频率特性;电动机部分包括 8~11 章,主要介绍变压器、电动机、继电接触器,以及可编程控制器;安全用电部分为第 12 章,主要介绍工业企业供电以及安全用电;电工测量部分为第 13 章,主要介绍了电工测量的基本知识以及常用的测量工具。

本书具有以下特点:

(1)内容涵盖广泛,对电工技术的基础知识进行了详细的介绍,命题的提出以及分析思路、推导过程等都有介绍,读者可以充分根据自身实际情况有选择的进行,以便提高学习效率,打下坚实的基础理论知识。

(2)便于读者进行实践,本书既介绍了电路的基本知识,也提供动手实践的机会,例如第 13 章电工测量中,读者可以依据本书进行实际测量,以便对知识的掌握更加清晰。

(3)加入实用的常识技术应用知识,比如本书第 9 章电动机中就加入了步进电机等一些较为实用的应用知识介绍,实现理论与实践的相互结合。

(4)本书的例题大多源于科研和工程实践,具有实用价值,提高读者的分析计算能力。

全书由李创、储春华、于涛、张玲、刘晓梅编撰,并由李创、储春华、于涛负责统稿,具体分工如下:

第 1 章、第 9 章:李创(海南大学);

第 2 章、第 13 章:储春华(海南大学);

第 4 章、第 5 章、第 7 章、第 8 章:于涛(海南大学);

第 3 章、第 10 章、第 12 章:张玲(海南大学);

第 6 章、第 11 章:刘晓梅(海南大学)。

本书在编撰过程中,以适用社会实际需求为目标,旨在使读者通过本门课程的学习,能够获得电工技术方面必备的基本理论、基本知识和基本技能,掌握简单的电气设备、电子方面的知识,为以后学习工作研究做铺垫。本书在编撰过程中还参考了大量的文献资料,在此向参考文献的作者表示衷心的感谢!

由于作者的水平和经验有限,书中错误和不妥之处在所难免,敬请广大读者批评指正。

作　者

2015 年 4 月

目　录

第1章 电路的基本概念与基本定律

1.1 电路概述

1.1.1 电路

1.电路的组成及作用

电路是电流的通路,是根据不同需要由某些电工设备或元件按一定方式组合而成的,包括电源或信号源、中间环节和负载,如图 1-1 电路所示。

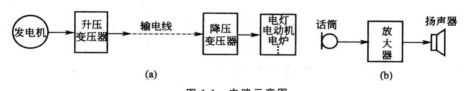

图 1-1 电路示意图

(a)电力系统;(b)收音机电路

电路的构成形式多种多样,其作用可归纳为以下两大类。

①电能的传输和转换,如图 1-1(a)所示的电力系统。

②信号的传递和处理,如图 1-1(b)所示的收音机电路。

发电机是电源,是供应电能的,它可以将热能、水能或核能转换为电能。电池也是常用的电源,可将化学能或光能转化为电能。电压和电流是在电源的作用下产生的,因此,电源又称为激励源,也称输入。用电设备称为负载,如电灯、电炉、电动机和电磁铁等用电器取用电能,是负载,它们分别将电能转换成光能、热能、机械能和磁场能等。由激励源在电路中(包括负载)各处产生的电流和电压称为响应,也称为输出。变压器和输电线路是中间环节,连接电源和负载,起传输和分配电能的作用。

信号的传递和处理过程也类似。接收装置感应的电信号是电源,传输导线和放大器是中间环节,扬声器将电信号还原成声音信号,是负载。

2.电路模型

电路理论讨论的电路不是实际电路,而是它们的电路模型。为了便于对实际电路进行分析和用数学描述,将实际电路元件理想化(或称模型化),用理想电路元件(电阻、电感、电容等)及其组合模拟替代实际电路中的器件,则这些由理想电路元件组成的电路即实际电路的电路模型。在电路模型中,各理想元件的端子用"理想导线"(其电阻为零)连接起来。

用理想电路元件及其组合模拟替代实际器件即为建模。电路模型要把给定工作条件下的主要物理现象及功能反映出来。例如白炽灯,当其通有电流时,除主要具有消耗电能的性质

(电阻性)外,还产生磁场,即也具有电感性,但电感微小到可忽略不计,因此白炽灯的模型可以是一电阻元件。又如一个线圈,在直流情况下的模型可以是一电阻元件,在低频情况下其模型要用电阻和电感的串联组合代替。可见在不同的条件下,同一实际器件可能要用不同的电路模型。

模型选取得恰当,电路的分析计算结果就与实际情况接近,反之误差会很大,甚至出现矛盾的结果。本书不讨论建模问题。本书所说的电路一般均指实际电路的电路模型,电路元件也是理想电路元件的简称。

一个简单的手电筒电路的实际电路元件有干电池、电珠、开关和筒体,电路模型如图 1-2 所示。干电池是电源元件,用电动势 E 和内电阻(简称内阻)R_0 的串联来表示;电珠是电阻元件,用参数 R 表示;筒体和开关是中间环节,连接干电池与电珠,开关闭合时其电阻忽略不计,认为是一无电阻的理想导体。

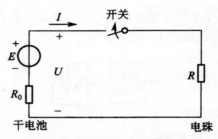

图 1-2　实际电路与电路模型示例

3. 电路基本术语

电路中流过同一电流的一段路径称为支路,一条支路可能是两个元件或几个元件的串联组合,中间没有其他的分支。3 条或 3 条以上支路的连接点称为节点。回路是指由一条或多条支路构成的闭合路径。内部不含其他支路的回路称为网孔,网孔只在平面电路中涉及。如图 1-3 的电路中 abcda 是一个回路,但不是网孔,在它内部有一条支路 bd。所以图 1-3 的电路中共有 6 条支路,4 个节点(e 点不是节点),7 个回路,3 个网孔。

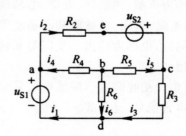

图 1-3　支路、节点和回路

1.1.2　电流、电压及其参考方向

电路中的物理量主要有电流 $i(I)$、电压 $u(U)$、电动势 $e(E)$、功率 $p(P)$、电能量 $w(W)$、电荷 $q(Q)$,磁通 Φ 和磁链 Ψ。在分析电路时,要用电压或电流的正方向导出电路方程,但电流或电压的实际方向可能是未知的,也可能是随时间变动的,故需要指定其参考方向。

1.电流及其参考方向

电流是电荷有规则地定向运动形成的,在数值上电流等于单位时间内通过导体横截面的电荷量。

$$i = \frac{\Delta q}{\Delta t} \left(i = \frac{dq}{dt} \right)$$

若电流 i 不随时间而变化,则称为直流电流,常用大写字母 I 表示。习惯上规定正电荷运动的方向为电流的实际方向,它是客观存在的。但电流的实际方向往往是未知的或变动的,故在分析计算电路时,先任意选定(假定)某一方向为电流的正方向,这一方向即电流的参考方向,从而电流就可看成代数量。当电流的参考方向与其实际方向相同时,电流为正值,即 $i>0$;反之电流为负值,即 $i<0$。如图 1-4 所示。

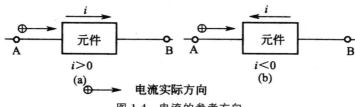

图 1-4　电流的参考方向

电流的参考方向可以用箭标表示,如图 1-4 所示;也可用双下标表示,如图 1-4(a)中,按所选电流参考方向可写作 i_{AB},表示电流参考方向由 A 指向 B。在图 1-4(b)中,按所选电流参考方向可写作 i_{BA}。对同一段电路,$i_{AB} = -i_{BA}$,$i_{BA} = -i_{AB}$。在国际单位制中,电流的基本单位是安[培](A),计量微小电流时也用毫安(mA)或微安(μA)作单位。$1mA = 10^{-3}A$,$1\mu A = 10^{-6}A$。

2.电压及其参考方向

电压是两点间电势差(电位差)。$u_{ab} = V_a - V_b$。a、b 两点的电位分别用 V_a、V_b 表示。电压体现电场力推动单位正电荷做功的能力。电压 u_{ab} 数值上等于电场力推动单位正电荷从 a 点移动到 b 点所做的功。为方便分析计算,习惯上规定电压的实际方向为由高电位端(正极性端)指向低电位端(负极性端),即电位降低的方向。

电源电动势(以后"电源"二字常略去)体现电源力推动单位正电荷做功的能力,用 e 表示任意形式的电动势,E 表示直流电动势。电动势的实际方向规定为由电源低电位端(负极性端)指向其高电位端(正极性端),即电位升高的方向。

与电流一样,也要假定电压的参考方向(电动势的实际方向一般都给出)。电压指定了参考方向后,电压值即成代数值。如图 1-5 所示。

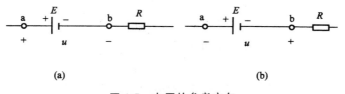

图 1-5　电压的参考方向

(a)$u>0(u=E)$;(b)$u<0(u=-E)$

通过一个元件的电流和其两端的电压的参考方向都可随意规定。当两者参考方向一致时，称电流、电压参考方向关联，否则称为非关联。电压和电动势的国际单位是伏特(V)，其次还可用千伏(kV)、毫伏(mV)或微伏(μV)作单位。

1.1.3 电位

在分析电子电路时，常用电位这个概念。例如二极管，只有当它的阳极电位高于阴极电位时，管子才导通，否则截止。分析三极管的工作状态，也常要分析各个极的电位高低。

两点间的电压表明了两点间电位的相对高低和相差多少，但不表明各点的电位是多少。要计算电路中某点的电位，就要先设立参考点。参考点的电位称参考电位，通常设其为零。其他各点电位与它比较，比它高的为正电位，比它低的为负电位。电路中各点电位就是各点到参考点之间的电压，故电位计算即电压计算。

参考点在电路图中标以"接地"(⊥)符号。所谓"接地"，并非真正与大地相接。如图 1-6 所示。

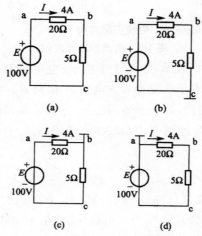

图 1-6 电位计算电路举例

在图 1-6(a)中，由于无参考点，电位 V_a、V_b、V_c 无法确定。

图 1-6(b)中选 c 为参考点，则 $V_c=0$，同时可得

$$V_a=U_{ac}=V_a-V_c=E=+100\text{V}$$

$$V_b=U_{bc}=V_b-V_c=5\times4=+20\text{V}$$

图 1-6(d)中选 a 为参考点，则 $V_a=0$，而

$$V_b=U_{ba}=-4\times20=-80\text{V}$$

$$V_c=U_{ca}=-100\text{V}$$

由以上结果可以看出：电路中各点的电位随参考点选择的不同而改变，其高低是相对的；而任意两点间的电压是不变的，与参考点无关，是绝对的。

图 1-6(b)、(d)还可简化为图 1-7(a)、(b)表示。电源的另一端标以电位值，使电路图得以简化。

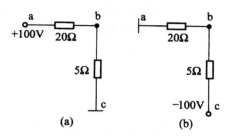

图 1-7　直流电源的简化电位表示

1.2　电路的基本状态

实际电路在使用过程中,可能处于有载、开路或短路三种不同的基本状态。

1.2.1　有载状态

简单直流电路如图 1-8 所示,其中,由电动势为 E 的理想电压源与电阻 R_0 串联表示实际电源,R_L 表示负载电阻。

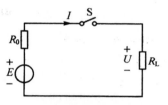

图 1-8　简单直流电路

若开关 S 闭合,就会有电流 I 通过负载电阻,电路就处于有载状态。此时,电路中的电流 I 为

$$I = E/(R_0 + R_L) \tag{1-1}$$

电源的端电压就是负载电压,为

$$U = E - IR_0 \tag{1-2}$$

式(1-2)表明了电源的端电压与其电流的关系,即电源的端电压等于电源的电动势与其内阻上电压降之差。当电流 I 增加时,电源的端电压 U 将随之下降。若将式(1-2)用曲线表示,则称此曲线为电源的伏安特性或电源的外特性。在图 1-9 中,用纵坐标表示电源的端电压 U,横坐标表示电流 I。显然,当电源的电动势 E 与其内阻 R_0 为常数时,电源的伏安特性为一向下倾斜的直线。当 $R_0 \ll R_L$ 时,则 $U \approx E$,表明当负载变化时,电源的端电压变化不大,即带负载能力强。

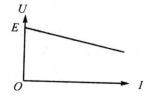

图 1-9　实际电压源的伏安特性

如果电压源的内阻 R_0 为 0，则有 $U=E$，即电压源的端电压等于电源的电动势，为一恒定值，这时的电源就是理想电压源，简称电压源。电压源是一个理想电路元件，它的端电压可以保持为恒定值，也可以随时间按某一规律变化，如按正弦规律变化。

在公式 $U=E-IR_0$ 的两端同乘以 I 得到

$$UI=EI-I^2R_0, P=P_E-\Delta P$$

式中，P 为负载消耗功率；P_E 为电源产生功率；ΔP 为内阻消耗功率，这就是功率平衡。电源输出的功率由负载决定。负载大小的概念是：在电压一定时，负载增加指负载的电流和功率增加。

电路处于有载工作状态时，电源向负载提供功率和输出电流。对电源来讲，一般希望它尽可能多地向负载供给功率和电流，那么，它提供给负载的功率和电流有无限制？另外，对于负载而言，它能承受的电压、允许通过的电流以及功率又如何确定？因此，为了表明电气设备的工作能力与正常工作条件，在电气设备铭牌上标有额定电流（I_N）、额定电压（U_N）和额定功率（P_N）。额定值是根据绝缘材料在正常寿命下的允许温升，考虑电气设备在长期连续运行或规定的工作状态下允许的最大值，同时兼顾可靠性、经济效益等因素规定的电气设备的最佳工作状态。

在使用电气设备时，应严格遵守额定值的规定。如果电流超过额定值过多或时间过长，由于导线发热、温升过高会引起电气设备绝缘材料损坏，严重时，绝缘材料也可能被击穿。当设备在低于额定值下工作，不仅其工作能力没有得到充分利用，而且设备不能正常工作，甚至损坏设备。例如，一白炽灯的额定电压为 220V，额定功率为 60W，这表示该灯泡在正常使用时应把它接在 220V 的电源上，此时它的功率为 60W，并能保证正常的使用寿命，而不能把它接在 380V 的电源上（为什么？）。又如某直流发电机的铭牌上标有 2.5kW、220V、10.9A，这些都是额定值。发电机实际工作时的电流和其发出的功率取决于负载的需要，而不是名牌上的标注。通常发电机等电源设备可以近似为电压源，即其端电压基本不变。负载是与电源并联的，当负载增加时（指并联负载数目的增加），负载电流就会增加；反之，当负载减小时（指并联负载数目的减小），负载电流就会减小。一般情况下电气设备有三种运行状态，即额定工作状态：$I=I_N$，$P=P_N$（经济合理安全可靠）；过载（超载）：$I>I_N$，$P>P_N$（设备易损坏）；欠载（轻载）：$I<I_N$，$P<P_N$（不经济）。

分析电路，还要判别哪个元件是电源（或起电源的作用），哪个元件是负载（或起负载作用）。一般可以用下述方法进行判别：

（1）根据 U、I 的实际方向判别

电源：U、I 实际方向相反，即电流从"＋"端流出（发出功率）。

负载：U、I 实际方向相同，即电流从"－"端流出（吸收功率）。

（2）根据 U、I 的参考方向判别

U、I 参考方向相同，$P=UI>0$，为负载；$P=UI<0$，为电源。

U、I 参考方向不同，$P=UI>0$，为电源；$P=UI<0$，为负载。

例 1-1 在图 1-10 中，已知：$U=220V$，$I=5A$，内阻 $R_{01}=R_{02}=0.6\Omega$。求：①电源的电动势 E_1 和负载的反电动势 E_2；②说明功率的平衡关系。

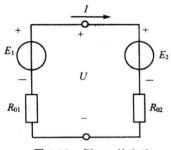

图 1-10 例 1-1 的电路

解：①对于电源 $U = E_1 - IR_{01}$，即 $E_1 = U + IR_{01} = 220V + 5 \times 0.6\Omega = 223V$，

$U = E_2 + IR_{02}$，即 $E_2 = U - IR_{02} = 220V - 5 \times 0.6\Omega = 217V$。

②由上面可得，$E_1 = E_2 + IR_{01} + IR_{02}$，等号两边同时乘以 I，则得 $E_1 I = E_2 I + I^2 R_{01} + I^2 R_{02}$，代入数据有 $223V \times 5A = 217V \times 5A + 25A \times 0.6\Omega + 25A \times 0.6\Omega$，$1115W = 1085W + 15W + 15W$。

由此可见，在一个电路中，电源产生的功率和负载取用的功率以及内阻所消耗的功率是平衡的。

1.2.2 开路状态

开路状态又称断路状态，如图 1-11 所示。将开关 S 断开，其电路特征为：

①$I = 0$，电流为零。

②$U = U_0 = E$，电源端电压等于开路电压。

③$P = 0$，负载零功率。

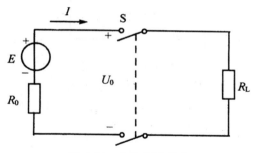

图 1-11 电路开路状态

图 1-12 所示电路中某处断开时的特征：

①开路处的电流 I 等于零。

②开路电压 U 视有源电路情况而定。

图 1-12 开路状态

1.2.3 短路状态

当两根供电线在某一点由于绝缘损坏而接通时,电源就处于短路状态,如图 1-13 所示。电源短路状态的特征是:

①$I = I_{sc} = \dfrac{E}{R_0}$,短路电流很大。

②$U = 0$,电源端电压为零。

③$P = 0$,负载功率为零。

④$P_E = I^2 R_0$,电源产生的能量全被内阻消耗掉。

由于电源内阻很小,所以电源短路时将产生很大的短路电流,超过电源和导线的额定电流,如不及时切断,将引起发热而使电源、导线以及仪器、仪表等设备烧坏。

为了防止短路所引起的事故,通常在电路中接入熔断器或断路器,一旦发生短路事故,它能迅速自动切断电路。

必须指出,有时也为了某种需要,将电路的某一部分人为地短接,但这与电源短路是两回事。

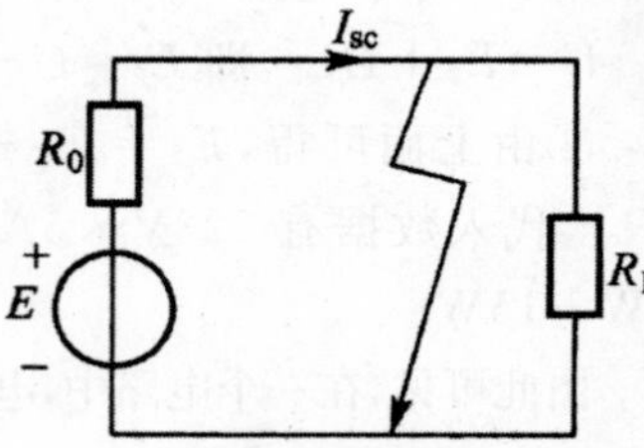

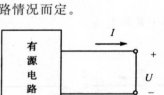

图 1-13 电源短路状态

如图 1-14 所示,电路中某处短路时的特征是:

①短路处的电压等于零,$U = 0$。

②短路处的电流 I 视有源电路情况而定。

图 1-14 短路状态

例 1-2 测量一节蓄电池的电路如图 1-15 所示。当开关 S 位于位置 1 时,电压表读数为 12.0V;开关 S 位于位置 2 时,电流表读数为 11.6A。已知电阻 $R = 1\Omega$,电流表内电阻 $r = 0.03\Omega$,试求蓄电池的电动势 E 与内阻 R_0。

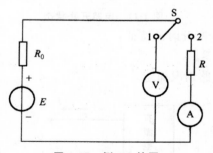

图 1-15 例 1-2 的图

解:当开关 S 位于位置 1 时,由于电压表内阻很大,电路近似处于开路状态,故开路电压

$$U_{oc} = E = 12.0\text{V}$$

当开关 S 位于位置 2 时，电流表有内阻 r，故电路中电流

$$I = \frac{E}{R_0 + R + r}$$

由此可解得

$$R_0 = E/I - (R+r) = 12.0\text{V}/11.6\text{A} - (1.03\Omega) \approx 0.0045\Omega = 4.5\text{m}\Omega$$

1.3　基尔霍夫定律

基尔霍夫定律是德国物理学家基尔霍夫在 1847 年发表的一篇划时代电路理论论文中提出来的，它是进行电路分析的基本定律，基尔霍夫定律又分为基尔霍夫电流定律和电压定律。

1.3.1　基尔霍夫电流定律

1. 定律内容

基尔霍夫电流定律又称为基尔霍夫第一定律(Kirchhoff Laws)，简写为 KCL。可表述为：对电路中的任一节点，在任一时刻流入节点电流的总和等于流出节点电流的总和，记为

$$\sum I_i = \sum i_0 \tag{1-3}$$

基尔霍夫电流定律是对节点电流所加的约束关系，与元件的性质无关。式中 I_i 表示流入节点的电流，i_0 表示流出节点的电流。如果取流入为正，流出为负，则式(1-3)也可以写为

$$\sum i = 0$$

即流入流出节点电流的代数和为零。例如在图 1-15 中对节点 a 可列出 $i_1 + i_4 = i_2$ 或 $i_1 - i_2 + i_4 = 0$ 两种式子，把它们称为基尔霍夫电流方程，也叫节点方程。方程中的正负号是根据电流的参考方向确定的，不管实际方向如何。

2. 基尔霍夫电流定律推广到闭合面

基尔霍夫电流定律不仅适用于电路的节点，还可以推广应用到电路中任意假设的闭合面。仍以图 1-15 为例，先对节点列方程如下：

节点 a：　$i_1 - i_2 + i_4 = 0$

节点 b：　$-i_4 - i_5 - i_6 = 0$

节点 c：　$i_2 - i_3 + i_5 = 0$

将以上 3 式相加得到：$i_1 - i_3 - i_6 = 0$

如果把图 1-15 作一闭合面如图 1-16，会发现 i_1、i_3 是出入该闭合面的电流，由上面推导又知这 3 个电流满足 KCL，所以可以说 KCL 也适用于电路中任意假设的闭合面一个闭合面可以看做一个广义节点。

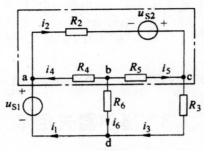

图 1-16　KCL 适用于闭合面

1.3.2　基尔霍夫电压定律

1. 定律内容

基尔霍夫电压定律又称为基尔霍夫第二定律(简写为 KVL)。可表述为：在任一瞬时,沿任一回路绕行一周,回路中各部分电压降的代数和等于零,即

$$\sum u = 0 \tag{1-4}$$

基尔霍夫电压定律是对回路中各支路电压所加的约束关系。按基尔霍夫电压定律列出的方程叫做基尔霍夫电压方程,也叫回路方程。

基尔霍夫电压定律是能量守恒定律在电路中的具体体现。因为能量不能创造也不能消灭,所以单位正电荷在回路中绕行一周又回到原点时,电场力做功的代数和为 0,也就是电压的代数和为 0。也可以理解为电位的参考点选定后,在同一瞬时,某点的电位只能是单值的,从某点出发,绕一周又回到该点,路途中电位有升有降,但升降的代数和应为 0。如在图 1-16的电路中,当沿回路 a、b、c、d、a 顺时针绕行一周,则有

$$u_{ab} + u_{bc} + u_{cd} + u_{da} = 0$$

如果把各支路压降具体表示出来则有

$$-R_4 i_4 + R_5 i_5 + R_3 i_3 - u_{S1} = 0$$

由上式可归纳列 KVL 方程时该注意的各部分电压的符号问题。按照绕行方向沿着回路绕行,电压方向凡是与绕行方向一致的取正,相反的取负,其中电压方向以参考方向为准。或者说绕行途中遇到电位降落的为正,电位升高的为负。绕行方向是任取的。就图 1-16 来说,虽然没有标出各电阻电压的参考方向,但电流参考方向已有,默取电压和电流为关联参考方向。

如果把电阻压降的代数和放在左边,而把电源放在右边多于是整理得

$$-R_4 i_4 + R_5 i_5 + R_3 i_3 = u_{S1}$$

写成一般形式记为

$$\sum Ri = \sum u_S \tag{1-5}$$

其含义是沿回路所有电阻上电压降的代数和等于该回路所有源电压的代数和。下面再用基尔霍夫电压定律对图 1-16 电路的 3 个网孔列 KVL 方程,都取顺时针的绕行方向

对 acba 网孔：　　$R_2 i_2 + R_4 i_4 - R_5 i_5 = u_{S2}$

对 abda 网孔：$\qquad -R_4 i_4 + R_6 i_6 = u_{S1}$

对 bcdb 网孔：$\qquad R_3 i_3 + R_5 i_5 - R_6 i_6 = 0$

2. 基尔霍夫电压定律推广到假想回路

图 1-17 所示的电路图中 ad 两点是断开的,沿 abcda 路径不构成回路,但 ad 两点之间可能有电压,可用 U_{ad} 表示,那么沿图示路径基尔霍夫电压定律仍然适用。这是一个假想的回路,可列出 KVL 方程为

$$-R_2 I_1 + R_3 I_3 - U_{ad} = U_{S2} - U_{S3}$$

根据 KCL,R_3 中无电流,即 $I_3 = 0$,则有

$$U_{ad} = -R_2 I_1 - U_{S2} + U_{S3}$$

可见,断开处虽没有电流,但存在电压,电压的大小由与之连接的电路决定。

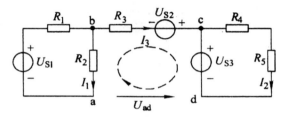

图 1-17　KVL 适用于假想的回路

1.3.3　基尔霍夫定律的应用

基尔霍夫定律在电路理论史上具有划时代的意义。它奠定了电网络的理论基础,是产生各种电路分析方法、定理的基本依据。支路电流法就是以基尔霍夫定律推导出来的。

1. 支路电流法的基本思想

如图 1-18 所示,欲求 5 条支路的电流并不能直接求解,因为每一条支路上的电流、电压受多方因素的制约,但是电路中的两个基本约束关系总是存在的。在节点上各电流约束于 KCL,沿回路各电压约束于 KVL,那么列方程满足这种约束关系而联立求解就把问题解决了。图中有 5 个未知电流,需要列 5 个方程联立。

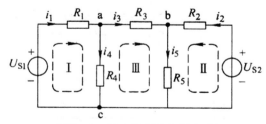

图 1-18　用支路电流分析电路

在节点 a $\qquad i_1 - i_3 - i_4 = 0$

在节点 b $\qquad i_2 + i_3 - i_5 = 0$

在回路 Ⅰ $\qquad R_1 i_1 + R_4 i_4 = u_{S1}$

在回路 Ⅱ $\qquad R_2 i_2 + R_5 i_5 = u_{S2}$

在回路Ⅲ $R_3 i_3 - R_4 i_4 + R_5 i_5 = 0$

联立求解这个方程组便可得到 5 个未知电流。这种方法就叫支路电流法。不过这种方法比较繁琐,但是它体现了应用基尔霍夫定律解决复杂问题的基本思想——电路中电流、电压一定满足两个基本约束关系。

2. KCL 方程和 KVL 方程的独立性

应用支路电流法列方程时自然会产生一个问题,该电路中有 3 个节点、6 个回路,那么可列方程是否可以任选? 回答是否定的。因为选择方程必须是独立的 KCL 方程和独立的 KVL 方程。所谓方程独立是指一组方程中任一个方程都不能由其他方程导出。

例如图 1-18 中如果再对 c 点列 KCL 方程,有 $-i_1 - i_2 + i_4 + i_5 = 0$,该方程可以由 a 点和 b 点上的 KCL 方程推导而来,故是不独立的。实际可以知道这 3 个方程中任意一个都可以由其他两个推导得到,可见 3 个节点可列出两个独立的 KCL 方程。那么如何确定独立的 KCL 和 KVL 方程数目? 一般讲具有 n 个节点,b 条支路的电路,有 $(n-1)$ 个 KCL 方程是独立的,有 $l = b - (n-1)$ 个 KVL 方程是独立的。列独立的 KCL 方程比较容易,怎样选取独立回路列 KVL 方程呢? 这里只介绍对平面电路按网孔列 KVL 方程肯定是独立的,正如图 1-18 所示的 3 个网孔。

1.4　电路的基本元件

电路元件是电路最基本的组成单元,可分为无源元件和有源元件。电路元件按与外部接连的端子数又可分为二端、三端、四端元件等。还可分为线性元件和非线性元件、时不变元件和时变元件等。

无源元件主要有电阻元件、电感元件、电容元件,它们都是理想元件。所谓理想,就是突出元件的主要电磁性质,而忽略次要因素。

1.4.1　无源元件

1. 电阻元件

电阻是反映电流热效应的电路元件。在实际交流电路中,像白炽灯丝、电阻加热炉、电烙铁以及实验室用到的各种电阻器等,均可看成电阻元件,简称电阻。

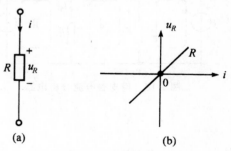

图 1-19　电阻元件及其特性

(a)电阻元件;(b)伏-安特性曲线

线性电阻的符号和伏安特性,如图 1-19 所示。其中,伏安特性曲线为穿过原点的一条直线,该直线的斜率就是它的电阻值,为某一常数。它的基本单位为 Ω(欧姆),常用单位还有 kΩ(千欧)或 MΩ(兆欧)等。

线性电阻的电压和电流关系满足欧姆定律。在交流电源作用时,对于图 1-19(a)所示电路,则欧姆定律表示为

$$i = \frac{u_R}{R} \text{ 或 } u_R = iR$$

实验证明,在一定温度下,导体的电阻与材料的电阻率及其长度成正比,与其截面积成反比,即

$$R = \rho \frac{l}{S} \tag{1-6}$$

式中,ρ 为材料的电阻率,单位为 Ω·m。常用电工材料在 20℃ 的电阻率见表 1-1 所示。这里特别指出,材料的电阻率并非常数,而是随着温度的变化将发生不同程度的变化,称其为温度特性。因此,在工程实践中,要根据不同温度环境和需求,选用不同温度特性的电阻。在有些场合,就利用电工材料的这种温度特性来测量温度,制成温度传感器等感温器件。

表 1-1　常用电工材料的电阻率

种　类	材料名称	电阻率/(Ω·m)	主要用途
纯金属	银	1.6×10^{-8}	导体镀银
	铜	1.7×10^{-8}	各种导线
	铝	2.9×10^{-8}	各种导线
	钨	5.3×10^{-8}	电灯灯丝、电器触头
合金	锰铜	1.0×10^{-7}	标准电阻、滑线电阻
	康铜	4.4×10^{-7}	标准电阻、滑线电阻
	铝铬铁电阻丝	5.0×10^{-7}	电炉丝
半导体	硒、锗、硅	$10^{-4} \sim 10^{-7}$	晶体管、场效应管等
绝缘体	赛璐铬	10^{8}	电器绝缘
	胶木	$10^{10} \sim 10^{14}$	电器外壳、绝缘支架
	橡胶	$10^{13} \sim 10^{16}$	绝缘手套、鞋、垫等

一般情况下导线的电阻均比负载电阻小得多。因此,在分析电路时,导线电阻均忽略不计;但在线路较长和负载电阻很小(或负载被短路)的情况下,导线电阻就不能轻易被忽略。

电阻的倒数称为电导,用 G 表示,单位是 S(西门子),即

$$G = \frac{1}{R} \tag{1-7}$$

电阻是消耗电能的元件。当它通过电流时会发生电能转换为热能的过程。而热能向周围扩散后,不可能再直接回到电源重新转换为电能。因此,电阻(或电导)吸收的功率为

$$P=UI=I^2R=\frac{U^2}{R}$$

由上式可见,在一定电流的作用下,R 越大(或 G 越小),电阻吸收的功率越大;在一定电压作用下,R 越小(或 G 越大),电阻吸收的功率越大。

功率在时间 t 上的累积称为电能(electric energy)。因此,电阻消耗的电能 W 表示为

$$W=\int_0^t ui\,\mathrm{d}t \tag{1-8}$$

在直流电路中,电能由式(1-8)得到

$$W=UIt=Pt \tag{1-9}$$

式中,W 的单位是 J(焦耳);t 为持续时间,单位为 s(秒)。工程上常用 kWh(千瓦小时)作为电能的计量单位,通常把 1kWh 称为 1"度"电,而 $1\text{kWh}=3.6\times10^6\text{J}$。

2. 电感元件

为表示载流回路中电流产生磁场的作用,引入了电感元件。典型的电感元件是电阻为零的线圈。将无铁磁物质(即空心)的线圈,称为线性线圈,如图 1-20(a)所示。假设该线圈为 N 匝,当它通入电流 i 时,电流产生磁场,则线圈内部有磁通 Φ 通过,若每匝线圈中均通过同一个 Φ,那么 Φ 与 N 的乘积称为磁链 Ψ,即

$$\Psi=N\Phi \tag{1-10}$$

则磁链 Ψ 与通过线圈的电流 i 之比,就定义为电感,用 L 表示,即

$$L=\frac{\Psi}{i} \tag{1-11}$$

在式(1-10)和式(1-11)中,Ψ 和 Φ 与电流成正比,单位均用 Wb(韦伯)表示;i 的单位为 A(安培);L 的单位为 H(亨利),它的常用单位还有 mH(毫亨),$1\text{H}=10^3\text{mH}$。对于线性线圈,其电感量 L 为某个常数值。

当通入线圈的电流 i 发生变化时,Ψ 和 Φ 都将发生变化,同时在线圈中产生感应电动势 e_L。根据电磁感应定律,且规定自感电动势 e_L 的参考方向与电流 i 的参考方向相同时(即符合右手螺旋定则),如图 1-20(b)所示,则 e_L 为

$$e_L=-N\frac{\mathrm{d}\Phi}{\mathrm{d}t}=-\frac{\mathrm{d}\Psi}{\mathrm{d}t} \tag{1-12}$$

将式(1-11)代入式(1-12),可得到

$$e_L=-L\frac{\mathrm{d}i}{\mathrm{d}t}\text{ 或 }u=-e_L=L\frac{\mathrm{d}i}{\mathrm{d}t} \tag{1-13}$$

式(1-13)表明,电感上任一瞬间的电压大小,并不取决于这一瞬间电流的大小值而与这一瞬间电流对时间的变化率成正比。如果电感上通过直流电流时,因为它的数值不发生变化,即 $\frac{\mathrm{d}i}{\mathrm{d}t}=0$,那么电感上的电压就为零。所以,电感元件对直流可视为短路。故电感元件通常不能直接接到直流电源上,以免造成电源短路。

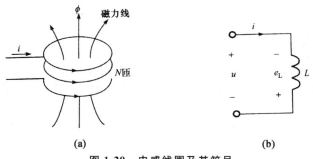

图 1-20　电感线圈及其符号

(a)电感线圈;(b)电感的符号

当电感线圈通入交流电时,产生自感应电动势的方向由式(1-13)判断。若电流 i↑(增加)时,$\dfrac{\mathrm{d}i}{\mathrm{d}t}>0$,产生的 $e_L<0$,表明 e_L 实际方向与电流参考方向相反,阻碍电流增加;若电流 i↓(减小)时,$\dfrac{\mathrm{d}i}{\mathrm{d}t}<0$,则 $e_L>0$,表明 e_L 实际方向与电流参考方向相同,阻碍电流减小。

电感是储能元件。当通过电感的电流增加时,它将电能转换为磁能储存在线圈磁场中;当通过电感的电流减小时,它就将储存的磁能转换为电能释放给电源。因此,当电感中的电流发生变化时,电能和磁能在电源与电感之间进行互换,如果忽略线圈电阻的影响,电感本身并不消耗电能。所以,电感储存的磁场能量 W_L 为

$$W_L = \int_0^t ui\,\mathrm{d}t = \int_0^i Li\,\mathrm{d}i = \frac{1}{2}Li^2 \tag{1-14}$$

由此可见,电感器储能的大小等于电感与其电流平方值之乘积的一半。

3. 电容元件

为表示带电导体上电荷产生电场的作用,引入了电容元件。它的种类很多,但从原理上各种电容器均可看成由中间夹有绝缘材料的两块金属极板(简称平板)构成,如图 1-21(a)所示,它的符号及规定的电压和电流参考方向如图 1-21(b)所示。

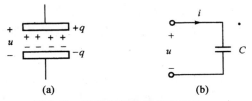

图 1-21　电容器结构及元件符号

(a)平板电容器结构示意;(b)电容元件符号

在电容器两端加上电压 u 时,它被充电,两块极板上将出现等量的异性电荷 q;并在两极板之间形成电场。当两极板间的绝缘材料的介电系数为一定值时,那么 q 与 u 的比值,就定义为这两个极板间的电容(量),即

$$C=\frac{q}{u} \tag{1-15}$$

式中,u 的单位为 V(伏特);q 的单位为 C(库仑);C 的单位为 F(法拉)。常用单位还有 μF(微法)和 pF(皮法)。

电容量实际上只决定于导体结构的几何形状、尺寸和绝缘材料的介电系数。对于最常见

的两平板形结构的电容器,它的电容量为

$$C = \frac{\varepsilon S}{d}$$

式中,S 为极板面积;d 为极间的距离;ε 为绝缘材料的介电系数。由此可知,改变这 3 个参数,均可改变电容量。在测量仪器中,通常通过压力变化或拉伸方法改变极板的 S 或 d,以制成各种感应式传感器。

当电容接上交流电压 u 时,金属极板上的电荷随之变化,电路中便出现了电荷的移动,形成电流 i。若 u、i 为关联参考方向,则有

$$i = \frac{\mathrm{d}q}{\mathrm{d}t} = C\frac{\mathrm{d}u}{\mathrm{d}t} \tag{1-16}$$

式(1-16)表明,通过电容器的电流与电压对时间的变化率成正比。当电压恒定,即 $\frac{\mathrm{d}u}{\mathrm{d}t} = 0$ 时,电容上的电流为零。故电容器对直流电路可视为断路,称之为"隔直"作用;对于交流电压,电容器会有电流通过,称之为"通交"作用。

电容器也是一种储能元件。当电容两端的电压增加时,电容器将电能储存在电容器极板间的电场中;当电压减小时,电容器将储存的电能释放给电源。因此,电容通过加在它两端电压的变化进行能量互换。如果忽略它的电阻影响,电容器本身也不消耗电能。因此,电容储存的电场能量 W_C 为

$$W_C = \int_0^t ui\,\mathrm{d}t = \int_0^u Cu\,\mathrm{d}u = \frac{1}{2}Cu^2 \tag{1-17}$$

由此可见,电容器储能的大小等于电容与其电压平方值之乘积的一半。

1.4.2　独立电源

用于向电路提供电流(或电压)的装置称为电源元件(简称电源)。电源的种类很多,能够向电路独立提供电压或电流的电源,称为独立电源,如普通蓄电池、太阳能电池、发电机、稳压电源、稳流电源等。它们所提供的电压或电流完全由电源本身决定,不受其他支路的电压或电流控制。独立电源按其外部特性的不同,分为电压源和电流源两种类型。

1. 电压源

电压源是向外电路提供稳定电压的一种电源装置。例如,发电机提供 220V,干电池的电压标称值为 1.5V 等,它们均以电压形式提供电源。其模型用电动势 E 和内阻 R_0 串联组合表示,如图 1-22(a)的虚线框部分所示。

当电压源两端接上负载 R_L 后,负载上就有电流 I 和电压 U,分别称为输出电流和输出电压。在图 1-22(a)中,

$$U = E - IR_0 \tag{1-18}$$

由式(1-18)可画出电压源的外部特性曲线,如图 1-22(b)的实线部分所示,它为一条具有一定斜率的直线段。这条特性曲线有两个特定点:一是 U 轴上的截距,当负载断路(即 $R_L = \infty$)使 $I = 0$ 时,则端电压 $U_0 = E$;二是 I 轴上的截距,当负载短路(即 $R_L = 0$)使 $U = 0$ 时,则短路电流 $I_{SC} = \dfrac{E}{R_0}$。因此,电压源的外部特性是随着输出电流的增加,输出电压反而降低,被降掉的部分

电压就是电压源的内压降 IR_0，而电压源内阻 R_0 的大小则由伏安特性曲线的斜率确定。

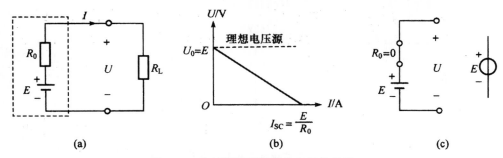

图 1-22　电压源模型及其外部特性曲线

(a)实际电压源；(b)外部特性曲线；(c)理想电压源

例 1-3　有一电压源，开路时电源电压 $U_0=230\mathrm{V}$，额定电流 $I_\mathrm{N}=10\mathrm{A}$，满载时端电压 $U_\mathrm{N}=220\mathrm{V}$。试求电压源的电动势、内阻及满载时电压降低的百分数。

解：电压源的电动势 $E=U_0=230\mathrm{V}$，则由式(1-18)求得电压源内阻为

$$R_0=\frac{E-U_\mathrm{N}}{I_\mathrm{N}}=\frac{230-220}{10}=1(\Omega)$$

满载时电压降低的百分数为

$$\Delta U=\frac{U_0-U_\mathrm{N}}{U_\mathrm{N}}\times100\%=\frac{230-220}{220}\times100\%\approx4.6\%$$

当电压源的内阻 R_0 越大时，特性曲线下降越快，即曲线越陡直；反之，当 R_0 越小时，特性曲线下降越慢，即曲线越平坦。一般要求电压源的内阻越小越好，故其特性曲线都较平坦。特别是当 $R_0=0$ 时，U 不再随 I 的改变而发生变化，恒等于电动势值 E，这种情况称为理想电压源，简称恒压源，其外部特性如图 1-22(b)的虚线部分所示，它为一条平行于 I 轴的直线。理想电压源的模型如图 1-22(c)所示，其内阻 R_0 用短路线替代，表示 $R_0=0$。理想电压源实际上并不存在，只是当实际电压源内阻 $R_0\ll R_\mathrm{L}$（负载电阻）时，则内压降可以忽略不计，那么这种电压源就可视为理想电压源。通常的稳压电源均可视为理想电压源。它具有以下特点。

①电源输出的电压恒定不变，即 $U=E$。

②由于理想电压源内阻为零，则电源输出电流 I 取决于负载 R_L 和电源 E 的大小。所以，一旦发生短路，$I_\mathrm{SC}=\dfrac{E}{0}$ 将趋于无穷大而损坏电源。因此，使用时要防止电压源短路，必要时可采取相应保护措施。

③与理想电压源并联的元件或支路不会影响它的输出电压值。所以在只需计算某条支路的电流时，其他支路可视为断路处理；而理想电压源总的输出电流为各支路负载电流的代数和，可由基尔霍夫电流定律求解。

④若理想电压源的 E 为零时，可将它视为一个短路元件，用短路线替代。

2.电流源

电流源是向外电路提供稳定电流的另一种电源装置，它的模型用电激流（恒定值）I_S 和内阻 R_S 并联组合表示，如图 1-23(a)的虚线框部分所示。其外特性方程用式(1-19)表示，即

$$I=I_\mathrm{S}-\frac{U}{R_\mathrm{S}}\text{或}U=I_\mathrm{S}R_\mathrm{S}-IR_\mathrm{S} \tag{1-19}$$

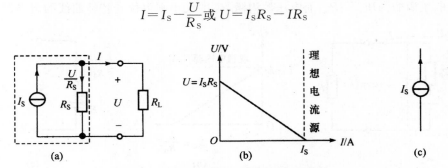

图 1-23　电流源模型及其外部特性曲线

(a)实际电流源;(b)外部特性曲线;(c)理想电流源

由上式可画出电流源的外部特性曲线,如图 1-23(b)的实线部分所示。当 $R_\mathrm{L}=0$ 时,电路处于断路,直线交于 U 轴,即 $U=I_\mathrm{S}R_\mathrm{S}$,$I=0$;当 $R_\mathrm{L}=0$ 时,电路处于短路,直线交于 I 轴,即 $I=I_\mathrm{S}$,$U=0$。同理,电流源的输出电压随着电流的增加而降低。

若电流源内阻 $R_\mathrm{S}=\infty$ 时,电流源输出的电流 I 不再随负载 R_L 的改变而发生变化,恒等于电激流值 I_S,这种情况下的电流源称为理想电流源,简称恒流源。理想电流源的符号如图 1-23(c)所示,其中内阻 R_S 用开路元件替代,外部特性为一条平行于 U 轴的直线,即图 1-23(b)中的虚线部分。

理想电流源实际上也不存在,只有当 $R_\mathrm{S}\gg R_\mathrm{L}$ 而忽略其内阻的分流作用时,则该电流源就可视为理想电流源。它具有以下特点。

①电源输出的电流恒定不变,即 $I=I_\mathrm{S}$。

②由于理想电流源的 R_S 趋于无穷大,则电源输出的电压取决于 R_L 和 I_S 的大小。所以,且发生开路(即 $R_\mathrm{L}=\infty$),则 $U=I_\mathrm{S}R_\mathrm{S}$ 将趋于无穷大而导致电流源损坏,这是不允许的。因此,通常在电流源内部设置有负载开路时的保护电路,一旦负载断开就没有电流输出。

③与理想电流源串联的元件不会影响它的输出电流值。所以,在计算理想电流源对外电路所提供的电流时,那些与理想电流源串联的元件均可用短路线代替。

④若理想电流源 I_S 为零时,可将它视为断路,用开路线代替。

1.4.3　受控电源

在实际电路中还有另一类电源,它们受电路中其他的电流或电压控制,这种电源称为受控电源(controlled source)。受控电源的主要特点是自己不能独立存在,而是受控制量的(大小和方向)变化或消失而随之发生相应(大小和方向)变化或消失,始终依赖于控制量而存在。

受控电源的控制量有电压和电流两种形式,而受控量是被控制的电压源和被控制的电流源。因此,受控电源分为四种类型:电压控制电压源(简称 VCVS)、电压控制电流源(简称 VCCS)、电流控制电压源(简称 CCVS)、电流控制电流源(简称 CCCS)。如电子管是一种 VCVS 器件;场效应晶体管是一种 VCCS 器件;控制用的直流电动机是一种 CCVS 器件;晶体管是一种 CCCS 器件。四种理想受控电源的模型如图 1-24 所示。为了区别于独立电源的圆形符号,受控电源采用菱形符号表示。图中左侧的 I_1 或 U_1 均为控制量,右侧的 I_2 或 U_2 均为受控量。

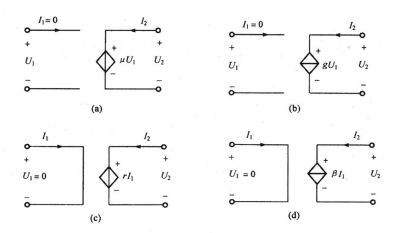

图 1-24　理想受控电源的模型
（a）VCVS；（b）VCCS；（c）CCVS；（d）CCCS

　　所谓理想受控电源包含有两方面含义。从控制量来看，电压控制量不需要电流，所以输入端可视为开路，即 $I_1=0$；电流控制量不需要电压，所以输入端可视为短路，即 $U_1=0$；从受控量来看，与受控电压源串联的内阻应等于零，才能使输出电压恒定；与受控电流源并联的内阻应为无穷大，才能使输出电流恒定。这里提到电压恒定和电流恒定与独立电源中的恒压源和恒流源的含义相同。

　　实际的控制量与受控量之间，可能有复杂的关系。这里仅限于讨论线性受控电源，也就是受控电压或受控电流和控制电压或控制电流之间为正比例关系，即在图 1-24 中的比例系数 μ、g、r 和 β。其中，r 称为转移电阻，为电阻量纲；g 称为转移电导，为电导量纲；μ 称为转移电压比；β 称为转移电流比。μ、β 均没有量纲。

第2章 电路的分析方法

2.1 电压源与电流源及其等效变换

在第 1 章介绍了理想电压源和理想电流源的电路模型,而实际电源,如发电机、蓄电池等,往往都有内阻。它们都可以用两种不同的电路模型来表示:一种是用电压形式来表示的实际电压源模型;另一种是用电流形式来表示的实际电流源模型。

2.1.1 电压源

实际电源如果用电动势 E 与电阻 R_{0U} 串联的电路模型莱表示,称为实际电压源模型,如图 2-1(a)所示。

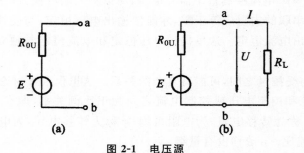

图 2-1 电压源

(a)实际电压源模型;(b)实际电压源电路

图 2-1(b)是电压源向负载供电的电路,图中 U 是电源端电压,R_L 是负载电阻,I 是负载电流。由图 2-1(b)所示的电路可得

$$U = E - R_{0U}I$$

根据此式可作出电压源的伏安特性曲线(图 2-2)。由图 2-2 可见,当电压源开路时,$I=0$,开路电压 $U_0=E$;当电压源短路时,$U=0$,$I=\dfrac{E}{R_{0U}}$。显然电压源的内阻越小,其伏安特性曲线越平缓。

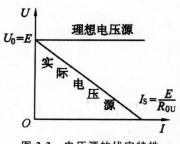

图 2-2 电压源的伏安特性

当 $R_{0U}=0$ 时，端电压 U 恒等于电动势 E，是一个定值。而电路中的电流 I 则是由负载电阻 R_L 和端电压 U 决定的。这样的电压源就是理想电压源或恒压源。

需要指出，理想电压源是一种理想的电源。在处理实际电路时，如果满足 $R_{0U}\ll R_L$，则在电压源内阻上的压降 $R_{0U}I\ll U$，$U\approx E$，电压 U 基本保持不变，可以将实际电压源看成是理想电压源（或恒压源）。实验室常用的稳压电源就可以看成是一个理想电压源。

2.1.2　电流源

实际电源除了用电压源模型来表示外，还可以用电流源模型表示，即用电激流 I_S 与内阻 R_{0I} 并联的电路模型来表示，如图 2-3(a)所示。

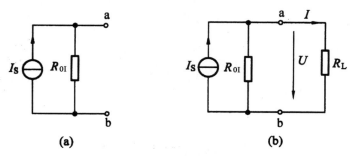

图 2-3　电流源

(a)实际电流源模型；(b)实际电流源电路

由图 2-3(b)所示电路可知，流过负载的电流 I 为

$$I=I_S-\frac{U}{R_{0I}}$$

由该式可画出电流源的伏安特性曲线（如图 2-4 所示）。从特性曲线可以看出，当电流源开路时，$I=0$，开路电压 $U_0=I_S R_{0I}$；电流源短路时，输出电压 $U=0$，而输出电流 $I=I_S$。显然，内阻越大，特性曲线越陡。

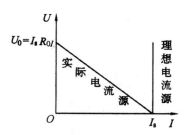

图 2-4　电流源的伏安特性

当 $R_{0I}=\infty$ 时，负载的电流 I 恒等于，是一个定值 I_S，但其两端的电压 U 则由负载电阻 R_L 和电激流 I_S 本身确定。此时可以将实际电流源看成是理想电流源（或恒流源）。

2.1.3　电压源与电流源的等效变换

如果不考虑实际电源内部的特性，而只考虑实际电源的端口特性，那么根据前面所介绍的电压源和电流源的伏安特性曲线可以看出，图 2-1 和图 2-3 所示的两种电源是可以等效变换的。

电压源与电流源进行等效变换后,应保持负载的特性不变,即负载的端电压和流过负载的电流不变。下面来说明电源等效变换的原理。

图 2-5 所示为电压源和电流源分别向同一负载 R_L 供电的电路。

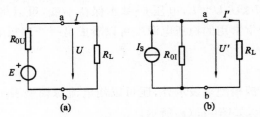

图 2-5　电压源与电流源电路
(a)电压源电路;(b)电流源电路

对图 2-5(a)而言,负载的电流为

$$I=\frac{E-U}{R_{0U}}=\frac{E}{R_{0U}}-\frac{U}{R_{0U}}$$

对图 2-5(b)而言,负载的电流为

$$I'=I_S-\frac{U'}{R_{0I}}$$

既然两个电源等效,负载又同为 R_L,那么,它们向负载提供的电流和电压就应该相等,即 $I=I',U=U'$。

对比上述两式可发现,它们的参数必须满足下列条件:

$$\begin{cases}R_{0U}=R_{0I}=R_0\\I_S=\dfrac{E}{R_0}(E=I_SR_0)\end{cases}$$

由上述讨论可知,若将电压源等效变换为电流源时,电流源的电激流等于电压源的电动势 E 除以电压源的内阻 R_0,即 $I_S=\dfrac{E}{R_0}$;而将电流源等效变换为电压源时,电压源的电动势就等于电流源的电激流 I_S 乘以电流源的内阻 R_0,即 $E=I_SR_0$。电压源与电流源的等效变换分别如图 2-6 和 2-7 所示。

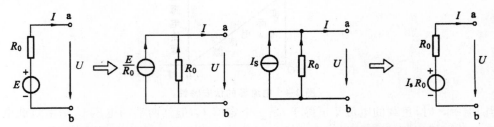

图 2-6　电压源变换为电流源　　　　图 2-7　电流源变换为电压源

电源等效变换须注意以下几点。

①电源等效变换只是对外电路(或负载)等效,而对电源内部来说,则是不等效的。

例如,当不接负载时,即电源两端开路时(电流 $I=0$),对实际电压源模型来说,由于没有电流,电压源既不发出功率,其内阻也不吸收功率;而对电流源模型来说,电流源的电激流 I_S

要通过内阻 R_0 形成回路,电流源发出功率,并且全部被内阻所吸收。由此可见,对电源内部而言,是不等效的。

②理想电压源和理想电流源之间不能等效变换。因为理想电压源的内阻为零,等效电流源的电流将是无穷大,这是没有意义的。同样,由于理想电流源的内阻为无穷大,则等效电压源的电动势也将是无穷大,这同样是没有意义的。

③实际电源的等效变换可以推广到一般的恒压源与电阻的串联组合及恒流源与电阻的并联组合,此时的电阻不一定是电源的内阻。而对于交流电源,也可以进行类似的等效变换。

④等效变换后的电源方向:电流源的电激流方向与电压源的电动势方向一致。

例 2-1　运用电源等效变换方法求解图 2-8 电路中的电流 I。

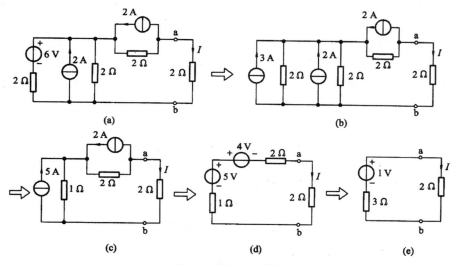

图 2-8　例 2-1 电路图

解:将图 2-8(a)所示的复杂电路利用电源等效变换法逐步化简为图 2-8(e)所示的简单电路,变换过程如图 b,c,d,e 所示,则所求电流为

$$I = \frac{1}{3+2} = 0.2\text{A}$$

例 2-2　分别求出图 2-9 中电路的等效电源电路。

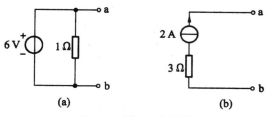

图 2-9　例 2-2 电路图

解:图 2-9 所示是一个 6V 的理想电压源与 1Ω 电阻并联的电路,这个电路的端电压就是 6V,不论是否有电阻并联,也不论所并联的电阻多大,总是如此。因此该电路对外电路而言就等效为一个 6V 的理想电压源(如例 2-2 等效电路图 2-10(a)所示),而 1Ω 电阻的存在只是影

响理想电压源提供的电流而已。

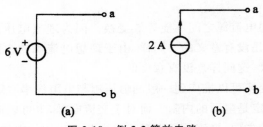

图 2-10　例 2-2 等效电路

图 2-9(b)所示是一个 2A 的理想电流源与 3Ω 电阻串联的电路,可等效为一个 2A 的理想电流源,3Ω 电阻的存在只是影响到电流源的端电压而已,如图 2-10(b)所示。

由例 2-2 的讨论,可以得出结论:对外电路而言,与理想电压源并联的元件可看成开路;与理想电流源串联的元件可看成短路。

在某些复杂电路的分析与计算中应用这一结论可简化电路。

例 2-3　利用电源等效变换,将图 2-11 中的各电路等效为最简单的形式。

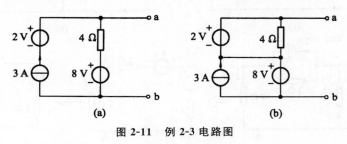

图 2-11　例 2-3 电路图

(a)A 电路;(b)B 电路

解:(1)利用电源的等效变换化简 A 电路,变换过程如图 2-12 所示。

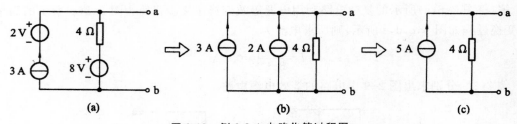

图 2-12　例 2-3 A 电路化简过程图

图中 2V 的理想电压源与 3A 的理想电流源串联,可以等效为 3A 的理想电流源(与理想电流源串联的元件,对外电路而言用短接线替代);将 4Ω 电阻与 8V 电动势串联的支路(即电压源)等效为电流源,如图 2-12(b)所示,其最简化的电路如图 2-12(c)所示。

(2)利用电源的等效变换化简 B 电路,变换过程如图 2-13 所示。

在 B 电路中,2V 电压源为理想电压源,故与之并联的 4Ω 电阻可看成开路(与理想电压源并联的元件对外电路而言可以看成开路);8V 电压源也为理想电压源(与之并联的 3A 的电激流对外电路而言看成开路),则 B 电路等效变换后如图 2-13(b)所示,其最简电路如图 2-13(c)所示。

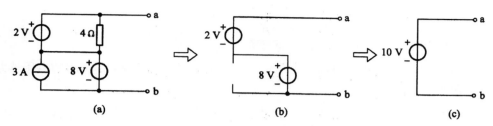

图 2-13　例 2-3 B 电路化简过程图
(a)电阻串联；(b)等效电阻

2.2　电阻的连接及其等效变换

电阻的连接有 3 种基本电路形式：电阻串联、电阻并联和电阻混联。

2.2.1　电阻串联及其特点

将两个以上的电阻元件首尾相连形成一串的连接，使电流只有一条通路，称为电阻元件的串联连接，如图 2-14(a)所示。等效电阻电路如图 2-14(b)所示。

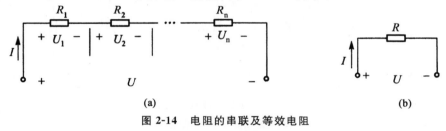

图 2-14　电阻的串联及等效电阻
(a)电阻串联；(b)等效电阻

1.电阻串联电路的特点

①根据基尔霍夫电流定律的电流连续性原理，串联的各电阻中电流是相同的。

②根据基尔霍夫电压定律的电势守恒原理，串联电路的总电压等于各电阻上电压之和，即

$$U = U_1 + U_2 + \cdots + U_n = \sum_1^n U_i \tag{2-1}$$

其中，$U_1 = IR_1$；$U_2 = IR_2$；$\cdots$；$U_n = IR_n$

③多电阻串联的等效电阻(总电阻)R 等于各串联电阻之和，即

$$R = R_1 + R_2 + \cdots + R_n = \sum_1^n R_i \tag{2-2}$$

图 2-14(b)中电阻 R 为图 2-14(a)中各电阻串联后的等效电阻(总电阻)。

但要注意，这里说的"等效"是指对外电路来说的。两者是等效关系，不是完全相等。读者体会一下"等效"与"相等"这两个不同的概念。

④电阻串联电路中的分压公式为

$$U_1 = \frac{R_1}{R_1 + R_2 + \cdots + R_n} U = \frac{R_1}{R} U$$

$$U_2 = \frac{R_2}{R_1 + R_2 + \cdots + R_n} U = \frac{R_2}{R} U$$

$$\vdots$$

$$U_n = \frac{R_n}{R_1 + R_2 + \cdots + R_n} U = \frac{R_n}{R} U \qquad (2\text{-}3)$$

当多电阻串联时,各电阻上分配的电压正比于各电阻值,电阻值越大,分得的电压越大。

⑤多电阻串联的功率为

$$P = I^2R = I^2R_1 + I^2R_2 + \cdots + I^2R_n = P_1 + P_2 + \cdots + P_n = \sum_1^n P_i \qquad (2\text{-}4)$$

多电阻串联时,各电阻上消耗的功率与该电阻值成正比关系。

2. 串联电阻在电路中的应用

串联电阻在电路中可以起到降压、调压和限流等作用。

2.2.2 电阻并联及其特点

将两个以上的电阻元件首、尾端分别相连所形成的连接,称为电阻元件的并联连接,如图 2-15(a)所示。等效电阻电路如图 2-15(b)所示。

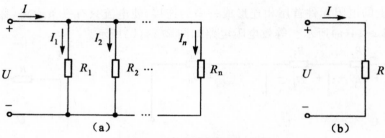

图 2-15 电阻的并联及等效电阻

(a)电阻并联;(b)等效电阻

1. 电阻并联电路的特点

①各并联支路(电阻)两端电压相同。

②根据基尔霍夫电流定律的电荷守恒原理,并联电路总电流等于各支路(电阻)上电流之和,即

$$I = I_1 + I_2 + \cdots + I_n = \sum_1^n I_i \qquad (2\text{-}5)$$

其中,$I_1 = \dfrac{U}{R_1}$;$I_2 = \dfrac{U}{R_2}$;$\cdots$;$I_n = \dfrac{U}{R_n}$。

③多电阻并联的等效电阻(总电阻)R 倒数等于各支路电阻值的倒数之和,即

$$\frac{1}{R} = \frac{1}{R_1} + \frac{1}{R_2} + \cdots + \frac{1}{R_n} = \sum_1^n \frac{1}{R_i} \qquad (2\text{-}6)$$

图 2-15(b)中的电阻 R 为图 2-15(a)中各电阻并联后的等效电阻(总电阻)。

当两个电阻并联时,等效电阻为

$$R = \frac{R_1 R_2}{R_1 + R_2} \qquad (2\text{-}7)$$

但要注意,电阻并联后,其等效电阻值 R 比各并联电阻中最小的一个电阻值还要小。

另外,有时处理并联电阻连接时,使用电导 G 表示更为方便。电阻 R 的倒数称为电导 G,

则式(2-7)改写为

$$G = G_1 + G_2 + \cdots + G_n = \sum_1^n G_i \tag{2-8}$$

其中，$G = \dfrac{1}{R}$，$G_1 = \dfrac{1}{R_1}$，$G_2 = \dfrac{1}{R_2}$，$\cdots$，$G_n = \dfrac{1}{R_n}$。

其中 G 单位是西门子[S]。G 越大，R 就越小，表示电流越容易流过。

④电阻并联电路中的分流公式为

$$I_1 = \frac{G_1}{G} I，I_2 = \frac{G_2}{G} I，\cdots，I_n = \frac{G_n}{G} I \tag{2-9}$$

当多电阻并联时，各电阻上分配的电流反比于各电阻值，电阻值越小的支路电阻上分得的电流越大。或表述为：当多电阻并联时，各电阻上分配的电流与对应各电导值成正比，电导值越大，分得的电流就越多。

两电阻并联电路中的分流公式为

$$I_1 = \frac{R_2}{R_1 R_2} I$$

$$I_2 = \frac{R_1}{R_1 R_2} I \tag{2-10}$$

⑤多电阻并联的功率为

$$P = \frac{U^2}{R} = \frac{U^2}{R_1} + \frac{U^2}{R_2} + \cdots + \frac{U^2}{R_n} = \sum_1^n \frac{U^2}{R_i} = P_1 + P_2 + \cdots + P_n = \sum_1^n P_i \tag{2-11}$$

当多电阻并联时，各电阻上消耗的功率与该电阻值成反比关系。

2. 并联电阻在电路中的应用

并联电阻在电路中可以起到分流和调节电流等作用。

2.2.3　电阻星形与三角形连接的等效变换

在电路中，电阻的连接除了简单的串联和并联外，还会经常遇到一些被称为星形 Y（或 T 形）和三角形 △（或 π 形）的复杂电阻连接的电路结构，如图 2-16(a)所示。

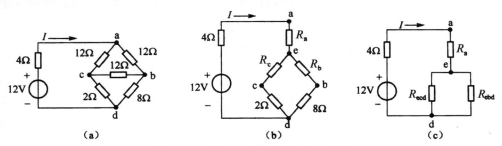

图 2-16　复杂电阻连接的电路结构图

(a)电阻△连接；(b)电阻 Y 连接；(c)等效电路

在图 2-16(a)中，3 个 12Ω 电阻的连接可以看成是△连接结构，为了便于计算电流，若能将图 2-16(a)中 a、b、c 三个节点内的△连接等效转换成图 2-16(b)中电阻 R_a、R_b、R_c 的 Y 连接，再计算电流 I 就方便多了。这就是所谓的电阻星形(Y)连接与三角形(△)连接等效变换的问题。可见，类似复杂连接的电路计算，若用此等效变换，可以有效地化简电路，以方便计算。

等效变换是指对于待变换的电路部分,在变换前后,对外电路的各电压和电流应该不变。

图 2-17(a)是电阻的星形连接,图 2-17(b)是电阻的三角形连接。若两者是等效的,则应该有外界流入两图对应节点 a、b、c 的电流相等。并且,两两节点端间的电压也应该相等。当满足这两个等效条件后,图 2-17(a)电阻的星形连接与图 2-17(b)电阻的三角形连接就可以相互等效替代了。

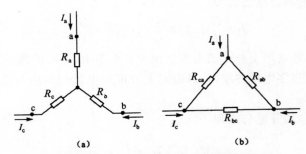

图 2-17　电阻的 Y 连接与△连接的等效变换(一)

(a)电阻 Y 连接;(b)电阻△连接

下面推导电阻的星形连接与三角形连接的等效变换的关系式。

将图 2-17(a)和图 2-17(b)重新画出,如图 2-18(a)和图 2-18(b)所示。

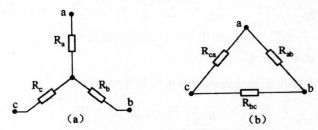

图 2-18　电阻的 Y 连接与△连接的等效变换(二)

(a)电阻△连接;(b)电阻 Y 连接

由等效的定义,假设两个图电路是等效的,则对应的任意两端点间的等效电阻也应该是相等的。

1. 推导将电阻△连接等效变换为 Y 连接的关系式

先设两个图的 c 端对外开路,则其他两端 a、b 间的等效电阻表示为

$$R_a + R_b = \frac{R_{ab}(R_{bc} + R_{ca})}{R_{ab} + R_{bc} + R_{ca}}$$

(2-12)

同理,b、c 间等效电阻为

$$R_b + R_c = \frac{R_{bc}(R_{ab} + R_{ca})}{R_{ab} + R_{bc} + R_{ca}}$$

(2-13)

c、a 间等效电阻为

$$R_c + R_a = \frac{R_{ca}(R_{ab} + R_{bc})}{R_{ab} + R_{bc} + R_{ca}}$$

(2-14)

将式(2-12)减去式(2-13)后,再加上式(2-14),即

$$(R_a + R_b) - (R_b + R_c) + (R_c + R_a)$$

$$= \frac{R_{ab}(R_{bc}+R_{ca})}{R_{ab}+R_{bc}+R_{ca}} - \frac{R_{bc}(R_{ab}+R_{ca})}{R_{ab}+R_{bc}+R_{ca}} + \frac{R_{ca}(R_{ab}+R_{bc})}{R_{ab}+R_{bc}+R_{ca}}$$

得

$$R_a = \frac{R_{ab}R_{ca}}{R_{ab}+R_{bc}+R_{ca}} \tag{2-15}$$

同理

$$R_b = \frac{R_{bc}R_{ab}}{R_{ab}+R_{bc}+R_{ca}} \tag{2-16}$$

$$R_c = \frac{R_{ca}R_{bc}}{R_{ab}+R_{bc}+R_{ca}} \tag{2-17}$$

式(2-15)～式(2-17)是将电阻三角形连接等效变换为星形连接的关系式。

2.推导将电阻星形连接等效变换为三角形连接的关系式

先对图 2-18(a)星形连接的 a、b 端外加直流电压 U_S，并且短路 c、b 端电流 I_{cb}，如图 2-19 (a)所示。

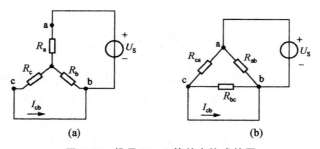

图 2-19　推导 Y—△等效变换式的图

(a)电阻 Y 连接;(b)电阻△连接

由并联电阻的分流公式,得

$$I_{cb} = \frac{U_S}{R_a+R_b//R_c} \times \frac{R_b}{R_b+R_c}$$

$$= \frac{U_S}{R_a+\dfrac{R_bR_c}{R_b+R_c}} \times \frac{R_b}{R_b+R_c}$$

$$= \frac{U_S}{R_aR_b+R_aR_c+R_bR_c} \times R_b \tag{2-18}$$

式(2-18)中的"//"符号表示两电阻间是并联关系。

再对图 2-18(b)三角形连接的对应 a、b 端外加同样的电压 U_S，并且短路 c、b 端电流 I_{cb}，如图 2-19(b)所示,则

$$I_{cb} = \frac{U_S}{R_{ca}} \tag{2-19}$$

由等效的定义,式(2-18)等于式(2-19),得

$$R_{ca} = \frac{R_aR_b+R_aR_c+R_bR_c}{R_b} \tag{2-20}$$

同理得

$$R_{bc} = \frac{R_a R_b + R_a R_c + R_b R_c}{R_a} \qquad (2-21)$$

$$R_{ab} = \frac{R_a R_b + R_a R_c + R_b R_c}{R_c} \qquad (2-22)$$

式(2-20)～式(2-22)是将电阻星形连接等效变换为三角形连接的关系式。

3.当星形连接或三角形连接的三个电阻相等时的关系式

若

$$R_a = R_b = R_c = R_Y$$

或

$$R_{ab} = R_{bc} = R_{ca} = R_{\triangle}$$

可得

$$R_Y = \frac{1}{3} R_{\triangle}$$

或

$$R_{\triangle} = 3 R_Y \qquad (2-23)$$

2.3　支路电流法

不能用电阻串并联化简的电路,称为复杂电路。分析复杂电路的各种方法中,支路电流法是最基本的,它是以各支路电流为变量列写电路方程进而分析电路的一种方法。应用基尔霍夫电流定律和电压定律分别对结点和回路列出所要的方程组,而后解出各未知支路的电流。如果需要,再由支路电流进一步求得所需要的电压、功率等。注意,列方程时,必须先在电路图上设好要求支路电流及电压的参考方向。图 2-20 所示电路为例,说明支路电流法的应用。已经设出电流参考方向,并规定流出结点的电流取"＋"号,反之取"－"号,由 KCL,列出方程。图 2-20 中,共有三条支路,因此,存在 I_1、I_2、I_3 三个电流变量,要求出这三个电流,必须要列写三个关于电流变量的独立方程。

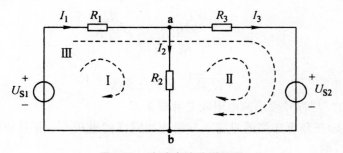

图 2-20　支路电流法说明图

由图 2-20 可见,该电路共有两个结点。

由结点 a 可得 KCL 方程为:

$$I_1 - I_2 - I_3 = 0 \qquad (2-24)$$

由结点 b 可得 KCL 方程为:

$$-I_1 + I_2 + I_3 = 0 \qquad (2-25)$$

将式(2-24)和式(2-25)比较可得两式是相同的,我们只能取其一。

再由图 2-20 可见,该电路共有Ⅰ、Ⅱ、Ⅲ三个回路,按图中所示的绕行方向,由 KVL 可得:

回路Ⅰ:
$$R_1 I_1 + R_2 I_2 - U_{S1} = 0$$

回路Ⅱ:
$$R_3 I_3 + U_{S2} - R_2 I_2 = 0$$

回路Ⅲ:
$$R_1 I_1 + R_3 I_3 + U_{S2} - U_{S1} = 0$$

由上三式分析可知,它们中任何一个可由另两个相加减获得,因此,它们不是独立的,所以,只能任取其中两个等式。

结合由 KCL 列写的等式,可以组成求解电流 I_1、I_2、I_3 的方程组为:
$$\begin{cases} I_1 - I_2 - I_3 = 0 \\ R_1 I_1 + R_2 I_2 - U_{S1} = 0 \\ R_3 I_3 + U_{S2} - R_2 I_2 = 0 \end{cases}$$

通过求解方程组,可求解所需的个变量。

由图 2-20 可见,独立方程的个数必须要与电路中的支路数目相同,而独立方程则是首先列出所有的结点电流方程和回路电压方程之后,通过比较的方式来加以确定。可以想象,若电路复杂,结点数和回路数较多时,采用上述方法寻找独立方程将是一件复杂的事,因此必须知道独立方程的个数与结点、回路的关系。一个有 n 个结点、b 条支路的电路,可列出的独立方程的个数与结点、回路的关系为:从 n 个结点中任选$(n-1)$个结点,可列$(n-1)$个独立的 KCL 方程;独立 KVL 方程的个数是 $b-(n-1)$个。独立 KVL 方程的个数即为电路中的网孔的个数。一个有 b 条支路的电路,必然存在 b 个要求解的电流变量,由 KCL 和 KVL 所列写的独立方程个数恰巧为 b 个,利用 VCR 可将方程转化为以支路电流为变量的电流方程,以满足求解的要求。

2.4　网孔电流法

网孔电流法是在支路电流法的基础上发展起来的一种较简单的分析方法。

2.4.1　网孔电流

根据网孔的概念可见图 2-21 所示电路共有三个网孔,假想在单个网孔内闭合路径自行流动的电流称为网孔电流。在图 2-21 中可选网孔电流为 I_1、I_2、I_3,如图中箭头所示。网孔电流的个数等于网孔数,对于 b 条支路 n 个结点的平面电路,网孔电流个数为 $b-n+1$。

由图 2-21 可见,I_1 即为 3Ω 支路的电流;I_2 即为 4Ω 支路的电流;I_3 即为 5Ω 支路电流。另外,1Ω 支路的电流为 $I_4 = I_1 - I_3$;2Ω 支路的电流为 $I_5 = I_1 - I_2$;6Ω 支路的电流为 $I_6 = I_2 - I_3$。由此可见,只要得到了网孔电流,就可以求出各支路的电流,所以网孔电流是完备的。再者,网孔电流具有独立性,可以解释为:每个网孔电流沿着闭合的网孔流动,流入某结点后,又必从该结点流出;因此,网孔电流不受 KCL 方程约束。所以,只要求出网孔电流,就可以求出电路中所有支路的电流,进而求取各电压和功率。

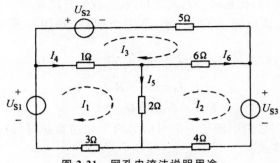

图 2-21　网孔电流法说明用途

2.4.2　网孔方程

由上述可知,要想求出得各支路的电流,必先求得各网孔的网孔电流。现将图 2-21 中选定网孔电流 I_1、I_2、I_3 所在网孔分别称为网孔Ⅰ、Ⅱ、Ⅲ,如图 2-22 所示。

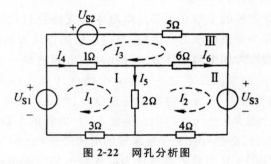

图 2-22　网孔分析图

则根据 KVL 可列方程为:

Ⅰ:$3I_1 - U_{S1} + (I_1 - I_3) + 2(I_1 - I_2) = 0$

Ⅱ:$4I_2 + 2(I_2 - I_1) + 6(I_2 - I_3) + U_{S3} = 0$

Ⅲ:$5I_3 + 6(I_3 - I_2) + (I_3 - I_1) + U_{S2} = 0$

整理可得:

$$\begin{cases} Ⅰ:(3+2+1)I_1 - 2I_2 - I_3 = U_{S1} \\ Ⅱ:-2I_1 + (4+2+6)I_2 - 6I_3 = -U_{S3} \\ Ⅲ:-I_1 - 6I_2 + (1+5+6)I_3 = -U_{S2} \end{cases}$$

已知各电压源电压,就可解出网孔电流,各支路电流即可进一步算出。这样,6 个未知的电流都能求出,但只需解 3 个联立的方程。进一步把上式改写如下形式:

$$\begin{cases} Ⅰ:R_{11}I_1 + R_{12}I_2 + R_{13}I_3 = U_{S11} \\ Ⅱ:R_{21}I_1 + R_{22}I_2 + R_{23}I_3 = U_{S22} \\ Ⅲ:R_{31}I_1 + R_{32}I_2 + R_{33}I_3 = U_{S33} \end{cases}$$

上面的方程组称为网孔方程。网孔方程的系数矩阵和右端常数向量存在一定规律。式中,R_{11}、R_{22}、R_{33} 分别称为网孔Ⅰ、网孔Ⅱ、网孔Ⅲ的自电阻,它们分别是各自网孔内所有电阻之和,例如 $R_{11} = (3+1+2)\Omega$,$R_{22} = (4+2+6)\Omega$,$R_{33} = (1+5+6)\Omega$。R_{12} 称为网孔Ⅰ与网孔Ⅱ之间的互电阻,它是网孔Ⅰ与网孔Ⅱ之间的公有电阻的负值,$R_{12} = -2\Omega$。其为负是因为网孔

电流 I_1 和 I_2 通过公有 2Ω 电阻是方向不同。类似地，$R_{21}=-2\Omega$，$R_{23}=-6\Omega$，$R_{31}=-1\Omega$，$R_{32}=-1\Omega$ 均为互电阻。U_{S11}、U_{S22}、U_{S33} 分别为网孔 I、网孔 II 和网孔 III 中各电压源电压的代数和，例如 $U_{S11}=U_{S1}$。若电路存在 n 个网孔，则网孔方程的通式为：

$$\begin{cases} R_{11}I_1+R_{12}I_2+R_{13}I_3+\cdots+R_{1n}I_n=U_{S11} \\ R_{21}I_1+R_{22}I_2+R_{23}I_3+\cdots+R_{2n}I_n=U_{S22} \\ R_{31}I_1+R_{32}I_2+R_{33}I_3+\cdots+R_{3n}I_n=U_{S33} \end{cases}$$

上式是一般意义下利用网孔电流法所列的网孔方程组，为了更好地理解网孔方程，对以下几点予以强调：

①自电阻是网孔本身的电阻之和，总为正。

②互电阻是网孔之间的电阻之和，可正可负。当与其相连的两网孔的网孔电流以相同的方向流过该电阻时，互电阻为正，否则为负。

③互电阻是对称的，即 $R_{xy}=R_{yx}$。

④U_{S11}、U_{S22}、U_{S33}、$\cdots$、U_{Snn} 为网孔中沿网孔电流流向的电压源电压的代数和。

⑤网孔方程数目与电路的网孔数相同。

⑥网孔电流自动满足 KCL。

⑦网孔电流法只适用于平面电路。

例 2-4　用网孔法求图 2-23 中支路电流 I_3。

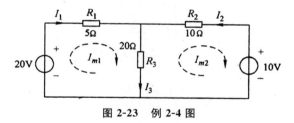

图 2-23　例 2-4 图

解：

(1)选网孔电流为变量，I_{m1}、I_{m2}。在图中标出参考方向。

(2)列网孔方程

$$\begin{cases} (5+20)I_{m1}-20I_{m2}=20 \\ -20I_{m1}+(10+20)I_{m2}=-10 \end{cases}$$

求解网孔电流

$$\begin{cases} I_{m1}=1.14\text{A} \\ I_{m2}=0.43\text{A} \end{cases}$$

(3)求支路电流 I_3

$$I_3=I_{m1}-I_{m2}=0.71\text{A}$$

例 2-5　用网孔法分析图 2-24 电路。

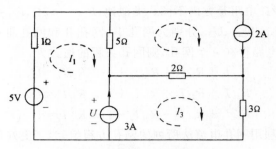

图 2-24　例 2-5 电路

解：电路中 2A 电流源处于边界网孔上，网孔电流 I_2 为已知；3A 电流源处于网孔 1、3 的公共支路上，为该支路假设电压为 U，在列写网孔方程时，将 U 作为已知电压源来处理。对图示电路列出网孔方程和辅助方程如下：

$$\begin{cases} (1+5)I_1 - 5I_2 = 5 - U \\ I_2 = 2 \\ -2I_2 + 5I_3 = U \\ I_3 - I_1 = 3 \end{cases}$$

解得

$$\begin{cases} I_1 = \dfrac{4}{11}\text{A} \\ I_2 = 2\text{A} \\ I_3 = \dfrac{37}{11}\text{A} \\ U = \dfrac{141}{11}\text{V} \end{cases}$$

2.5　节点电压法

2.5.1　节点电压法推导

在支路电流法中，其直接求解对象是支路电流。以支路电流为变量列出的方程数目较多，解方程是一大问题。那么如果遇到电路中支路很多但节点不多的情况，就可以考虑以节点电压为变量列方程，解出的就是节点电压。节点电压法的思路是在具有 n 个节点、b 条支路的电路中，选定一个零电位参考点（以后简称参考点），以其他节点与参考点间的电压作为变量分析电路。节点电压法也称为节点电位法。

如图 2-25(a) 的电路中，共有 4 个节点。选取最下面一个节点作为参考节点，并标以符号"⊥"，则节点①、②、③到参考节点的电压就是它们各自的节点电压，分别用 u_{n1}、u_{n2}、u_{n3} 表示。节点电压的极性规定为参考节点为"—"极性，其余节点均为"＋"极性，故通常用节点电压法分析电路时不需要标注节点电压的参考极性。

把电路中的实际电压源模型等效变换成电流源模型（理想电压源不能变换），假设各电流

的参考方向如图 2-25(b)所示,列出待求电位点的 KCL 方程:

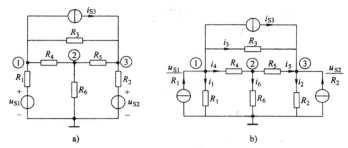

图 2-25　节点电压法用图

节点①　　　　　　　　　　$i_1 + i_3 + i_4 = \dfrac{u_{S1}}{R_1} - i_{S3}$

节点②　　　　　　　　　　　$i_4 - i_5 - i_6 = 0$

节点③　　　　　　　　　　$i_2 - i_3 - i_5 = \dfrac{u_{S2}}{R_2} + i_{S3}$

其中各电流与节点电压的关系为

$$i_1 = \frac{u_{n1}}{R_1}, i_2 = \frac{u_{n3}}{R_2}, i_3 = \frac{u_{n1} - u_{n3}}{R_3}, i_4 = \frac{u_{n1} - u_{n2}}{R_4}, i_5 = \frac{u_{n2} - u_{n3}}{R_5}, i_6 = \frac{u_{n2}}{R_6}$$

把这 6 个电流表达式代入上述 3 个 KCL 方程。经整理得到

$$\left.\begin{array}{l} \left(\dfrac{1}{R_1} + \dfrac{1}{R_3} + \dfrac{1}{R_4}\right)u_{n1} - \dfrac{1}{R_4}u_{n2} - \dfrac{1}{R_3}u_{n3} = \dfrac{u_{S1}}{R_1} - i_{S3} \\[3mm] -\dfrac{1}{R_4}u_{n1} + \left(\dfrac{1}{R_4} + \dfrac{1}{R_5} + \dfrac{1}{R_6}\right)u_{n2} - \dfrac{1}{R_5}u_{n3} = 0 \\[3mm] -\dfrac{1}{R_3}u_{n1} - \dfrac{1}{R_5}u_{n2} + \left(\dfrac{1}{R_2} + \dfrac{1}{R_3} + \dfrac{1}{R_5}\right)u_{n3} = \dfrac{u_{S2}}{R_2} + i_{S3} \end{array}\right\} \tag{2-26}$$

　　显然这个方程的原形是节点上的 KCL 方程式,但是经过代换变成了以节点电压为求解量的方程组。经过这种变换使得求解变量大为减少。这个方程的特点是方程右边是电源流入节点的电激流的代数和(包括电压源变换来的电激流);方程的左边测是通过电阻流出节点的电流。

2.5.2　弥尔曼定理

　　节点电压法有一种特殊情况。如果电路中仅有两个节点,那么选定一个参考点之后待求节点电压就只有一个,此时公式为 $\sum GU_n = \sum i_S$,一般记为

$$U_n = \frac{\sum i_S}{\sum G} \tag{2-27}$$

　　式(2-27)为弥尔曼定理。式中,$\sum i_S$ 为流入待求节点电激流的代数和,其中流入为正,流出为负,$\sum G$ 为并在两节点之间电导的和,它是节点法的特例。

2.6 叠加定理

叠加定理是线性电路的重要定理之一,它可以将一个复杂电路的分析与计算简化为几个简单电路的分析与计算,它体现了线性电路的基本性质——叠加性。

下面以图 2-26 所示电路来说明叠加定理及其应用。

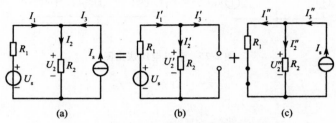

图 2-26 叠加定理的电路

对于图 2-26(a)所示的电路,R_2 支路中的电流,由基尔霍夫定律得

$$I_1 = I_2 - I_3 = I_2 - I_s$$

$$U_s = R_1 I_1 + R_2 I_2 = R_1(I_2 - I_s) + R_2 I_2 = (R_1 + R_2)I_2 - R_1 I_s$$

移项整理后得

$$I_2 = \frac{U_s}{R_1 + R_2} + \frac{R_1}{R_1 + R_2} I_s = I'_2 + I''_2$$

显然,R_2 支路中的电流是由两个分量 I'_2 和 I''_2 叠加而成的。其中

$$I'_2 = \frac{U_s}{R_1 + R_2}$$

I'_2 是在电流源开路时,由电压源单独作用时,所产生的流过 R_2 的电流,如图 2-26(b)所示;而另一分量

$$I''_2 = \frac{R_1}{R_1 + R_2} I_s$$

则是在电压源短路时,由电流源单独作用时,所产生的流过 R_2 的电流,如图 2-26(c)所示。

流过 R_2 的电流可以如此计算,而 R_2 两端的电压

$$U_2 = R_2 I_2 = R_2 \left(\frac{U_s}{R_1 + R_2} + \frac{R_1}{R_1 + R_2} I_s \right)$$

$$= \frac{R_2}{R_1 + R_2} U_s + \frac{R_1 R_2}{R_1 + R_2} I_s = U'_2 + U''_2 \tag{2-28}$$

也可以用这种方法计算。

同样可以证明这一结论也适用于其他支路中的电流和电压的计算。

上述结果,反映了线性电路的一个很重要的性质,称为叠加定理。它的内容是:在线性电路中,有多个独立电源同时作用时,任何一条支路的电流(或电压)等于各个独立电源单独作用在该支路产生的电流(或电压)分量的代数和。

应用叠加定理时需注意以下几点:

①电路中仅考虑某一个独立电源单独作用时,其他独立电源应视为零值,即电压源用短路

替代;电流源用开路替代。同时保持电路结构不变。

②分量的"代数和"意指各分量进行叠加时,若分量的参考方向与原物理量的参考方向一致时,该分量前取正号;若分量的参考方向与原物理量的参考方向相反时,该分量前取负号。

③叠加定理只适用于线性电路,不适用于非线性电路。

④叠加定理不能用于求功率。这是因为功率与电流不是正比关系,而是平方关系。

例 2-6　用叠加定理求图 2-27(a)所示电路中的各支路电流。

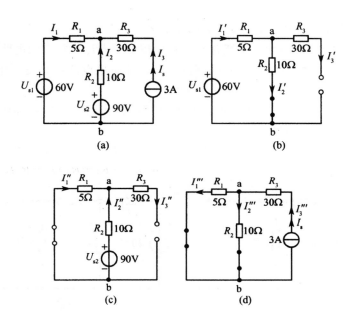

图 2-27　例 2-6 电路

解:(1)当电压源 U_{S1} 单独作用时,对应的电路如图 2-27(b)所示。由图可得

$$I'_1 = I'_2 = \frac{U_{S1}}{R_1 + R_2} = \frac{60}{5+10}A = 4A, I'_3 = 0$$

当电压源 U_{S2} 单独作用时,对应的电路如图 2-27(c)所示。由图可得

$$I''_2 = -I''_1 = \frac{U_{S2}}{R_1 + R_2} = \frac{90}{5+10}A = 6A, I''_3 = 0$$

当电流源 I_S 单独作用时,对应的电路如图 2-27(d)所示,由图可得

$$I'''_3 = I_S = 3A$$

$$I'''_1 = \frac{R_2}{R_1 + R_2} I_S = \left(\frac{10}{5+10} \times 3\right)A = 2A$$

$$I'''_2 = \frac{R_1}{R_1 + R_2} I_S = \left(\frac{5}{5+10} \times 3\right)A = 1A$$

(2)求各路电流。要特别注意各支路电流的参考方向与每个独立电源单独作用时在该支路的电流分量参考方向的关系。由图 2-27 可得

$$I_1 = I'_1 + I''_1 - I'''_1 = (4-6-2)A = -4A$$
$$I_2 = -I'_2 + I''_2 - I'''_2 = (-4+6-1)A = 1A$$
$$I_3 = -I'_3 - I''_3 + I'''_3 = 3A$$

由叠加定理可推知,当电路中只有一个独立源作用时,该电路中各处电压或电流,都与该独立电源成正比关系。这个关系称为齐性原理。

2.7　等效电源定理

为了阐述戴维南定理和诺顿定理,先解释几个名词。

网络:在讨论电路普遍规律时,常把含元件数比较多或者比较复杂的电路称为网络。

二端网络:凡是具有两个端钮的部分电路,不管它是简单电路还是复杂电路,都称之为二端网络。

无源二端网络(N_0):内部不含电源的二端网络,称为无源二端网络,如图 2-28(a)所示的从 a,b 两端向左看进去的那部分电路。

有源二端网络(N_s):内部含有电源的二端网络,称为有源二端网络,如图 2-28(b)所示的从 a,b 两端向左看进去的那部分电路。

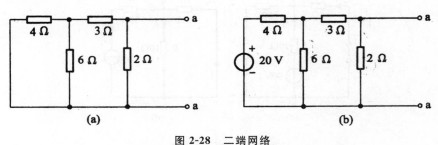

图 2-28　二端网络
(a)无源二端网络;(b)有源二端网络

2.7.1　戴维南定理

戴维南定理是关于线性有源二端网络等效变换的定理,它指出:任何一个线性有源二端网络,对于外部电路来说,可以用一个电动势 E 和内阻 R_0 串联的电压源来等效代替;等效电压源的电动势 E 等于线性有源二端网络的开路电压 U_0,内阻 R_0 是将线性有源二端网络内部的全部电源置零后所得到的线性无源二端网络的等效电阻。戴维南定理的阐释如图 2-29 所示。

电源置零是指将电压源的电动势用短接线替代,电流源的电激流开路。

戴维南定理也是分析和计算线性电路的一种重要方法,特别是在只需要计算电路中某一指定支路的电流或电压时,应用戴维南定理尤为方便。下面通过举例来说明运用戴维南定理分析和计算电路的步骤。

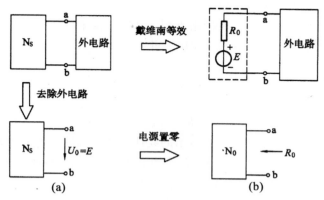

图 2-29   戴维南定理示意图

（a)线性有源二端网络；(b)线性无源二端网络

例 2-7   用戴维南定理计算图 2-30 中的电流 I_3。已知 $E_1 = 140V, E_2 = 90V, R_1 = 20\Omega, R_2 = 5\Omega, R_3 = 6\Omega$。

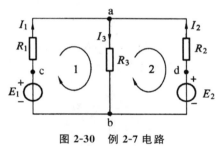

图 2-30   例 2-7 电路

解：(1)把所求支路 R_3 从电路中断开，剩余部分即为一线性有源二端网络，如图 2-31(a)所示。

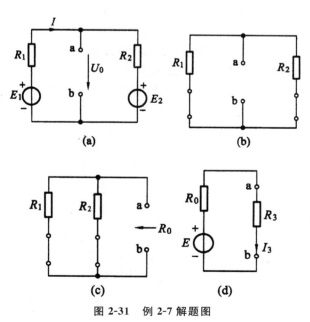

图 2-31   例 2-7 解题图

（2）求线性有源二端网络的等效电压源。

根据戴维南定理，该线性有源二端网络可用一个电压源来等效代替，等效电源的电动势 E 等于图 2-31(a)中的开路电压 U_0，由图 2-31(a)得

$$I = \frac{E_1 - E_2}{R_1 + R_2} = \frac{140 - 90}{20 + 5} = 2\text{A}$$

于是等效电源的电动势为

$$E = U_0 = E_1 - IR_1 = 140 - 2 \times 20 = 100\text{V}$$

求等效电源的内阻 R_0：将图 2-30(a)所示的线性有源二端网络中电源置零，得到的无源二端网络（如 2-31(b)所示）。为了方便求解，可用图 c 来代替图 b。在图 2-30(c)中，对 a，b 两端而言，R_1 和 R_2 为并联关系，因此戴维南等效内阻为

$$R_0 = \frac{R_1 \times R_2}{R_1 + R_2} = \frac{20 \times 5}{20 + 5} = 4\Omega$$

（3）求未知电流 I_3。由图 2-31(d)得

$$I_3 = \frac{E}{R_0 + R_3} = \frac{100}{4 + 6} = 10\text{A}$$

结果与前面用其他方法求得的结果一样。

例 2-8　电路如图 2-32 所示，已知 $E_1 = 60\text{V}$，$R_1 = 30\Omega$，$R_2 = 10\Omega$，$R_3 = 20\Omega$，$R_4 = 40\Omega$，求当 R_5 分别为 10Ω，50Ω 时该电阻流过的电流 I。

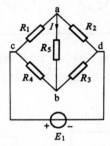

图 2-32　例 2-8 电路图

解：为了求解电路方便起见，将电路图改画成图 2-33(a)的电路。

（1）将待求支路从电路中断开。剩下的线性有源二端网络如 2-33(b)所示。

（2）求等效电压源。

先求等效电压源的电动势 E。在图 2-33(b)中，开路电压

$$E = U_0 = \frac{E_1}{R_1 + R_2} \times R_2 - \frac{E_1}{R_3 + R_4} \times R_3$$

$$= \frac{60}{30 + 10} \times 10 - \frac{60}{20 + 40} \times 20 = -5\text{V}$$

再求等效电阻 R_0。在 2-33(c)中有

$$R_0 = \frac{R_1 R_2}{R_1 + R_2} + \frac{R_3 R_4}{R_3 + R_4} = \frac{30 \times 10}{30 + 10} + \frac{20 \times 40}{20 + 40} = 20.8\Omega$$

（3）求未知电流 I。在图 2-33(d)中，当 $R_5 = 10\Omega$ 时，

$$I = \frac{E}{R_0 + R_5} = \frac{-5}{20.1 + 10} = -0.162\text{A} = -162\text{mA}$$

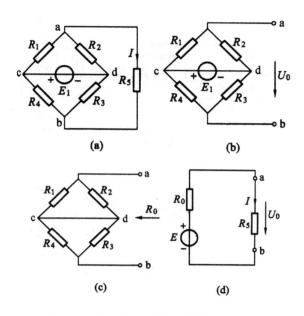

图 2-33　例 2-8 解题图

当 $R_5 = 50\Omega$ 时，

$$I = \frac{E}{R_0 + R_5} = \frac{-5}{20.1 + 50} = -0.071\text{A} = -71\text{mA}$$

从本例中可以看出，如果用支路电流法、结点电压法或叠加定理等方法来求解流过 R_5 的电流，当 R_5 值不断变化时，就需要不断地重新列方程组进行求解，则计算工作量要比运用戴维南定理大得多。因此，在分析电路中某一支路的电流或电压时，常用戴维南定理求解。

上例中，若要使通过电桥对角线支路的电流为零（$I=0$），则需 $U_0=0$，即

$$U_0 = \frac{E_1}{R_1 + R_2} \times R_2 - \frac{E_1}{R_3 + R_4} \times R_3 = 0$$

于是有

$$R_1 R_3 = R_2 R_4$$

这就是电桥平衡的条件。利用电桥平衡的原理，当已知 3 个桥臂的电阻值时，则可以求出第 4 桥臂的电阻值。

应用戴维南定理的关键是求出线性有源二端网络的开路电压和戴维南等效电阻。计算开路电压 U_0 时，可以运用前面介绍的电源的支路电流法、等效变换法、结点电压法、叠加定理等，但要特别注意电压源电动势 E 的方向与开路电压 U_0 的方向相反。

2.7.2　诺顿定理

诺顿定理也是关于线性有源二端网络等效变换的定理，它指出：任何一个线性有源二端网络，对于外部电路来说，可以用一个电激流 I_S 和内阻 R_0 并联的电流源来等效代替；等效电流源的电激流 I_S 等于线性有源二端网络的短路电流 I_0，内阻 R_0 的含义同戴维南等效内阻一样。

如图 2-34 所示。

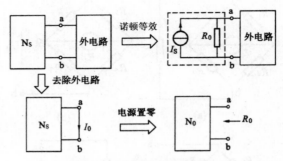

图 2-34 诺顿定理的示意图

在前面已介绍过电源之间可以等效变换,因此,任一线性有源二端网络不仅可以用电压源等效代替,也可以用电流源代替。

戴维南定理和诺顿定理给出了如何将一个线性有源二端网络等效成一个实际电源的方法。

例 2-9 用诺顿定理求图 2-35 电路中的电流 I。

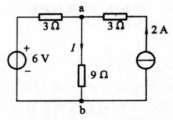

图 2-35 例 2-9 电路图

解:先将所求支路用短接线代替,如图 2-36(a)所示,则其诺顿等效电源的电激流为

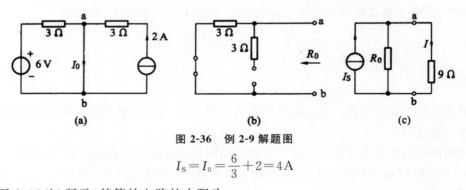

图 2-36 例 2-9 解题图

$$I_S = I_0 = \frac{6}{3} + 2 = 4\text{A}$$

如图 2-36(b)所示,其等效电路的内阻为

$$R_0 = 3\Omega$$

如图 2-36(c)所示,所求电流 I 为

$$I = \frac{3}{3+9} \times 4 = 1\text{A}$$

2.8　含受控电源的电路分析

在电路分析中,对受控电源的处理与独立电源并没有原则的区别,均可以应用上述方法分析和计算。但要注意,在对含有受控源电路的化简过程中,当受控源还被保留时,不要把受控源的控制量消除掉。

例 2-10　在图 2-37 所示电路中,已知 $U_s=10V$,$R_1=4\Omega$,$R_2=2\Omega$,$R_3=2\Omega$。试用支路电流法求解各支路电流 I_1、I_2 和电压 U_1。

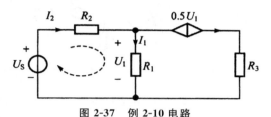

图 2-37　例 2-10 电路

解:在图 2-37 中,含有一个受控源,控制量为电压 U_1,受控量的菱形符号是电流型,故为电压控制电流源(VCCS),且 $g=0.5S$。在应用支路电流法求解电路参数时,由 KCL 和 KVL 列出方程组,并补充控制量方程($U_1=I_1R_1$),即

$$\begin{cases} I_2=0.5U_1+I_1 \\ R_2I_2+R_1I_1=U_s \\ U_1=R_1I_1 \end{cases}$$

将已知数据代入得到

$$\begin{cases} I_2=0.5U_1+I_1 \\ 2I_2+4I_1=10 \\ U_1=4I_1 \end{cases}$$

解上述方程组,得出

$$I_1=1A, I_1=3A, U_1=4V$$

例 2-11　在图 2-38(a)所示电路中,已知 $E=10V$;$I_s=2A$,$R_1=20\Omega$,$R_2=30\Omega$,$R_3=40\Omega$,$R_L=20\Omega$。试用戴维南定理和诺顿定理求解负载电流 I_L。

解:(1)应用戴维宁定理的求解步骤如下。

①求解 U_0,其等效电路如图 2-38(b)所示。由于 R_L 开路,故 I_L 为零,电流控制源 $2I_L$ 也为零,所以

$$U_0=I_s(R_2+R_1)+E=2\times(30+20)+10=110V$$

②求等效电阻 R_0,其等效电路如图 2-38(c)所示。由于除去独立电源后二端网络含有受控源,不能直接用电阻串、并联公式求解。所以,通常采用外加电压法来求解。此时,控制量 I_L 变为 I,且方向改变了,则原来的受控量 $2I_L$ 也要随之变为 $2I$,且方向也同时改变(由向左变为向右)。这时,由 KCL 先求出 R_2 上的电流 $I_2=-I$,则 U 为

$$U=IR_3-IR_2+IR_1=I(R_1+R_3-R_2)$$

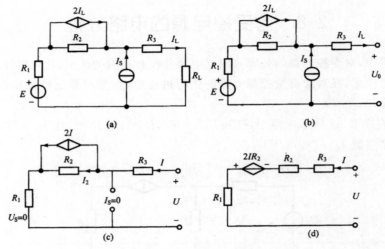

图 2-38 例 2-11 电路

（a）原电路；（b）求解 U_0 的等效电路；（c）求解 R_0 的等效电路；（d）求解 R_0 的变换电路

所以

$$R_0 = \frac{U}{I} = R_1 + R_3 - R_2 = 20 + 40 - 30 = 30\Omega$$

受控电流源和受控电压源也可以等效变换。例如，将图 2-38（c）的 CCCS 变换为图 2-38（d）的 CCVS。但在变换过程中，不能把受控源的控制量去掉。对于图 2-38（d），则 R_0 为

$$U = I(R_1 + R_2 + R_3) - 2IR_2 = I(I_1 + R_3 - R_2)$$

$$R_0 = \frac{U}{I} = R_1 + R_3 - R_2 = 30\Omega$$

由此可见，从图 2-38（d）中的 R_0 与从图 2-38（c）中求出的结果一致。

③求解 I_L。根据上述得到的 U_0 和 R_0，由此求得 I_L 为

$$I_L = \frac{U_0}{R_0 + R_L} = \frac{110}{30 + 20} = 2.2(A)$$

（2）应用诺顿定理时，求解等效电阻 R_0 的方法同上。而求解短路电流 I_{SC} 的等效电路如图 2-39（a）所示，求解过程如下。

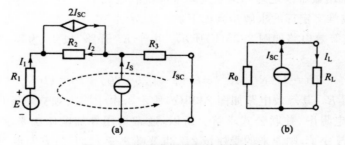

图 2-39 应用诺顿定理的求解电路

（a）求解 I_{SC} 的等效电路；（b）诺顿等效电路

由 KCL 先求出 R_2、R_1 的电流 I_2、I_1 分别为

$$I_2 = I_S + I_{sc} = 2 + I_{sc}$$

$$I_1 = I_{sc} - I_S = I_{sc} - 2$$

再由 KVL 列出回路的电压方程为

$$-I_{sc}R_3 + R_2 I_2 - R_1 I_1 + E = 0$$

经整理和计算得到

$$I_{sc} = \frac{11}{3} A$$

所以,画出诺顿等效电路如图 2-39(b)所示,则负载电流 I_L 也为 2.2A。

应用等效电源定理分析含有受控源的有源二端网络时,计算开路端口电压和短路电流的方法与没有受控源时一样。但需要注意两点:第一,控制量将随着二端网络对外开路或短路做了相应的改变,如本例题应用诺顿定理时的控制量变为 I_{sc},则受控量就变为 $2I_{sc}$。第二,在求解等效电阻 R_0 时,受控源不能像独立电源那样作为零处理,一般要保留。

2.9　非线性电阻电路的分析

2.9.1　非线性电阻元件

在实际电路中,绝对的线性电阻并不存在,当电阻上电压与电流关系基本上遵循欧姆定律时,认为该电阻是线性的,其阻值为常数。上述电路分析中的电阻均指线性电阻。

如果电阻值随着电压或电流变动,不是一个常数,那么这种电阻称为非线性电阻,其图形符号如图 2-40 所示。一般来说,非线性电阻的伏安特性曲线是通过实验方法画出的,如图 2-41(a)所示是半导体二极管的伏安特性曲线。由此可见,其电压和电流的变化为非线性关系。所以,半导体二极管是一种非线性的电阻元件。

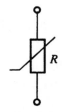

图 2-40　非线性电阻的符号

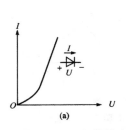
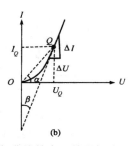

图 2-41　二极管伏安特性曲线与非线性电阻的图解法

(a)二极管伏-安特性曲线;(b)二极管非线性电阻的图解法

虽然非线性电阻随着电压和电流的不同而变动,还是把加在它两端的电压与通过它的电流之比值,简称为(非线性)电阻。但在计算其电阻值时,必须先确定工作电压和工作电流(称工作点),这个工作点用 $Q(U,I)$ 表示,如图 2-41(b)所示。

非线性电阻元件的电阻分为静态电阻和动态电阻两种。

1.静态电阻

静态电阻(R)也称为直流电阻,等于 Q 点处的电压 U 与电流 I 之比,即

$$R=\frac{U_Q}{I_Q}$$

由图 2-41(b)看出,在工作点 Q 确定后,静态电阻值正比于 $\tan\alpha$,其中 α 角是从坐标原点到 Q 点连线之间的夹角。

2.动态电阻

动态电阻(r)也称为交流电阻,等于 Q 点附近的电压微变量 ΔU 与电流微变量 ΔI 之比的极限,也就是在 Q 点上瞬时电压对瞬时电流的导数,即

$$R=\frac{U_Q}{I_Q}\tan\alpha \quad r=\lim_{\Delta t\to 0}\frac{\Delta U}{\Delta I}=\frac{\mathrm{d}u}{\mathrm{d}i}$$

由图 2-14(b)看出,在 Q 点确定之后,动态电阻值正比于 $\tan\beta$,其中 β 角是 Q 点的切线与纵轴坐标之间的夹角。

值得注意,静态电阻和动态电阻均与 Q 点有关,Q 点不同,R 或 r 值也不相同。

2.9.2 一般分析方法

由于非线性电阻的阻值不是常数,故在分析非线性电阻电路时,一般采用图解法和微变等效法来求解。

1.图解法

图解法是指在非线性电阻的伏安特性曲线上用作图的手段,研究非线性电阻电路的一种分析方法。

图 2-42(a)所示是一个含有非线性电阻的电路,其中线性电阻 R_1 与非线性电阻 R_2 串联。在电路中,通常 R_2、U 和 I 是待求量。由 KVL 列出回路电压方程为

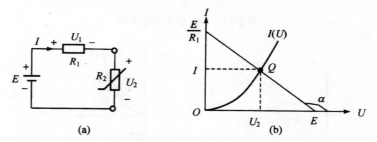

图 2-42 非线性电阻与图解法

(a)非线性电阻电路;(b)非线性电阻电路的图解法

$$U_2=E-U_1=E-IR_1$$

经整理为

$$I = -\frac{1}{R_1}U_2 + \frac{E}{R_1}$$

由此看出,这是一个直线方程,对应的直线有两个截距点。其中,若 $I=0$ 时,则有 $U_2=E$,即为横截距点 $(E,0)$;若 $U_2=0$ 时,则有 $I=\frac{E}{R_1}$,即为纵截距点 $(0,\frac{E}{R_1})$。因此,直线与其伏安特性曲线的交点,就是工作点 Q,如图 2-42(b)所示,该直线的斜率为 $\tan\alpha=-\frac{1}{R_1}$。

从图 2-42(b)中求得工作点 Q 上的电流 I 和电压 U 后,由 $R_2=\frac{U_2}{I}$ 求出静态电阻。需要提醒的是,非线性电阻上的参数与工作点 Q 有关。而工作点 Q 不仅与 R_1 有关,还与 E 的大小有关。若 R_1 变小,则 E 点上移,若 E 增大,则 Q 点也上移;否则反之。不管电路参数如何变化,非线性电阻电路同样遵循基尔霍夫定律。

例 2-12　在图 2-43(a)所示的电路中,已知 $E=1V$,$I_S=1mA$,$R_1=1k\Omega$,$R_2=3k\Omega$,$R_3=0.25k\Omega$。VD 是半导体二极管,其伏安特性曲线如图 2-43(b)所示。试用图解法求出二极管中的电流 I 和电压 U。

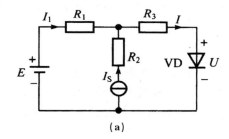

(a)

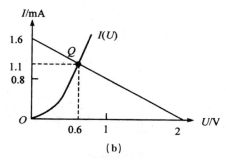

(b)

图 2-43　例 2-12 电路及图解法

(a)例 2-12 电路;(b)例 2-12 图解法

解:在图 2-43(a)所示电路中,除二极管以外的其他部分都为线性。因此,可把二极管(即非线性元件)拿掉后,剩余电路看成一个有源二端网络。画出戴维南等效电路,如图 2-44 所示。其中,U_0 和 R_0 分别为

$$U_0 = \frac{\dfrac{E}{R_1}+I_S}{\dfrac{1}{R_1}} = \frac{\dfrac{1}{1000}+1\times10^{-3}}{\dfrac{1}{1000}} = 2(\mathrm{V})$$

$$R_0 = R_1 + R_3 = 1.25\text{k}\Omega$$

再应用 KVL 对图 2-44 列出电压方程为

$$U = U_0 - IR_0$$

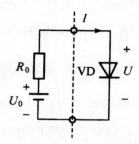

图 2-44 例 2-12 等效电路

由此画出直线的横截距为 $U = 2\text{V}$，纵截距为 $I = 1.6\text{mA}$。所以，直线和二极管伏安特性曲线交于 Q 点，见图 2-43(b)所示。并得到

$$I = 1.1\text{mA}, U = 0.6\text{V}$$

这样，如果需要计算图 2-43(a)所示电路中各线性支路的电流和电压时，二极管可用恒压源 $U = 0.6\text{V}$ 或恒流源 $I = 1.1\text{mA}$ 来替代，再应用电路分析方法进行求解。读者不妨根据这个思路求解 I_1。

2. 微变等效法

在电子技术的非线性电路中，还会经常遇到直流电源 E 和外加交流电源(称为信号)e_S 共同作用的情况，同样可以应用图解法来分析和计算，但作图过程繁复。如果 e_S 信号微量变化时(即为小信号)，可采用微变等效法分析。下面通过一个例题简要介绍微变等效法的求解过程。

例 2-13　在图 2-45(a)所示电路中，已知 $E = 10\text{V}$，$e_S = \sin t$，$R = 940\Omega$，非线性电阻的伏安特性方程为 $u = 60i^2$。试用微变等效法求出电路电流 i。

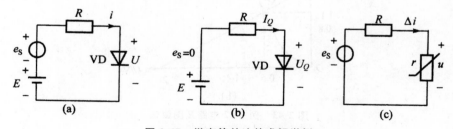

图 2-45 微变等效法的求解举例

(a)原电路；(b)静态等效电路；(c)微变等效电路

解：(1)首先求出工作点 Q。

Q 点应在静态下求解，所以令 $e_S = 0$，电路等效为如图 2-45(b)所示，并直接列出 KVL 方程为

$$E - I_Q R - U_Q = 0$$

将 $U_Q = 60I_Q^2$ 和已知的数据代入上式，得

$$I_Q = 0.1\text{A} = 100\text{mA},$$
$$U_Q = 0.6\text{V}$$

（2）求 Q 点处的动态电阻 r。

$$r = \frac{\mathrm{d}u}{\mathrm{d}i}\Big|_{i=0} = \frac{d}{\mathrm{d}i}(60i^2)\Big|_{i=0.1} = 120i\Big|_{i=0.1} = 12\Omega$$

（3）画出微变等效电路。

微变等效电路只考虑交流信号的作用，不需要考虑直流（即 $E=0$），如图 2-45（c）所示。其中，非线性元件 VD 用动态电阻 r 替代，则电流的增量 Δi 为

$$\Delta i = \frac{e_s}{r+R} = \frac{\sin t}{12+940} = 1.05\sin t\,(\text{mA})$$

（4）求解电路电流 i。

此时，原电路图 2-45（a）中的电流 i，就包括静态电流和动态电流两部分，即

$$i = I_Q + \Delta i = 100 + 1.05\sin t\,(\text{mA})$$

则非线性元件上的电压由 $u = ir$ 计算。

对于小信号作用的非线性电路，采用微变等效求解，总的看计算过程简单，误差较小，这是允许的。因为当交流激励信号为微小信号时，电路工作点位于非线性特性曲线的近似直线区段，则非线性电阻可近似用一个合适的电阻（即动态电阻）来替代，即可以用微变等效法求解。若交流激励信号较大时，应采用图解法求解，否则误差大，会超出允许的误差范围。

第3章 电路的暂态分析

3.1 电路的暂态及换路定则

3.1.1 暂态电路的概念

前面所学的电阻电路是以代数方程来描述的。当电路中含有储能元件电容或电感时，由于这些元件的电压和电流的约束关系是以微分形式或积分形式来表示的，因此描述电路特性的方程将是以电压、电流为变量的微分方程。凡以微分方程描述的电路都称为暂态电路。当电路中的电阻、电容、电感都是线性不变元件时，它的电路方程将是线性常系数微分方程。当电路中只含有一个储能元件时，描述电路的方程是一阶微分方程，这样的电路称为一阶电路。

当将一暂态电路接至电源或当暂态电路的参数发生变化，电路从一个稳定状态变化到另一个稳定状态，一般需要经历一个过程，这个过程称为暂态过程（过渡过程）。以图 3-1 中的电路为例，图 3-1(a)是一电阻电路，开关闭合后电阻电压 u_R 立即从开关闭合前的零跃变到新的稳态电压 4V，如图 3-1(b)所示。而图 3-2(a)是一暂态电路，开关闭合后，电容电压 u_C 从零逐渐变化到新的稳态电压 6V，变化过程大致如图 3-2(b)所示，电容电压 u_C 从开关闭合前的稳定工作状态 0V 变化到开关闭合后的稳定状态 6V，并不是瞬间就完成的，而是需要经历一个暂态过程。

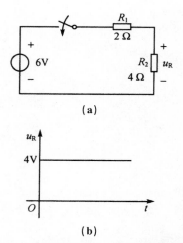

(a)

(b)

图 3-1 开关闭合后 u_R 立即达稳态

（a）一个纯电阻的电路；（b）电阻电压 u_R 随时间变化的曲线

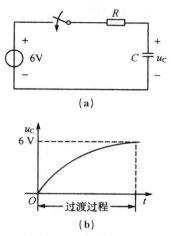

图 3-2　开关闭合后 u_C 经历的暂态过程

(a)RC 串联电路；(b)电容电压 u_C 随时间变化的曲线

出现暂态过程的原因是电路中存在储能元件。对应于电路的一定的工作状态，电容和电感都储有一定的能量，而储能元件的能量改变一般需要一段时间（即使时间很短），而不能瞬间完成。当电路中由于电路的接通、断开、短路、电压改变或参数的改变（以后统称为换路），使电路中的能量也发生变化，但能量又不能跃变，因此电路中产生了暂态过程。

电容元件中储存电场能的大小为 $\frac{1}{2}Cu_C^2$，不能跃变，因此，电容元件上的电压 u_C 不能跃变；电感元件中储存磁场能的大小为 $\frac{1}{2}Li_L^2$，不能跃变，因此，电感元件中的电流 i_L 不能跃变。

3.1.2　换路定则及初始值确定

在分析暂态电路时，假设换路在瞬间完成，一般常以换路的瞬间作为计时的起点，即 $t=0$，而以 $t=0_-$ 表示换路前的终了瞬间，$t=0_+$ 表示换路后的初始瞬间。0_- 和 0_+ 在数值上都等于 0，但前者是指 t 从负值趋近于零，后者是指 t 从正值趋近于零。从 $t=0_-$ 到 $t=0_+$ 瞬间，电容元件上的电压和电感元件中的电流不能跃变，称为换路定则。如用数学式子表示，则为

$$\left.\begin{array}{l} u_C(0_+)=u_C(0_-) \\ i_L(0_+)=i_L(0_-) \end{array}\right\} \tag{3-1}$$

换路定则仅适用于换路瞬间，可根据它来确定 $t=0_+$ 时电路中电压和电流之值，即暂态过程的初始值。

在分析暂态电路时，要列写出电路的微分方程，也需要知道待求电压、电流的初始值（即求解微分方程时所需的初始条件）。因此确定电路中电压、电流的初始值，即要确定换路后电压、电流是从什么初始值开始变化的，就是一个重要的问题。在暂态分析中往往需要根据电路的初始情况由电路基本定律求出变量的初始值。

电路中的电压、电流初始值可以分为两类。一类是电容电压和电感电流的初始值，即 $u_C(0_+)$ 和 $i_L(0_+)$，它们可以直接利用换路定则，通过换路前瞬间的 $u_C(0_-)$ 和 $i_L(0_-)$ 求出。另一类是电路中其他电压、电流的初始值，如电容电流、电感电压、电阻电流、电阻电压的初始值。这

类初始值在换路瞬间一般是可以跃变的,在求出了 $u_C(0_+)$ 和 $i_L(0_+)$ 以后,可根据基尔霍夫定律和欧姆定律计算 $t=0_+$ 时的电路,求出它们的数值。在进行计算时,一种直观的方法是画出暂态电路 $t=0_+$ 时的等效电路,在这样的电路中各独立电源的电压取其在 $t=0_+$ 时的值,电容元件以电压为 $u_C(0_+)$ 的电压源替代,电感元件以电流为 $i_L(0_+)$ 的电流源替代,这样便得出一个等效的电阻电路,由它便可方便地求出 $t=0_+$ 时各元件上的电压、电流值,也就是它们的初始值。

例 3-1 确定图 3-3(a)所示电路中各电流和电压的初始值。设开关 S 闭合前电感元件和电容元件均未储能。

解:先由 $t=0_-$ 的电路[即图 3-3(a)开关 S 未闭合时的电路]得知

$$u_C(0_-)=0, i_L(0_-)=0$$

由换路定则可知

$$u_C(0_+)=u_C(0_-)=0, i_L(0_+)=i_L(0_-)=0$$

作出 $t=0_+$ 时的等效电路,如图 3-3(b)所示,其中将电容元件短路,将电感元件开路,于是得出其他各初始值为

$$i(0_+)=i_C(0_+)=\frac{U}{R_1+R_2}=\left(\frac{6}{2+4}\right)A=1A$$

$$u_L(0_+)=R_2 i_C(0_+)=(4\times1)V=4V$$

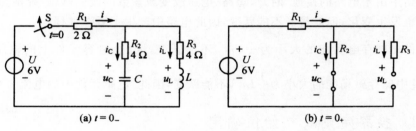

(a) $t=0_-$ **(b)** $t=0_+$

图 3-3 例 3-1 的电路

例 3-2 图 3-4(a)所示电路在开关断开之前处于稳定状态,求开关断开瞬间各支路电流和电感电压的初始值 $i_1(0_+)$、$i_2(0_+)$、$i_3(0_+)$ 和 $u_L(0_+)$。

解:开关断开前电路处于稳定状态,可求得

$$i_3(0_-)=\frac{U_S}{R_1+R_3}=\left(\frac{8}{3+5}\right)A=1A$$

$$u_C(0_-)=i_3(0_-)R_3=(1\times5)V=5V$$

由换路定则可知,$i_3(0_+)=i_3(0_-)=1A, u_C(0_+)=u_C(0_-)=5V$。

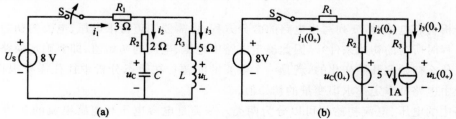

(a)   **(b)**

图 3-4 例 3-2 的电路

(a)$t=0_-$;(b)$t=0_+$

作出 $t=0_+$ 时的等效电路,如图 3-4(b)所示,其中替代电容的电压源 $u_C(0_+)=5V$,替代电感的电流源 $i_3(0_+)=1A$。由此电路可求得各初始值为

$$i_1(0_+)=0 \quad i_2(0_+)=i_1(0_+)-i_3(0_-)=-1A$$

$$u_L(0_+)=u_C(0_+)+i_2(0_+)R_2-i_3(0_+)R_3=-2V$$

需要指出的是,分析电路暂态过程时,需要分析的是电路换路后的过程,所求的初始值也是换路后 $t=0_+$ 时的数值,因此所分析的电路都是换路后的电路。但在应用换路定则求初始值时,需要知道换路前 $t=0_-$ 时的 $u_C(0_-)$ 和 $i_L(0_-)$,因此又有必要分析电路在换路前的情况。

3.2　RC 电路的响应

在分析 RC 电路暂太规律之前,首先给出求解动态电路的基本步骤:

①分析电路情况,得出待求响应的初始值。

②根据基尔霍夫定律写方程。

③解微分方程,得出待求量。

可见,无论电路的阶数如何,初始值的求取、电路方程的列写和微分方程的求解是解决动态电路的关键。

3.2.1　RC 电路的零输入响应

所谓 RC 电路的零输入响应,即电路在无激励的情况下,由电容元件本身释放能量的一个放电过程,如图 3-5 所示。换路前,开关 S 是合在位置 2 上,电源对电容充电。在 $t=0$ 时刻,开关从位置 2 合到位置 1,使电路脱离电源,输入信号为零。此时,电容已储有能量,其上电压初始值 $u_C(0_+)=U$,于是电容经过电阻 R 开始放电。

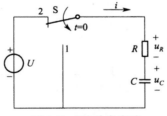

图 3-5　RC 放电电路

根据 KVL 得

$$RC\frac{\mathrm{d}u_C}{\mathrm{d}t}+u_C=0 \tag{3-2}$$

式中

$$i=C\frac{\mathrm{d}u_C}{\mathrm{d}t}$$

式(3-2)为一阶线性齐次微分方程,其通解为 Ae^{pt} 的式,代入得 $RCp+1=0$,则 $p=-\dfrac{1}{RC}$,通解变为 $u_C=Ae^{-\frac{t}{RC}}$。下一步要求定积分常数 A,根据换路定则,$t=0_+$ 时,$u_C(0_+)=A=U$,则

$$u_C = Ue^{-\frac{t}{RC}} = u_C(0_+)e^{-\frac{t}{\tau}} \qquad\qquad (t \geqslant 0)(3-3)$$

电容电压 u_C 从初始值按指数规律衰减,衰减的快慢由 RC 决定。

放电电流 $\qquad\qquad\qquad i_C = C\dfrac{\mathrm{d}u_C}{\mathrm{d}t} = -\dfrac{U}{R}e^{-\frac{t}{RC}} \qquad\qquad (3-4)$

电阻电压 $\qquad\qquad\qquad u_R = Ri_C = -Ue^{-\frac{t}{RC}} \qquad\qquad\qquad (3-5)$

u_C、u_R、i 的变化曲线如图 3-6 所示。时间常数 $\tau = RC$(单位为 s),决定电路暂态过程变化的快慢,通常称为 RC 电路的时间常数。τ 越大,变化越慢。当 $t = \tau$ 时,$u_C = Ue^{-1} = 36.8\%U$,所以时间常数等于电容电压衰减到初始值 U 的 36.8% 所需的时间。时间 $t \to \infty$ 时,电容电压趋近于零,放电过程结束,电路处于另一个稳态。而在工程中,常常认为电路经过 $(3\sim5)\tau$ 时间后放电结束。

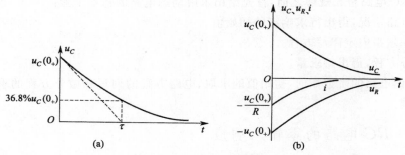

图 3-6　u_C、u_R、i 的变化曲线

例 3-3　电路如图 3-7 所示,开关闭合前电路已处于稳态,在 $t = 0$ 时,将开关闭合,试求 $t \geqslant 0$ 时的电压 u_C 和电流 i_C、i_1 及 i_2。

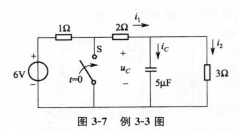

图 3-7　例 3-3 图

解:$u_C(0_-) = \dfrac{6}{1+2+3} \times 3 = 3\mathrm{V} = u_C(0_+)$

在 $t \geqslant 0$ 时,电压源与 1Ω 电阻被开关 S 短路,电容放电。故

$$\tau = \frac{2 \times 3}{2 + 3} \times 5 \times 10^{-6} = 6 \times 10^{-6}\mathrm{s}$$

可得

$$u_C = u_C(0_+)e^{-\frac{t}{\tau}} = 3 \times e^{-\frac{10^6}{6}t} = 3e^{-1.7 \times 10^5 t}\mathrm{A}$$

$$i_C = C\frac{\mathrm{d}u_C}{\mathrm{d}t} = -2.5e^{-1.7 \times 10^5 t}\mathrm{A}$$

$$i_2 = \frac{u_C}{3} = \mathrm{e}^{-1.7 \times 10^5 t} \mathrm{A}$$

$$i_1 = i_2 + i_C = = -1.5\mathrm{e}^{-1.7 \times 10^5 t} \mathrm{A}$$

3.2.2　RC 电路的零状态响应

所谓 RC 电路的"零状态响应",即为电路的储能元件电容的初始储能为零,仅由外部电源为储能元件输入能量的充电过程,如图 3-8 所示。

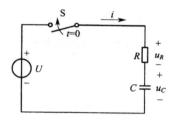

图 3-8　RC 充电电路

已知其中电容元件的初始值为零,由电路可得

$$u_C + RC \frac{\mathrm{d}u_C}{\mathrm{d}t} = U \tag{3-6}$$

式(3-6)为一阶线性非齐次微分方程。它的解由对应齐次方程的通解与非齐次方程的特解两部分组成。其中,通解取决于对应齐次方程的解,特解则取决于输入函数的形式。

式(3-6)对应的齐次微分方程为

$$RC \frac{\mathrm{d}u_C}{\mathrm{d}t} + u_C = 0$$

其通解为 $u_C = A\mathrm{e}^{-\frac{t}{RC}}$。

而求式(3-6)的特解,可以使 $\frac{\mathrm{d}u_C}{\mathrm{d}t} = 0$,即时间为∞时的 u_C 的状态,此时 $u_C = U$。因此式(3-6)的通解即为

$$u_C = A\mathrm{e}^{-\frac{t}{\tau}} + U$$

由初始值意义:当 $t = 0$ 时,$u_C(0_+) = u_C(0_-) = 0$,有

$$u_C(0_+) = A\mathrm{e}^{-\frac{t}{\tau}} + U = A + U = 0$$

所以

$$A = -U$$

因此,在该电路中,当电压源为直流电压源时,满足初始条件的电路方程的解为

$$u_C = -U\mathrm{e}^{-\frac{t}{\tau}} + U = U(1 - \mathrm{e}^{-\frac{t}{\tau}}) = u_C(\infty)(1 - \mathrm{e}^{-\frac{t}{\tau}}) \tag{3-7}$$

由式(3-7)可知,当时间 $t \to \infty$ 时,电容电压趋近于充电值,充电过程结束,电路处于另一个稳态。而在工程中,常常认为电路经过 $(3\sim5)\tau$ 时间后充电结束。暂态响应 u_C 可视为由两个分量相加而得:其一是达到稳定时的电压 $u_C(\infty)$,称为稳态分量;其二是仅存在于暂态过程中的 $-U\mathrm{e}^{-\frac{t}{\tau}}$,称为暂态分量,总是按指数规律衰减。其变化规律与电源电压无关,大小与电源电压有关。暂态分量趋于零时,暂态过程结束。

$t \geqslant \infty$ 时，电容上的充电电流及电阻 R 上的电压如图 3-9 和图 3-10 所示，分别为

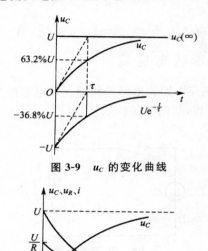

图 3-9　u_C 的变化曲线

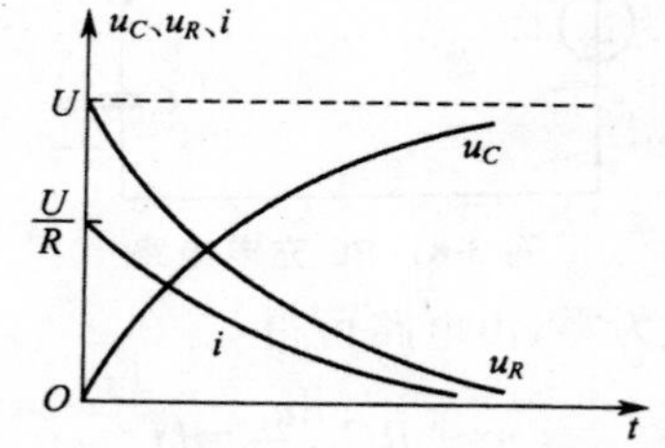

图 3-10　u_C、u_R、i 的变化曲线

$$i = C\frac{\mathrm{d}u_C}{\mathrm{d}t} = \frac{U}{R}e^{-\frac{t}{RC}} \tag{3-8}$$

$$u_R = Ri = Ue^{-\frac{t}{\tau}} \tag{3-9}$$

分析较复杂电路的暂态过程时，可以应用戴维宁定理或诺顿定理将储能元件换路，而将换路后其余部分看作一个等效电压源，于是化为一个简单电路。求时间常数时，等效电阻可用戴维宁定理求解等效电阻的方法。

例 3-4　图 3-11 中，已知 $t<0$ 时，原电路已稳定，$t=0$ 时合上 S，求 $t>0$ 时的 $u_C(t)$、$u_0(t)$，并画出曲线图。

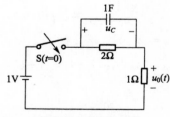

图 3-11　例 3-11 图

解：由题目可知 $u_C(0_+)=0$，换路后的能量仅靠电源提供，因此为零状态响应。

由 $u_C = u_C(\infty)(1-e^{-\frac{t}{\tau}})$ 可知，只要求出 $u_C(\infty)$ 和时间常数 τ 即可。

①求 $u_C(\infty)$：$t \to \infty$ 时，见图 3-12，$u_C(\infty) = \dfrac{2}{3}\mathrm{V}$。

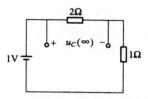

图 3-12 例 3-4 时间趋向无穷大时

②求 τ:如图 3-13 所示,$R_{\mathrm{eq}}=\dfrac{2}{3}\Omega$,$\tau=R_{\mathrm{eq}}C=\dfrac{2}{3}\mathrm{s}$。所以

$$u_C(t)=\frac{2}{3}(1-\mathrm{e}^{-1.5t})\mathrm{V}\,(t\geqslant0_+)$$

$$u_0(t)=1-u_C(t)=\frac{1}{3}+\frac{2}{3}\mathrm{e}^{-1.5t}\mathrm{V}\,(t\geqslant0_+)$$

$u_C(t)$ 和 $u_0(t)$ 均为指数函数曲线,如图 3-14 所示。

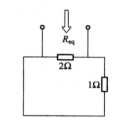

图 3-13 例 3-4 求等效电阻图

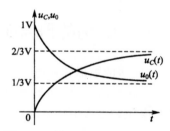

图 3-14 例 3-4$u_C(t)$ 和 $u_0(t)$ 图

3.2.3 RC 电路的全响应

所谓 RC 电路的全响应,是指电源激励和电容元件的初始状态 $u_C(0_+)$ 均不为零时电路的响应,也就是零输入响应与零状态响应两者的叠加。

若在图 3-8 的电路中,$u_C(0_-)\neq0$。$t\geqslant0$ 时的电路的微分方程和式(3-6)相同,也可得

$$u_C=U+A\mathrm{e}^{-\frac{t}{RC}}=u_C(\infty)+A\mathrm{e}^{-\frac{t}{RC}}$$

但积分常数 A 与零状态时不同。在 $t=0_+$ 时,$u_C(0_+)\neq0$,则

$$A=u_C(0_+)-U=u_C(0_+)-u_C(\infty)$$

因此 $$u_C=u_C(\infty)+[u_C(0_+)-u_C(\infty)]\mathrm{e}^{-\frac{t}{RC}} \tag{3-10}$$

即   全响应＝稳态分量＋暂态分量

还可改写为

$$u_C = u_C(0_+)e^{-\frac{t}{\tau}} + u_C(\infty)(1 - e^{-\frac{t}{\tau}})$$

即
$$全响应＝零输入响应＋零状态响应$$

这是叠加定理在电路暂态分析中的体现。$u_C(0_+)$和电源分别单独作用的结果即是零输入响应和零状态响应。

例 3-5　如图 3-15 所示,已知开关 K 原处于闭合状态,$t=0$ 时打开。求 $u_C(t)$。

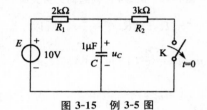

图 3-15　例 3-5 图

解:换路(开关动作)前电容上已经存储了能量,换路后电路中各响应靠电源和电容上的能量共同激发,因此为全响应。由式(3-10)可知,需求出 $u_C(0_+)$、$u_C(\infty)$ 和 τ。

由换路定则得

$$u_C(0_-) = u_C(0_+) = \frac{R_2}{R_1 + R_2}E = 6\text{V}$$

$$u_C(\infty) = 10\text{V}(此时电容上电流为 0)$$

$$\tau = 2\text{k}\Omega \times 1 \times 10^{-6}\text{F} = 2\text{ms}$$

因此
$$u_C(t) = 10 - 4e^{-\frac{t}{0.002}}\text{V}$$

3.3　RC 电路的脉冲响应

在数字电路中,会碰到如图 3-16 所示的矩形脉冲电压,其中 U_S 称为脉冲幅度,t_p 称为脉冲宽度,这种波形的电压作用在 RC 串联电路上时,如果选取不同的时间常数,输出电压就会产生某种特定的波形,从而构成输出电压和输入电压之间的特定(微分或积分)关系。

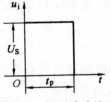

图 3-16　矩形脉冲波形

3.3.1　微分电路

矩形脉冲电压 u_i 施加在 RC 串联电路上,如图 3-17 所示。输出电压 u_o 从电阻 R 两端输出。在 $0 \leqslant t \leqslant t_p$ 时间内,相当于该电路与恒压电源接通。根据前面对 RC 串联电路暂态响应的分析,其输出电压为

$$u_o = U_S e^{-\frac{t}{\tau}}, 0 \leqslant t \leqslant t_p$$

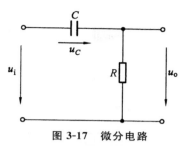

图 3-17 微分电路

当时间常数 $\tau \ll t_p$ 时,接通电源后电容器的充电过程将会迅速完成,输出电压也会很快衰减到零,因而输出电压 u_o 是一个峰值为 U_S 的正尖脉冲。在 $t = t_1$ 瞬间,u_i 突然下降到零,由于 u_C 不能跃变,所以在这瞬间 $u_o = -u_C = -U_S$。然后电容器经电阻很快放电,u_o 很快衰减到零。输出电压为一个负尖脉冲,如图 3-18 所示。

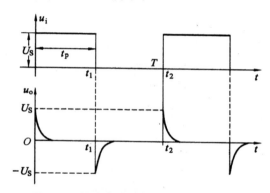

图 3-18 微分电路的输入输出电压的波形

由于 $\tau \ll t_p$,充放电很快,除了电容器刚开始充电或放电的一段极短的时间之外,有

$$u_i = u_o + u_C \approx u_C \gg u_o$$

因而

$$u_o = iR = RC\frac{du_C}{dt} \approx RC\frac{du_i}{dt}$$

上式表明,输出电压 u_o 近似地与输入电压 u_i 对时间的微分成正比,因此这种电路称为微分电路。

RC 电路构成微分电路的条件为:

①时间常数 $\tau \ll t_p$(一般 $\tau < 0.2 t_p$)。

②输出电压从电阻 R 端输出。

在脉冲电路应用中,常采用微分电路把矩形脉冲变换为尖脉冲,作为触发器的触发信号。但是当脉冲宽度 t_p 一定时,改变 τ 和 t_p 的比值,电容器充放电的快慢就不同,输出电压 u_o 的波形也就不同,如图 3-19 所示。

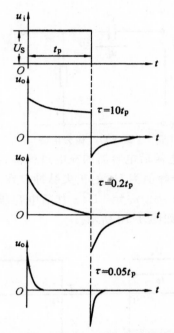

图 3-19　不同 τ 值下输出电压的波形

3.3.2　积分电路

把图 3-17 电路中 R 和 C 对调一下,如图 3-20(a)所示,并且满足 $\tau \gg t_p$,那么在同样的矩形脉冲作用下,电路输出的将是和时间基本上成直线关系的三角波电压[如图 3-20(b)所示]。

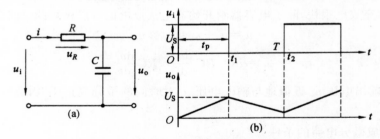

图 3-20　积分电路及输入输出电压的波形

(a)积分电路;(b)输入输出电压的波形

由于 $\tau \gg t_p$,电容器上的电压在整个脉冲持续时间内缓慢增长,当还未增长到趋近稳定值时,脉冲已告终止($t=t_1$)。以后电容器经电阻缓慢放电,电容器上的电压也缓慢衰减。同样,当 u_C 还未衰减到零时,下一个脉冲又到来,电容 u_C 又开始充电。

因为电容的充放电很慢,u_C 值很小,即

$$u_o = u_C \ll u_R$$
$$u_i = u_o + u_R \approx u_R = iR$$

所以输出电压为

$$u_o = u_C = \frac{1}{C} \int i\,\mathrm{d}t \approx \frac{1}{RC} \int u_i\,\mathrm{d}t$$

上式表明，u_o 近似地与 u_c 对时间的积分成正比，因此，这种电路称为积分电路。

微分电路和积分电路虽然都是 RC 串联电路构成的，但是条件不同时，所得结果也不相同。RC 电路构成积分电路的条件为：

①时间常 $\tau \gg t_p$。

②输出电压从电容器 C 端输出。

3.4　一阶线性电路暂态分析的三要素法

只含有一个储能元件或可等效为一个储能元件的线性电路，不论是简单能或复杂的，它的微分方程都是一阶常系数线性微分方程。这种电路称为一阶线性电路。

上述的 RC 电路是一阶线性电路，电路的响应由稳态分量（包括零值）和暂态分量两部分相加而得，如写成一般式子，则为

$$f(t) = f'(t) + f''(t) = f(\infty) + Ae^{-\frac{t}{\tau}}$$

式中，$f(t)$ 是电流或电压，$f(\infty)$ 是稳态分量（即稳态值），$Ae^{-\frac{t}{\tau}}$ 是暂态分量。若初始值为 $f(0_+)$，则得 $A = f(0_+) - f(\infty)$。于是

$$f(t) = f(\infty) + [f(0_+) - f(\infty)]e^{-\frac{t}{\tau}} \tag{3-11}$$

这就是分析一阶线性电路暂态过程中任意变量的一般公式。只要求得 $f(0_+)$、$f(\infty)$ 和 τ 这三个"要素"，就能直接写出电路的响应（电流或电压）。至于电路响应的变化曲线，如图 3-21 所示，都是按指数规律变化的（增长或衰减）。下面举例说明三要素法的应用。

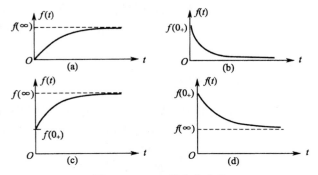

图 3-21　$f(t)$ 的变化曲线

(a) $f(0_+) = 0$；(b) $f(\infty) = 0$；(c) $f(\infty) > f(0_+)$；(d) $f(0_+) > f(\infty)$

例 3-6　电路如图 3-22 所示，已知 $t < 0$ 时已稳定，求 $t > 0_+$ 时，i_L、i_o。

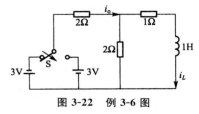

图 3-22　例 3-6 图

解：(1) 求 $i_L(0_+)$，$i_o(0_+)$

$$i = \frac{3}{2 + \frac{1}{3}} = -\frac{9}{8}\text{A}$$

$$i_o(0_-) = -\frac{9}{8}\text{A}$$

所以
$$i_L(0_+) = i_L(0_-) = -\frac{9}{8} \times \frac{2}{3} = -\frac{3}{4}\text{A}$$

$$t = 0_+ \text{时}, i_o(0_+) = \frac{3}{4} + \frac{1}{2}\left(-\frac{3}{4}\right)\text{A} = \frac{3}{8}\text{A}$$

(2)求 $i_L(\infty), i_o(\infty)$

$$i_L(\infty) = \frac{3}{4}, i_o(\infty) = \frac{9}{8}\text{A}$$

(3)求 τ

$$\tau = \frac{L}{R} = \frac{1}{2}\text{s}$$

所以
$$i_L(t) = \frac{3}{4}\text{A} - \frac{3}{2}e^{-2t}\text{A} \qquad (t \geqslant 0_+)$$

$$i_o(t) = \frac{9}{8} - \frac{3}{4}e^{-2t}\text{A} \qquad (t \geqslant 0_+)$$

3.5 *RL* 电路的响应

线圈通常可以等效为 *RL* 串联电路,它们都有和信号源接通、断开等各种换路问题。电感 *L* 是储能元件,因此在电路中就会产生暂态过程。讨论 *RL* 电路的暂态过程同样有着非常重要的意义。

3.5.1 *RL* 电路的零输入响应

图 3-23(a)是一 *RL* 串联电路,开关 S 闭合后,电路中没有激励信号作用,电路的响应是电感线圈中的原有储能引起的。假定换路前(开关 S 闭合前)电路已处于稳态,这时电感中的电流

$$i_L(0_-) = \frac{U_s}{R_1 + R} = I_0$$

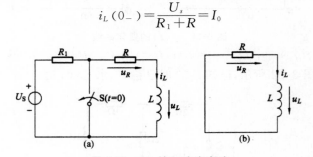

图 3-23 *RL* 输入响应电路

(a)电路图;(b)换路后的等效电路

由于换路后瞬间电感中的电流不能跃变,则有

$$i_L(0_+) = i_L(0_-) = I_0$$

开关 S 合上后电路如图 3-23(b)所示,根据基尔霍夫电压定律列出 $t \geqslant 0$ 时电路的 KVL 方程

$$u_L + u_R = 0$$

将 $u_L = L \dfrac{\mathrm{d}i_L}{\mathrm{d}t}$ 和 $u_R = Ri$ 代入上式,得 $t \geqslant 0$ 时的微分方程

$$L \frac{\mathrm{d}i_L}{\mathrm{d}t} + Ri_L = 0$$

这也是一个一阶常系数线性齐次微分方程,其电流的通解为

$$i_L(t) = A\mathrm{e}^{-\frac{t}{\tau}}$$

$$\tau = \frac{L}{R}$$

这里 τ 为 RL 电路的时间常数。当 R 的单位为欧姆,L 的单位为亨[利]时,τ 的单位是秒,其物理意义与 RC 电路中的时间常数完全一样。

电路稳定以后,储存在电感中的磁场能量全部释放,所以

$$i_L(\infty) = 0$$

由一阶电路的三要素法可得

$$i_L(t) = I_0 \mathrm{e}^{-\frac{t}{\tau}}$$

$$u_L(t) = L \frac{\mathrm{d}i_L}{\mathrm{d}t} = -RI_0 \mathrm{e}^{-\frac{t}{\tau}}$$

$i_L(t)$,$u_L(t)$ 随时间变化的曲线如图 3-24 所示。

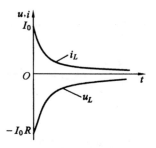

图 3-24　i_L 和 u_L 随时间变化的曲线

3.5.2　RL 电路的零状态响应

如图 3-25 所示电路,电感中没有初始储能,这个电路只有一个储能元件 L;因此也是一阶电路,一阶电路就可用三要素法求解。

(1)确定初始值

$$i_L(0_+) = i_L(0_-) = 0$$

(2)确定稳态值

$$i_L(\infty) = \frac{U_s}{R}$$

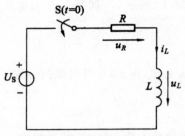

图 3-25　**RL 零状态响应电路**

(3)确定电路的时间常数

$$\tau = \frac{L}{R}$$

代入式(3-11)得

$$i_L(t) = i_L(\infty) + [i_L(0_+) - i_L(\infty)]e^{-\frac{t}{\tau}}$$

$$i_L = \frac{U_s}{R} - \frac{U_s}{R}e^{-\frac{t}{\tau}}$$

$$u_L = L\frac{di_L}{dt} = U_s e^{-\frac{t}{\tau}}$$

i_L 随时间变化的曲线如图 3-26 所示，其 $i'_L = \dfrac{U_s}{R}$ 为稳态分量，$i''_L = \dfrac{U_s}{R}e^{-\frac{t}{\tau}}$ 为暂态分量。u_L, u_R 随时间变化的曲线如图 3-27 所示。

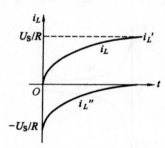

图 3-26　i_L 的变化曲线

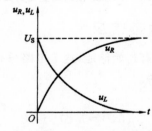

图 3-27　u_L, u_R 的变化曲线

例 3-7　在图 3-28 电路中，开关 S 原是闭合的，电路处于稳态，$t=0$ 时刻开关 S 打开。已知 $I_s=2\text{A}$, $L=2\text{H}$, $R_1=8\Omega$, $R_2=20\Omega$, $R_3=30\Omega$, 求换路后的主 i_L, u_L。

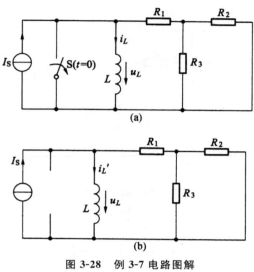

图 3-28　例 3-7 电路图解

(a)电路图；(b)等效电路

解：(1)确定初始值

$$i_L(0_+)=i_L(0_-)=0$$

(2)确定稳态值

将换路后的电路等效变换成图 3-28(b)所示的电路形式,则

$$I(\infty)=I_s=2\text{A}$$

(3)确定电路的时间常数

等效电阻

$$R=R_1+\frac{R_2R_2}{R_2+R_3}=20\Omega$$

$$\tau=\frac{L}{R}=\frac{2}{20}=0.1\text{s}$$

由三要素法得

$$i_L(t)=I_s(1-\text{e}^{-\frac{t}{\tau}})=2(1-\text{e}^{-10t})\text{A}$$

$$u_L(t)=L\frac{\text{d}i_L}{\text{d}t}=40\text{e}^{-10t}\text{V}$$

3.5.3　RL 电路的全响应

在分析 RL 电路零输入响应和零状态响应时可以看出,RL 电路与 RC 电路的分析过程和结果相似,不难想象,RL 电路的全响应与 RC 电路的全响应在形式上也是相似的。

在图 3-29(a)所示电路中,换路前,$i_L(0_-)=I_0=\dfrac{U_s}{R_0+R}$。当开关闭合时($t=0$),电路如图 3-29(b)所示,运用三要素法进行求解。

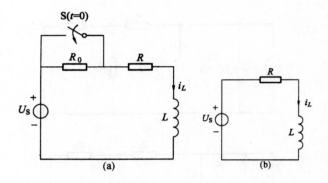

图 3-29 RL 全响应

(a)电路图;(b)换路后的等效电路图

（1）确定初始值

$$i_L(0_+)=i_L(0_-)=I_0$$

（2）确定稳态值

$$i_L(\infty)=\frac{U_s}{R}$$

（3）确定电路的时间常数

$$\tau=\frac{L}{R}$$

所以

$$i_L(t)=\frac{U_s}{R}-\left(I_0-\frac{U_s}{R}\right)e^{-\frac{t}{\tau}}$$

例 3-8 图 3-30 电路中 $U_s=10\mathrm{V}$，$I_s=10\mathrm{mA}$，$R_1=1\mathrm{k}\Omega$，$R_2=R_3=0.5\mathrm{k}\Omega$，$L=1\mathrm{H}$。换路前电路已处于稳态,试求 S 闭合后电路中的电流 $i(t)$。

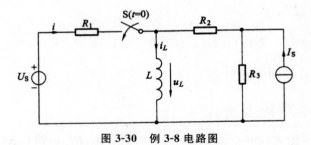

图 3-30 例 3-8 电路图

解:运用三要素法求解。

（1）确定初始值

$$i_L(0_-)=\frac{R_3}{R_2+R_3}I_s=5\mathrm{mA}$$

由换路定律

$$i_L(0_+)=i_L(0_-)=5\mathrm{mA}$$

作 $t=0_+$ 时的等效电路图如图 3-21(a)所示,由叠加定理得

$$i(0_+)=\frac{U_s}{R_1+R_2+R_3}+\frac{R_2+R_3}{R_1+R_2+R_3}i_L(0_+)-\frac{R_3}{R_1+R_2+R_3}I_S=5\text{mA}$$

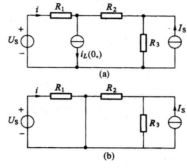

图 3-31　例 3-8 题解图

(a)$t=0_+$ 时的电路图;(b)t$=\infty$时的电路图

(2)确定稳态值

画出换路后到达稳态时的等效电路,如图 3-31(b)所示,其中

$$i(\infty)=\frac{U_s}{R_1}=10\text{mA}$$

(3)确定电路的时间常数

$$\tau=\frac{L}{\dfrac{R_1(R_2+R_3)}{R_1+R_2+R_3}}=\frac{1}{500}\text{s}$$

则

$$i(t)=i(\infty)+[i(0_+)-i(\infty)]\text{e}^{-\frac{t}{\tau}}$$
$$=10-5\text{e}^{-500t}\text{mA}$$

例 3-9　图 3-3 电路中,若 $t=0$ 时,开关闭合,求电流 i(换路前电路已处于稳态)。

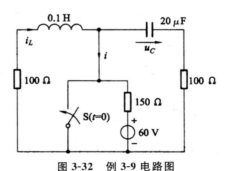

图 3-32　例 3-9 电路图

解:开关闭合后的等效电路如图 3-33 所示。

用三要素法分两步求解。

(1)求图 3-33(a)中的 $i_1(t)$。

确定初始值为

$$i_1(0_+)=i_L(0_+)=i_L(0_-)=\frac{60}{100+150}=-0.24\text{A}$$

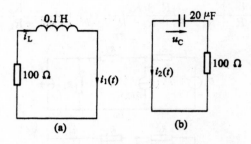

图 3-33 例 3-9 等效电路图

(a)等效电路;(b)等效电路

确定稳态值为

$$i_1(\infty)=0$$

确定电路的时间常数

$$\tau_1=\frac{L}{R}=0.001\text{s}$$

则

$$i_1(t)=i_1(\infty)+[i_1(0_+)-i_1(\infty)]\text{e}^{-\frac{t}{\tau_1}}$$
$$=-0.24\text{e}^{-1000t}\text{A}$$

(2)求图 3-33(b)中的 $i_2(t)$。

首先求出电容电压 u_C。

确定初始值为

$$u_C(0_+)=u_C(0_-)=-100i_L(0_-)=24\text{V}$$

确定稳态值为

$$u_C(\infty)=0$$

确定电路的时间常数

$$\tau_2=RC=2\times10^{-3}\text{s}$$

则

$$u_C(t)=u_C(\infty)+[u_C(0_+)-u_C(\infty)]\text{e}^{-\frac{t}{2}}=24\text{e}^{-500t}$$

$$i_2=-C\frac{\text{d}u_C}{\text{d}t}=0.24\text{e}^{-500t}\text{A}$$

i 应是图 3-22(a)中的 i_1 和图 3-22(b)中 i_2 的和,即

$$i(t)=i_1(t)+i_2(t)=0.24(\text{e}^{-500t}-\text{e}^{-1000t})\text{A}$$

第4章 磁路

4.1 磁路的基本概念和基本定律

电与磁是两种密切相关的物理现象。在很多电气设备中，例如电动机、变压器、电磁铁、电工测量仪表等都是利用电与磁的相互作用来实现能量的传输和转换。因此电工技术不仅有电路问题，同时也有磁路问题。

4.1.1 磁路的概念

所谓磁路，就是磁通集中通过的闭合路径。工程上为了利用较小的励磁电流产生较强的磁场，往往在线圈中插入高导磁性能的铁芯，这样就把磁力线局限在一定的空间和路径之中。如图 4-1 是电磁铁、变压器、直流电机的磁路。

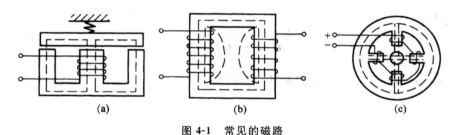

图 4-1 常见的磁路

(a)电磁铁的磁路；(b)变压器的磁路；(c)直流电动机的磁路

4.1.2 磁路中的物理量

1.磁感应强度

磁感应强度 B 是衡量磁场内某点磁场强弱和方向的一个物理量。磁感应强度是一个矢量，它的方向与产生磁场的励磁电流的方向遵循右手螺旋定则，大小等于通过垂直于磁场方向单位面积的磁力线数目。表示为

$$B = \frac{\mathrm{d}F}{\mathrm{d}lI} \tag{4-1}$$

式中，$\mathrm{d}l$ 是垂直于磁力线的一微小导线的长度，若通以电流 I，则受电磁力为 $\mathrm{d}F$。在均匀磁场中

$$B = \frac{F}{lI} \tag{4-2}$$

定义单位为在 1m 长导线通以 1A 电流，导线受力为 1N 时的磁感应强度为 1T(特斯拉)。工程上还常用高斯作为磁感应强度的单位，$1\mathrm{T} = 10^4\mathrm{Gs}$(高斯)。

2. 磁通

磁通 Φ 的数学定义式为

$$\Phi = \int_s B\,\mathrm{d}S \tag{4-3}$$

式中,S 是磁场中垂直于磁感应强度矢量的面积,所以磁通 Φ 可以理解为穿过磁场中给定截面积的磁力线数。在均匀磁场中有

$$\Phi = BS \tag{4-4}$$

从这个意义上讲,磁感应强度 B 又称为磁通密度。在国际单位制中,磁通的单位为韦伯(Wb),$1\mathrm{Wb} = 1\mathrm{T} \cdot \mathrm{m}^2$,则 $1\mathrm{T} = 1\mathrm{Wb/m}^2$。

3. 磁导率

磁导率 μ 是衡量物质导磁能力的物理量。在国际单位制中,μ 的单位为 H/m(亨/米)。实验测得,真空的磁导率 μ_0 为一常数

$$\mu_0 = 4\pi \times 10^{-7}\,\mathrm{H/m} \tag{4-5}$$

为了便于比较各种物质的导磁能力,通常把任一物质的磁导率 μ 与 μ_0 之比称为该物质的相对磁导率,用 μ_r 表示,即 $\mu_r = \mu/\mu_0$,它是一个无量纲的量。

4. 磁场强度

磁场强度 H 是磁路计算中所引入的一个辅助计算量。它也是矢量。因为磁感应强度与磁介质有关,导致磁感应强度与激励电流之间呈非线性关系,使得磁场计算复杂化。为了方便计算,引入磁场强度,它的定义式为

$$H = \frac{B}{\mu} \tag{4-6}$$

在国际单位制中,磁场强度 H 的单位为 A/m(安/米)。

5. 磁通的连续性原理

由于磁力线总是闭合的,如果在磁场中作一闭合曲面,则穿过此曲面的磁通为 0。

$$\Phi = \int_s B\,\mathrm{d}S = 0 \tag{4-7}$$

这就是磁的连续性原理,相当于电路的 KCL。

4.1.3　磁路的基本定律

1. 安培环路定律

安培环路定律指出:在磁场中,沿任一闭合路径对磁场强度矢量的线积分等于此闭合路径所包围电流的代数和。通常是沿磁力线路径进行积分,数学表示式为

$$\oint_l H\,\mathrm{d}l = \sum I \tag{4-8}$$

当电流的方向与所选闭合路径的方向符合右手螺旋定则时电流取正号,反之取负号。如图4-2所示,可得

$$\oint_l H\,\mathrm{d}l = \sum I = I_1 - I_2$$

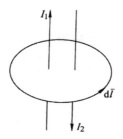

图 4-2　安培环路定律图示

将此定律应用于图 4-3 所示均匀环形磁路,设环形铁芯线圈是密绕的,且绕得很均匀,匝数为 N。取其中心线即平均长度的磁力线回路为积分回路,则中心线上各点的磁场强度 H 矢量的大小相等,方向又与以方向一致,故

$$\oint_l H \, \mathrm{d}l = \oint (H \mathrm{d}l) = H \oint (\mathrm{d}l) = Hl = \sum I$$

即
$$Hl = NI \tag{4-9}$$

式中,N 为线圈匝数;I 为励磁电流;l 为磁力线长度。

式(4-9)表明磁场强度与电流成正比。

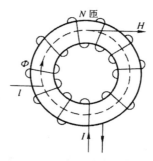

图 4-3　均匀环形磁路

2. 磁路的欧姆定律

式(4-9)给我们的概念是电流是产生磁场的源。再利用 $B = \mu H$、$\Phi = BS$ 可得到

$$B = \frac{NI}{l} \mu$$

$$\Phi = BS = \frac{NI}{l} \mu S = \frac{NI}{l/(\mu S)} = \frac{F}{R_{\mathrm{m}}}$$

即

$$\Phi = \frac{F}{R_{\mathrm{m}}} \tag{4-10}$$

式(4-10)被称为磁路的欧姆定律,描述了磁通 Φ 与电流之间的关系,只是形似欧姆定律。式中 $F = NI$ 称为磁动(通)势,是产生磁通的源,单位是 A。$R_{\mathrm{m}} = l/(\mu S)$ 称为磁阻,其单位为 H^{-1}。由于磁化曲线的非线性,磁导率 μ 不是常数,所以磁路的欧姆定律没有实际的计算意义,只能用于定性地分析磁路中的一些现象。而磁路的定量计算要用到全电流定律及磁介质的磁化曲线。

3.磁路的基尔霍夫磁压定律

有了磁动势之说,自然会引出磁压降的概念。如果磁路是由不同截面积的几段或不同长度的几种磁性材料制成,则可以认为磁动势分别降在不同的磁路段中,每段磁路上有各自的磁压降。假设沿积分路线分为乃段,各段中日的大小不变,则式(4-8)可以写为

$$\sum_{k=1}^{n} H_k l_k = \sum I \qquad (4\text{-}11)$$

式中,$H_k l_k$ 为第 k 段磁路的磁压降;$\sum I$ 为磁动势。

式(4-11)表明:沿磁回路一周,磁压降的代数和等于磁动势的代数和,这便是磁路的基尔霍夫磁压定律。

4.2 铁磁材料

物质的磁性可以用磁导率表示,按照磁导率的大小,可将自然的物质分为磁性材料和非磁性材料两大类。

非磁性材料的磁导率基本上与真空磁导率相同,即 $\mu = \mu_0$,$\mu_r = 1$,亦即非磁性材料基本上没有磁化的特性。当磁介质为非磁性材料时,$B = \mu H$,B 与 H 成正比,即 B 与 H 呈线性关系,如图 4-4 所示。

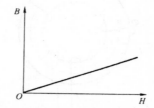

图 4-4 非磁性材料 $B-H$ 的线性关系

磁性材料的磁特性与非磁性材料有很大不同,具有以下特点:

1.磁导率高

磁性材料的导磁能力很强。磁性材料主要指铁、镍、钴及其合金,常称为铁磁材料。磁性材料是构成磁路的主要材料。铁磁材料的磁导率很高,其 $\mu_r \gg 1$。可达数百、数千甚至数万。铁磁材料在磁场中可被强烈磁化,其中的磁感应强度可达到很高的数值。

铁磁材料的磁化特性可用磁畴理论来说明。我们指导电流产生磁场,物质的分子中有带电粒子在运动,形成分子电流,分子电流也要产生磁场。在铁磁材料内部还有许多很小的天然磁化区,称为磁畴,在磁畴内部,各分子电流排列整齐,显示出磁性。但在没有外磁场作用时,各个磁畴的磁轴方向杂乱,磁场相互抵消,因而对外显示不出磁性来,如图 4-5(a)所示。如果在外磁场存在,铁磁材料的磁畴就沿着外磁场方向转向,显示出磁性来。随着磁场的增强,磁畴的磁轴逐渐转到与外磁场相同的方向上,如图 4-5(b)所示,这时排列相同的磁畴将产生一个与外磁场相同方向的很强的磁化磁场,因而使得铁磁物质内的磁感应强度大大增加,即铁磁材料被强烈地磁化了。

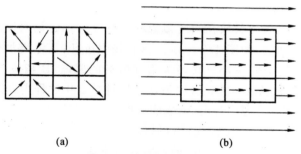

图 4-5　铁磁材料的磁化

　　铁磁材料可被强烈磁化的性质在电工设备中得到了广泛地应用。电机、变压器及各种铁磁元件的线圈中都放有由铁磁材料制成的铁芯。只要在有铁芯的线圈中通入较小的电流,就能产生足够强的磁通和磁感应强度。这种产生磁场的电流称为励磁电流。铁芯线圈的磁通大,而励磁电流小,这对减小电工设备的重量和体积是十分有用的。随着不同性质的优质磁性材料的不断开发和广泛应用,电工设备的性能也日益改善。

　　非磁性材料没有磁畴结构,所以不可能被强烈磁化。

2. 磁饱和现象

　　铁磁材料的磁化特性通常用磁化曲线(或 $B-H$)来表示。各种铁磁材料的磁化曲线可通过实验得出。在测得对应于不同的磁场强度 H 值下的磁感应强度 B 后,可逐点绘制出 $B-H$ 曲线,如图 4-6 所示。

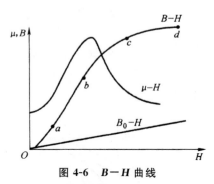

图 4-6　$B-H$ 曲线

　　从这条曲线可以看出,当外磁场由零逐渐增大时,开始由于外磁场较弱,对磁畴作用不大,附加磁场增长缓慢,所以磁感应强度 B 随磁场强度 H 增加较慢(Oa 段)。随着外磁场强度的增强,磁畴所产生的附加磁场几乎是与 H 成比例地增强,因此 B 与 H 的增长也近于正比例关系(ab 段),此时磁化效果最显著。但是它的稳定性较差,H 稍有微小的波动,B 就有较大的变化。当外加磁场强度继续增大时,可用磁畴越来越少,磁感应强度 B 的增大率减慢(bc 段)逐渐趋于饱和(cd 段)。

　　为显示铁磁材料的特征,在图中绘出了真空(或空气)的 B_0-H 曲线,用于对比。

　　由磁化曲线可以看到,铁磁材料的 B 与 H 是非线性关系,它的磁导率 μ 值随磁化的状态而异,在 ab 段最高,此后随磁化饱和程度的增高而降低。μ 随磁场强度的变化情况如图 4-6 中的 $\mu-H$ 曲线。

3. 磁滞现象

将一块尚未磁化的铁磁材料放在幅度为 $+H_m \sim -H_m$ 的磁场内反复交变磁化,便可获得一个对称于原点的闭合曲线,如图4-7所示。当磁场强度 H 从零增加到 $+H_m$ 时,磁畴吸取能量,一部分消耗于磁畴排列,一部分转换为附加磁场的磁能,B 相应增大到 $+B_m$。当 H 由 $+H_m$ 逐渐减小时,附加磁场放出能量。因为铁磁材料在磁化过程中,磁畴重新排列加剧了材料内部分子的碰撞和摩擦,使温度升高,造成能量损耗,所以释放的能量小于吸收的能量,部分磁畴不能恢复到磁化前的状态,使铁磁材料保留有剩磁,故当 H 由 $+H_m$ 减到零时,B 则由 $+B_m$ 减到 $+B_r$,而不等于零,B_r 表示剩磁的强弱。上述现象称为磁滞现象,图4-7的闭合磁化曲线,为磁滞回线。由磁滞回线可知,B 对 H 是单值的,B 的变化落后于 H。

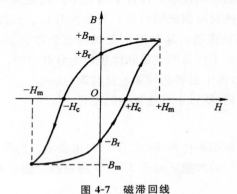

图 4-7   磁滞回线

欲消除剩磁必须反方向磁化。当反方向磁化的磁场强度由零增加到 $-H_c$ 时剩磁被完全消耗掉,H_c 称为矫顽力。

选取一系列不同值 H_m 多次交变磁化,可得到一系列磁滞回线,如图4-8所示。将这一系列的磁滞回线的顶点与原点 O 连成的曲线 $Oa_1a_2a_3\cdots$ 称为材料的标准磁化曲线,用以表征铁磁材料磁化性能,它是分析计算磁路的依据。

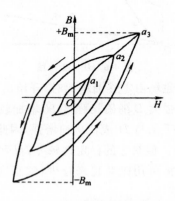

图 4-8   一系列磁滞回线

在图4-9中给出了几种常用铁磁材料的标准磁化曲线。图中 a、b、c 分别为铸铁、铸钢和硅钢片的标准磁化曲线。铁磁材料的成分和制造工艺不同时材料的磁滞回线不同。根据回线的形状,将铁磁材料分为两类:

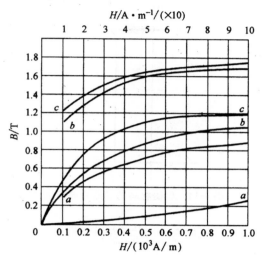

图 4-9　常用铁磁材料的标准磁化曲线

（1）软磁材料

常用的软磁材料有软铁、硅钢、坡莫合金（镍铁合金）、铁氧体等，这类材料的磁滞回线窄长，磁导率很高，矫顽力较小，易磁化，剩磁、磁滞损耗较小，常用来制造交流电机、变压器和继电器等的铁芯，如图 4-10 中曲线 a 所示。

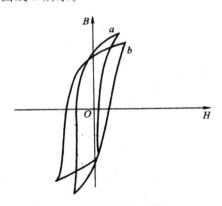

图 4-10　软磁材料的磁滞回线

（2）硬磁材料

硬磁材料磁化后，能得到很强的剩磁，且不易退磁，所以，其磁滞回线很宽，如图 4-10 中曲线 b 所示，因此这类材料常用来制造永久磁铁。对已经磁化的永久磁铁不能敲打震动和进行机加工。硬磁材料有碳钢、钴钢、铁、镍铝钴合金、铁硼合金等。

此外，硬磁材料的矩形磁滞回线如图 4-11 所示，例如铁氧体材料、坡莫合金等，它们具有较小的矫顽力和较大的剩磁，稳定性较好，目前广泛应用在电子技术、计算机技术中，主要用于生产记忆元件、开关元件、逻辑元件，制造外部设备的磁盘、磁带等。

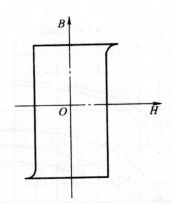

图 4-11 硬磁材料的矩形磁滞回线

4.3 铁芯线圈

将铁磁材料做成闭合或近似闭合(带有空气隙)的环路并绕上线圈,即成为铁芯线圈。通常铁芯线圈分为由直流励磁的直流铁芯线圈和由交流励磁的交流铁芯线圈。

4.3.1 直流铁芯线圈

由于直流铁芯线圈的励磁电流是直流,其大小和方向都不随时间变化,所以它产生的磁通的大小和方向也不随时间变化,为恒定磁通。直流铁芯线圈的铁芯多用整块的铸铁、铸钢等制成。

图 4-12 是一直流铁芯线圈。当线圈通电时,侧面的衔铁将受到电磁力的作用处于吸合状态。当线圈断电时,衔铁因受到外力的作用处于释放状态。衔铁释放时,磁路中有空气隙存在,而衔铁吸合时,不存在空气隙。那么,在这两种不同的情况下,线圈中的电流与铁芯中磁通之间的关系如何呢?

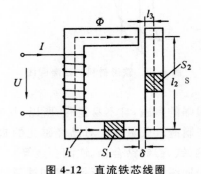

图 4-12 直流铁芯线圈

由于直流铁芯中的磁通不变,在铁芯和线圈中均不会产生感应电动势。所以在直流电压 U 一定的情况下,线圈中的电流 I 只与线圈本身的电阻 R 有关,即

$$I = \frac{U}{R}$$

若不考虑吸合过程中的情况,只就稳定情况进行分析,可以认为衔铁吸合前后电流不会发

生变化,与没有铁芯时完全一样,并且符合欧姆定律。

另外,在衔铁吸合前后的稳态情况下,由于磁动势 IN 大小不变,而磁阻由 $R_m + R_0$ 变成 R_m,减小许多(R_m 为铁芯部分的磁阻,R_0 为空气隙的磁阻),因而,吸合后的磁通将增大许多。在吸合过程中,由于磁通垂增大,线圈中将产生阻碍磁通 Φ 增大的感应电动势,线圈中电流 I 也将变化且比稳态时的值小。吸合过程结束后,Φ 达到新的稳态值,电流 I 将恢复到原来的值。

因而,直流铁芯线圈的问题也就是直流磁路的问题,其相关计算以例 4-1 说明。

例 4-1　直流铁芯线圈如图 4-12 所示,其铁芯由铸钢制成。铁芯尺寸为:$S_1 = 20\text{cm}^2$, $l_1 = 45\text{cm}$,$S_2 = 25\text{cm}^2$,$l_2 = 15\text{cm}$,$l_3 = 2\text{cm}$。空气隙 $\delta = 0.1\text{cm}$。要产生 $\Phi = 2.8 \times 10^{-3}\text{Wb}$ 的磁通量,若用直流励磁,求所需要的磁动势 F。

解:

第一步:由磁通量求出各段磁路中的磁感应强度 B 值。

$$B_1 = \frac{\Phi}{S_1} = \frac{2.8 \times 10^{-3}}{20 \times 10^{-4}} = 1.4\text{T}$$

$$B_2 = \frac{\Phi}{S_2} = \frac{2.8 \times 10^{-3}}{25 \times 10^{-4}} = 1.12\text{T}$$

第二步:根据 B_1 和 B_2 值,查图 4-9 中铸钢的磁化曲线,分别找出对应的磁场强度 H_1 和 H_2,得

$$H_1 = 2.1 \times 10^{-3}\text{A/m}$$

$$H_2 = 1.1 \times 10^{-3}\text{A/m}$$

空气隙的磁场强度为

$$H_0 = \frac{B_0}{\mu_0} = \frac{1.4}{4\pi \times 10^{-7}} = 11.14 \times 10^5\text{A/m}$$

第三步:计算各段的磁压降。

$$H_1 l_1 = 2.1 \times 10^3 \times 0.45 = 0.945 \times 10^3\text{A}$$

$$H_2 l_2 = 1.1 \times 10^3 \times 0.15 = 0.165 \times 10^3\text{A}$$

$$2H_2 l_3 = 2 \times 1.1 \times 10^3 \times 0.02 = 0.044 \times 10^3\text{A}$$

$$2H_0 \delta = 2 \times 11.14 \times 10^5 \times 0.01 = 2.228 \times 10^3\text{A}$$

第四步:求出总的磁动势。

$$F = NI = \sum Hl = H_1 l_1 + 2H_2 l_2 + H_2 l_3 + 2H_0 \delta$$
$$= (0.945 + 0.165 + 0.044 + 2.228) \times 10^3$$
$$= 3.382 \times 10^3\text{A}$$

从上述结果可以看出,空气隙尽管很小,但由于空气的磁导率很低,磁阻却很大,所占的磁压降也很大。

4.3.2　交流铁芯线圈

交流铁芯线圈是由交流电流励磁的,其磁通的大小和方向均随时间而变化。因此,它内部的电磁关系、电流电压关系等与直流铁芯线圈有很大的不同。

1. 电磁关系

图 4-13 所示为一交流铁芯线圈，其匝数为 N，线圈电阻为 R。当线圈两端施加交流电压 u 后，线圈中就产生了电流 i 及磁动势 Ni。磁动势产生的磁通绝大部分通过铁芯而闭合，这部分磁通称为主磁通 Φ；另外还有很少一部分磁通通过空气（或其他非铁磁物质）而闭合，这部分磁通称为漏磁通 Φ_σ（其实在直流铁芯线圈也存在漏磁通，但忽略未计），这两个磁通分别在线圈中感应出电动势 e 和 e_σ。交流铁芯线圈的电磁关系如下：

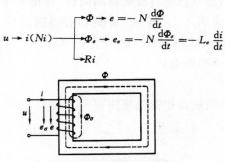

$$u \to i(Ni) \begin{cases} \Phi \to e = -N\dfrac{\mathrm{d}\Phi}{\mathrm{d}t} \\ \Phi_\sigma \to e_\sigma = -N\dfrac{\mathrm{d}\Phi_\sigma}{\mathrm{d}t} = -L_\sigma\dfrac{\mathrm{d}i}{\mathrm{d}t} \\ Ri \end{cases}$$

图 4-13　交流铁芯线圈

由于漏磁通主要经过空气隙，所以励磁电流 i 及 Φ_σ 之间可以认为是线性关系，铁芯线圈的漏电感 $L_\sigma = \dfrac{N\Phi_\sigma}{i}$ 为常数。

而主磁通经过铁芯，所以励磁电流 i 及 Φ 之间不是线性关系。因此，铁芯线圈是一个非线性电感元件。

2. 伏安关系

由 KVL 定律得出图 4-13 所示铁芯线圈中的电压电流关系，即

$$u = -e - e_\sigma + Ri$$

当 u 为正弦交流电压时，上式可用相量表示为

$$\dot{U} = -\dot{E} - \dot{E}_\sigma + R\dot{I}$$

其中漏感电动势 $\dot{E}_\sigma = -\mathrm{j}X_\sigma\dot{I}$，漏感抗 $X_\sigma = \omega L_\sigma$。

设主磁通为

$$\Phi = \Phi_\mathrm{m} = \sin\omega t$$

则主磁通产生的感应电动势为

$$
\begin{aligned}
e &= -N\frac{\mathrm{d}\Phi}{\mathrm{d}t} = -N\frac{\mathrm{d}(\Phi_\mathrm{m}\sin\omega t)}{\mathrm{d}t} \\
&= -N\omega\Phi_\mathrm{m}\cos\omega t = 2\pi f N\Phi_\mathrm{m}(\sin\omega t - 90°) \\
&= E_\mathrm{m}(\sin\omega t - 90°)
\end{aligned}
$$

其幅值为

$$E_\mathrm{m} = 2\pi f N\Phi_\mathrm{m}$$

有效值为

$$E = \frac{E_\mathrm{m}}{\sqrt{2}} = 4.44 f N\Phi_\mathrm{m}$$

通常，由于线圈的电阻 R 和漏感抗 X_σ 较小，它们的电压也较小，与主磁通产生的感应电动势比较起来可忽略不计，则 $\dot{U} = -\dot{E}$，即

$$U = E = 4.44fN\Phi_m \tag{4-12}$$

式(4-12)是一个常用的公式,它表示当线圈匝数 N 与电源频率 f 一定时,交流铁芯线圈中主磁通的最大值 Φ_m 正比于外加交流电压的有效值 U。

3. 功率损耗

（1）铜损

交流铁芯线圈电阻 R 上的功率损耗 RI^2 称为铜损,用 ΔP_{Cu} 表示。

（2）铁损

铁芯中的损耗称为铁损用 ΔP_{Fe} 表示,铁损又分为涡流损耗和磁滞损耗两种。

① 涡流损耗。如图 4-14 所示,当线圈中有交流电流通过时,它产生的磁通也是交变的。该磁通除了在线圈中产生感应电动势外,在铁芯中也要产生感应电动势(铁芯材料既导磁又导电),铁芯中的感应电动势在铁芯中产生旋涡状的感应电流,这种感应电流称为涡流,它在垂直于磁通方向的平面内环流着。涡流会引起铁芯发热,由此产生的能量损耗,称为涡流损耗,用 ΔP_e 表示。

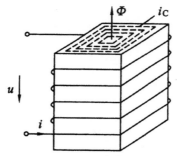

图 4-14　整块铁芯中的涡流

在电机、变压器等设备中,常采用两种方法来减小涡流损耗。一是在钢片中加入少量的半导体硅,以增大铁芯的电阻率,我国生产的低硅钢片含硅量在 $1\% \sim 3\%$,而高硅钢片含硅量在 $3\% \sim 5\%$;二是将铁芯做成彼此绝缘的薄硅钢片顺着磁通的方向叠成,如图 4-15 所示,以增大铁芯中涡流路径的电阻。这两种方法都可以有效地减少铁芯中的涡流,从而降低涡流损耗。在工频下常用的硅钢片有 0.35mm 和 0.5mm 两种规格,在高频时常采用电阻率更大的铁金氧磁体等材料。

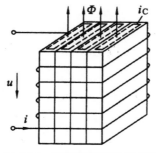

图 4-15　硅钢片铁芯中的涡流

在有些场合,涡流也是有用的。例如,在冶金行业中用到的高频熔炼、高频焊接以及各种感应加热设备等,都是以涡流效应为基础的。

②磁滞损耗。由铁磁材料的磁滞现象所产生的能量损失称为磁滞损耗,用 ΔP_h 表示。可以证明磁滞损耗正比于磁滞回线所包围的面积。

综上所述,铁芯线圈的功率损耗为

$$\Delta P = \Delta P_{Cu} + \Delta P_{Fe} = RI^2 + \Delta P_e + \Delta P_h$$

第5章 正弦交流电路

5.1 正弦交流电的基本概念

在电路中,大小和方向随时间按正弦规律变化的电压和电流称为正弦量(sinusoidal variation),通常可表示为

$$u = U_m \sin(\omega t + \varphi_u) \tag{5-1}$$
$$i = I_m \sin(\omega t + \varphi_i)$$

波形如图 5-1 所示。

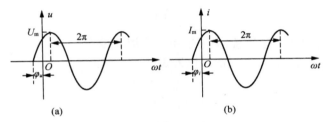

图 5-1 正弦电压和电流波形

式中,u 和 i 表示正弦量在任一时刻的瞬时值(instantaneous value);U_m 和 I_m 为正弦量的振幅(amplitude),也叫最大值(maximum value);ω 称为角频率(angular frequency),φ_u 和 φ_i 称为初相位(initial phase)。振幅、角频率和初相位称为正弦交流电的三要素。

5.1.1 周期、频率和角频率

正弦量重复变化一次所需要的时间称为周期,用 T 表示,单位为秒(s)。每秒内变化的周期数称为频率(frequency),用 f 表示,单位为赫兹(Hz)。ω 称为角频率,单位为弧度/秒(rad/s)。角频率、频率和周期之间的关系为

$$\omega t = 2\pi, \omega = 2\pi f, f = \frac{1}{T}$$

我国和大多数国家都采用 50Hz 作为电力标准频率,有些国家(如美国、日本)采用 60Hz。这种频率在工业上使用广泛,习惯上称为工频。通常的交流电动机和照明电路都是用这种频率。在其他不同的技术领域使用不同的频率,例如,高频炉的频率是 200~300kHz;中频炉的频率是 500~8000Hz;高速电动机的频率是 150~2000Hz;普通收音机中波段的频率是 530~1600kHz;无线通信中使用的频率可达 300GHz。

绘制正弦交流量的波形时,既可以用 t 作为横坐标,也可以直接用 ωt 作为横坐标。

5.1.2　幅值和有效值

正弦量在等幅正负交替变化过程中的最大值称为振幅,如式(5-1)中的 U_m 和 I_m。

正弦量的瞬时值表示的是某一瞬间的数值,不能反映正弦量在电路中的做功效果。工程上引出能反映正弦电压和正弦电流做功效果的物理量,并将这个物理量称为正弦量的有效值,通常用大写字母表示,如正弦电压有效值 U 和正弦电流有效值 I。

有效值是从电流的热效应角度规定的。设交流电流 i 和直流电流 I 分别通过阻值相同的电阻 R,在一个周期 T 内产生的热量相等,则这一直流电流的数值 J 称为交流电流 i 的有效值。

根据上述定义可得

$$\int_0^T Ri\,\mathrm{d}t = RI^2T$$

于是

$$I = \sqrt{\frac{1}{T}\int_0^T i^2\,\mathrm{d}t} \tag{5-2}$$

式(5-2)适用于周期性变化的量,但不适用于非周期量。

对正弦交流电流来说,设 $i = I_m\sin\omega t$,代入式(3-2),可得

$$I = \sqrt{\frac{1}{T}\int_0^T I_m^2\sin^2\omega t\,\mathrm{d}t} \tag{5-3}$$

因为 $\sin^2\omega t = \dfrac{1-\cos2\omega t}{2}$,代入式可得

$$I = \frac{I_m}{\sqrt{2}}\ 或\ I_m = \sqrt{2}\,I \tag{5-4}$$

式(5-4)说明正弦交流电流的最大值是有效值的 $\sqrt{2}$ 倍。

以上结论同样适用于正弦电压,设 $u = U_m\sin\omega t$,则

$$u = \frac{U_m}{\sqrt{2}} \tag{5-5}$$

工程中使用的交流电气设备铭牌上标出的额定电压、额定电流的数值、交流电压表、交流电流表的刻度都是有效值。

5.1.3　初相位

在式(5-1)中,$\omega t + \varphi_u$ 和 $\omega t + \varphi_i$ 都是随时间变化的电角度,称为正弦交流电的相位。在开始计时的瞬间,即 $t = 0$ 时的相位称为初相位,式中的 φ_u 和 φ_i 就是初相位。

为了便于描述两个同频率正弦量之间的相位关系,将两个同频率正弦量的相位之差定义为正弦量的相位差(phasedifference),通常用符号 φ 或 θ 表示。例如,式中 u 和 i 的相位差为

$$\varphi = (\omega t + \varphi_u) - (\omega t + \varphi_i) = \varphi_u - \varphi_i \tag{5-6}$$

由式(5-6)可知,两个同频率正弦量的相位差就等于它们的初相位之差,相位差在主值范围内取值,即 $|\varphi| \leqslant 180°$,其大小与计时起点的选取、变动无关。

图 5-2 用波形图描述了两个同频率正弦量之间的相位关系。从图中可以看出，$\varphi = \varphi_u - \varphi_i$，当 $\varphi > 0$ 时，u 总是超前 i 一个 θ 角到达零值或最大值，这时称 u 超前 i 一个 φ 角，或者称 i 滞后 u 一个 φ 角；当 $\varphi < 0$ 时，称 u 滞后 i 一个 φ 角，或者称 i 超前 u 一个 φ 角；当 $\varphi = 0$ 时，称 u 和 i 同相；当 $\varphi = 180°$ 时，称 u 和 i 反相；当 $\varphi = \pm 90°$ 时，称 u 和 i 正交。

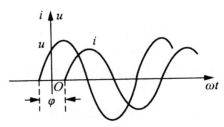

图 5-2　同频率正弦量之间的关系

正弦量乘以常数，正弦量的积分、微分，正弦量的代数和运算，其结果都是同频率的正弦量。

5.2　相量法

在进行正弦交流电路的分析计算时，不论是列写基尔霍夫定律方程还是支路伏安关系方程都必然涉及同频率正弦量的运算，显然采用正弦量的三角函数表达式进行相关运算是非常繁琐的，因此需要通过某种变换寻求一种适合正弦量运算的简便方法，即相量法。相量法是建立在用复数来表示正弦量的基础上的。

5.2.1　复数及其基本运算

复数 A 可以通过复平面上的有向线段似来表示，如图 5-3 所示。

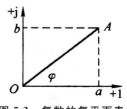

图 5-3　复数的复平面表示

$$A = a + \mathrm{j}b$$

式中，a、b 分别表示复数 A 的实部和虚部，记做 $a = \mathrm{Re}(A)$、$b = \mathrm{I_m}(A)$。算子 $\mathrm{j} = \sqrt{-1}$。为虚数单位，在电工学教材中为了避免与电流表示符号 i 混淆采用 j 表示。上式称为复数的代数表示式，简称代数式，代数式又称为直角坐标式。

复平面中 OA 的长度称为复数 A 的模，通常用字母 ρ 表示，OA 与实轴正方向的夹角 φ 称为复数 A 的辐角，由图 3-3 知：

$$a = |OA|\cos\varphi = \rho\cos\varphi$$
$$b = |OA|\sin\varphi = \rho\sin\varphi$$

复数的模 $\qquad\qquad\qquad\qquad \rho=\sqrt{a^2+b^2}$ (5-7)

辐角 $\qquad\qquad\qquad\qquad \varphi=\arctan\dfrac{b}{a}$ (5-8)

因此 $\qquad\qquad A=a+jb=\rho\cos\varphi+j\rho\sin\varphi=\rho(\cos\varphi+j\sin\varphi)$ (5-9)

式(3-9)称为复数的三角式。

由复数的三角式,结合欧拉公式 $e^{j\varphi}=\cos\varphi+j\sin\varphi$ 可得复数指数表达式,即

$$A=\rho e^{j\varphi}$$ (5-10)

在工程应用中根据直角坐标和极坐标的对应关系,通常还将复数表示为形如 $A=\rho\underline{/\varphi}$ 的极坐标形式。

复数的加减运算采用代数式比较简便,两个复数相加减等于实部和虚部分别对应相加减,复数的加减运算符合平行四边形法则。复数的乘除运算采用指数式或极坐标式比较简便,两个复数相乘其结果为模值相乘、辐角相加;两个复数相除其结果为模值相除、辐角相减。辐角的加减反映在复平面上即矢量的逆时针或顺时针旋转。

设 $A_1=a_1+jb_1$,$A_2=a_2+jb_2$,则

$$A_1+A_2=(a_1\pm a_2)+j(b_1+b_2)$$

设 $A_1=\rho_1 e^{j\varphi_1}=\rho_1\underline{/\varphi}$,$A_2=\rho_2 e^{j\varphi_2}=\rho_2\underline{/\varphi_2}$,则

$$A_1 A_2=\rho_2\rho_2 e^{j(\varphi_1+\varphi_2)}=\rho_1\rho_2\underline{/(\varphi_1+\varphi_2)},\ \frac{A_1}{A_2}=\frac{\rho_1}{\rho_2}\underline{/(\varphi_1-\varphi_2)}$$

5.2.2 正弦量的相量表示

设有正弦交流电压

$$u(t)=U_m\sin(\omega t+\varphi_u)$$

根据欧拉公式该正弦交流电压可以表示为

$$u(t)=U_m\sin(\omega t+\varphi_u)=I_m[U_m e^{j(\omega t+\varphi_u)}]=I_m\{U_m[\cos(\omega t+\varphi_u)+j\sin(\omega t+\varphi_u)]\}$$

式中,旋转复变量 $U_m e^{j(\omega t+\varphi_u)}$ 即为复常数 $U_m e^{j\varphi_u}$ 以角速度似绕坐标原点逆时针旋转时的表达式,$e^{j\omega t}$ 称为旋转因子,该复变量在虚轴上的投影就是正弦量 $u(t)=U_m\sin(\omega t+\varphi_u)$,因此正弦量可以通过旋转复变量在虚轴上的投影来表示,如图 5-4 所示。

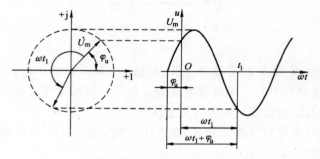

图 5-4 相量与其对应的正弦曲线

当正弦量给定以后便可以构造一个复常数和旋转因子 $e^{j\omega t}$ 乘积的复变量使其虚部等于已知的正弦量,由于在线性电路中正弦交流响应为同频率的正弦量,因此可以用该复常数表示和

区别正弦量,并将该复常数定义为正弦量的相量。为了区别于一般的复数,正弦量的相量用大写字母加".""表示。

按照上述方法,给出任意一个正弦量便可表示出其相量形式,例如正弦电流 $i(t) = I_m \sin(\omega t + \varphi_i)$ 的相量为

$$\dot{I}_m = I_m e^{j\varphi_i} \text{ 或 } \dot{I}_m = I_m \underline{/\varphi_i}$$

上式中相量的模值为正弦量的最大值,所有又称之为最大值相量。由于正弦量的最大值和有效值之间存在在倍的关系,所以经常采用正弦量的有效值作为相量的模值,称之为有效值相量,只需将最大值相量的模值除以在便可得到有效值相量。以后如果没有特殊说明均采用有效值相量。

例如,对于正弦电流 $i(t) = I_m \sin(\omega t + \varphi_i)$ 和正弦电压 $u(t) = U_m \sin(\omega t + \varphi_u)$,它们的有效值相量分别为

$$\dot{I} = \frac{\dot{I}_m}{\sqrt{2}} = \frac{I_m}{\sqrt{2}} \underline{/\varphi_i} = I \underline{/\varphi_i}, \dot{U} = \frac{\dot{U}_m}{\sqrt{2}} = \frac{U_m}{\sqrt{2}} \underline{/\varphi_u} = U \underline{/\varphi_u}$$

相量仅仅是表示正弦量的一种方法,相量只保留了正弦量的两个要素:有效值和初相位,这是因为在线性电路中正弦交流响应均具有相同的频率,所以只有同频率正弦量的相量才能相互运算。相量和正弦量不是相等关系而是一种对应关系,用有效值相量乘以在莃乘以旋转因子 e 删后取虚部才是相量所表示的正弦量。以后可以根据正弦量直接写出对应的相量形式,不必进行取虚部等过程。

如果把相量表示在复平面上便可把正弦量的有效值和初相位直观的表示出来,相量在复平面上的表示称为相量图。在画相量图时坐标轴可以不画出,相量的辐角以实轴正方向为基准,角度以逆时针方向为正。

5.2.3　相量法的应用

1. 同频率正弦量的加减

设有两个正弦量

$$i_1(t) = \sqrt{2} I_1 \sin(\omega t + \varphi_1) = I_m \left[\sqrt{2} \dot{I}_1 e^{j\omega t} \right]$$

$$i_2(t) = \sqrt{2} I_2 \sin(\omega t + \varphi_2) = I_m \left[\sqrt{2} \dot{I}_2 e^{j\omega t} \right]$$

所以

$$i(t) = i_1(t) \pm i_2(t) = \sqrt{2} I_1 \sin(\omega t + \varphi_1) \pm \sqrt{2} I_2 \sin(\omega t + \varphi_2)$$

$$= I_m \left[\sqrt{2} \dot{I}_1 e^{j\omega t} \right] \pm I_m \left[\sqrt{2} \dot{I}_2 e^{j\omega t} \right] = I_m \left[\sqrt{2} (\dot{I}_1 \pm \dot{I}_2) \dot{I}_2 e^{j\omega t} \right]$$

由上式得相量关系

$$\dot{I} = \dot{I}_1 \pm \dot{I}_2$$

即同频率正弦量的和(差)的相量等于它稍的相量的和(差)。

2. 正弦量的微分和积分

设有正弦量

$$i(t) = \sqrt{2} I \sin(\omega t + \varphi) = I_m \left[\sqrt{2} \dot{I} e^{j\omega t} \right]$$

则

$$\frac{\mathrm{d}i}{\mathrm{d}t}=\frac{\mathrm{d}}{\mathrm{d}t}\mathrm{lm}\left[\sqrt{2}\,\dot{I}\mathrm{e}^{\mathrm{j}\omega t}\right]=I_\mathrm{m}\left[\sqrt{2}\,\dot{I}\mathrm{j}\omega\mathrm{e}^{\mathrm{j}\omega t}\right]$$

$$\int i(t)\mathrm{d}t=\int\left[\sqrt{2}\,\dot{I}\mathrm{e}^{\mathrm{j}\omega t}\right]\mathrm{d}t=I_\mathrm{m}\left[\sqrt{2}\,\frac{\dot{I}}{\mathrm{j}\omega}\mathrm{e}^{\mathrm{j}\omega t}\right]$$

$\dfrac{\mathrm{d}i}{\mathrm{d}t}$、$\displaystyle\int i(t)\mathrm{d}t$ 对应的相量分别为 $\mathrm{j}\omega\dot{I}=I\underline{/(\varphi+90°)}$ 和 $\dfrac{\dot{I}}{\mathrm{j}\omega}=I\underline{/(\varphi-90°)}$，即正弦量的微分和积分是与原正弦量频率相同的正弦量。正弦量的微分对应的相量等于原正弦量的相量乘以 $\mathrm{j}\omega$；正弦量的积分对应的相量等于原正弦量的相量除以 $\mathrm{j}\omega$。

5.3　正弦交流电路中的元件

在正弦交流电路中，电路中除电压源、电流源以外，还包括电阻、电容和电感。这些都是组成电路的基本元件。一个实际的电阻，除了主要的消耗电能的性质之外，由于制造工艺的原因，还有一些其他性质。如碳膜电阻在制造时为了控制电阻值，在碳膜层上刻螺旋槽使碳膜层形成螺旋卷绕状而具有一定的电感；一个实际电容器由于极板间微量漏电具有并联电阻的特点等。显然，周密的分析会使电路的分析极为复杂，而使元件的主要特点被掩盖在复杂的分析与计算中。所以一般情况下，以理想元件作为正弦电路的分析对象。所谓理想元件，即忽略了元件的次要特性，只突出其主要特性的理想化模型。电阻元件的主要特性为消耗电能，其他电磁性质均可忽略不计；电感的特性为通过电流时产生磁场而储存磁场能量；电容的主要特性为加上电压后能储存电场能量。

5.3.1　纯电阻电路

设有一个纯电阻 R 和正弦交流电源配接通，如图 5-5(a) 所示，图中选择电流 i 和电压 u 的参考方向一致。

电压电流符合欧姆定律，即：

$$u=Ri$$

设电阻中的电流为：

$$i=I_\mathrm{m}\sin(\omega t+\varphi_i) \tag{5-11}$$

则电阻两端的电压为：

$$u=iR=RI_\mathrm{m}\sin(\omega t+\varphi_i)=U_\mathrm{m}\sin(\omega t+\varphi_u) \tag{5-12}$$

显然：

$$\varphi_u=\varphi_i \tag{5-13}$$

由此可见，在纯电阻交流电路中，加在电阻两端的电压与电阻中流过的电流的相位相同，且二者为同频率的正弦量，它们的波形图和相量图分别如图 5-5(b) 和图 5-5(c) 所示。

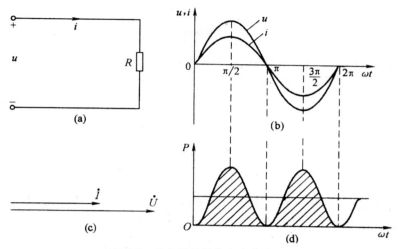

图 5-5　纯电阻元件的交流电路

(a)电路图;(b)电压、电流波形图;(c)相量图;(d)功率曲线

在式(5-12)中正弦电压、电流幅值的关系是:

$$U_m = I_m R$$

若以有效值表示,可得:

$$U = IR$$

可见,在纯电阻元件的交流电路中,电压的幅值(或有效值)与电流的幅值(或有效值)成正比,其比例常数即为电阻元件的参数 R。

由于电流和电压的相位相同,若 $\varphi_u = \varphi_i = 0$。如果把电阻上电压、电流的有效值用相量表示,可写为:

$$\dot{I} = I e^{j0}, \dot{U} = U e^{j0}, \frac{\dot{U}}{\dot{I}} = \frac{U}{I} = R$$

所以

$$\dot{U} = \dot{I} R \tag{5-14}$$

该式一般也称为欧姆定律的相量式。

纯电阻元件上的瞬时功率也可以用瞬时电压和瞬时电流的乘积计算:

$$p = ui = U_m \sin\omega t \, I_m \sin\omega t = U_m I_m \sin^2\omega t$$

$$= \frac{1}{2} U_m I_m (1 - \cos 2\omega t) = UI(1 - \cos 2\omega t) \tag{5-15}$$

式(5-15)表明,电阻元件的瞬时功率总是大于 0 的正值,即电阻总是消耗电能,图 5-5(d)所示为瞬时功率的变化曲线,图中显示瞬时功率 P 的变化频率为电流电压变化频率的 2 倍,瞬时功率在描述电阻能量作用效应上没有普遍意义,工程上取一个周期内瞬时功率的平均值来衡量交流电功率的大小,称为平均功率,用大写字母 P 表示:

$$P = \frac{1}{T}\int_0^T p\,dt = \frac{1}{T}\int_0^T UI(1 - \cos 2\omega t)\,dt$$

$$= \frac{UI}{T}\int_0^T (1 - \cos 2\omega t)\,dt = UI \tag{5-16}$$

由式(5-13)，P 还可以表达为：

$$P = UI = \frac{U^2}{R} = I^2 R \tag{5-17}$$

纯电阻电路中瞬时功率总为正值，说明在交流电路中电阻元件总是从电源吸收电能，并最终转换成热能。在一段时间 t 内，电阻 R 上由电能转换得热能为：

$$W = \int_0^T p\,\mathrm{d}t = PT = I^2 Rt \tag{5-18}$$

5.3.2 纯电感电路

1.电感元件

实际的电感元件(见图 5-6)是由导线绕制的线圈，一般情况下，导线本身的电阻很小，可以忽略。由于电磁感应现象在这个线圈上通过交变电流 i_L，则在线圈周围就建立起了磁场，也即线圈储存了能量。流过线圈的电流 i_L 与线圈两端的感应电压 u_L 存在以下关系：

$$u_L = L\frac{\mathrm{d}i_L}{\mathrm{d}t} \tag{5-19}$$

式(5-19)的比例系数 L 称为线圈的电感量。

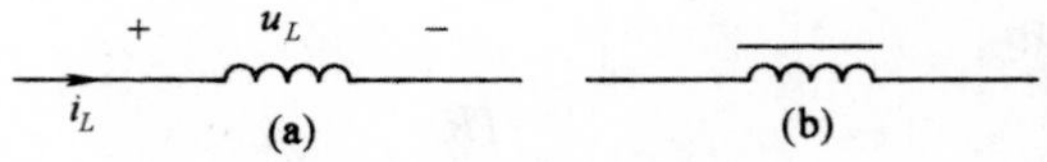

图 5-6 电感元件的符号
(a)线性电感元件；(b)非线性(铁芯)电感元件

电感的单位是亨利(H)，简称为亨，更小的单位为毫亨(mH)或微亨(μH)。

式(5-19)说明电感元件的端电压与电流的变化率成正比，并与电感已有关，参考方向与电流方向一致。在直流稳态电路中，由于电流的变化率为零，故电感元件的端电压为零。或者说，在直流电路中，电感元件相当于短路。

2.纯电感交流电路

如图 5-7(a)所示交流电路中，L 为纯电感元件，若流过电感的正弦交流电流 $i = I_m\sin\omega t$，由式(5-19)可得：

$$u = L\frac{\mathrm{d}}{\mathrm{d}t}(I_m\sin\omega t) = \omega L I_m\sin\omega t$$
$$= \omega L I_m\sin(\omega t + 90°) = U_m\sin(\omega t + 90°) \tag{5-19}$$

图 5-7(b)为电压 u 和电流 i 的波形图，可以看出，在纯电感交流电路中，电感元件的端电压在相位上比流过电感的电流超前 $90°$，二者为同频正弦量，u 和 i 有相位差：

$$\Delta\varphi = \varphi_u - \varphi_i = 90°$$

纯电感元件端电压的幅值 $U_m = \omega L I_m$，有效值为 $U = \omega L I$，所以，其电压有效值和电流有效值的比值：

$$\frac{U}{I} = \omega L = X_L$$

这表明在纯电感电路中，当电压 U 一定时，U_m 值越大，电流 I 越小，即 ωL 有限制电流的

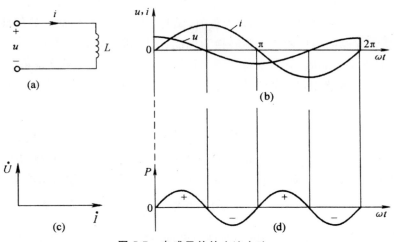

图 5-7　电感元件的交流电路

(a)电路图；(b)电压与电流的正弦波形；(c)电压与电流的相量图；(d)功率波形

作用，相当于直流电路中电阻对电流的阻碍作用，称其为感抗，用 X_L 表示：

$$X_L = \omega L = 2\pi f L \tag{5-20}$$

由式(5-20)可见，感抗 X_L 的大小除了与线圈本身的电感 L 的大小有关以外，还和频率 f 有关。对于直流稳态电路，由于 $f=0$，所以感抗 $X_L=0$，即电感元件在直流电路中可以看成短路。

如果用相量表示电感电路中的电流与电压，则电流，和电压 U 的相量分别可以写成：

$$\dot{U} = U\mathrm{e}^{\mathrm{j}90°},\ \dot{I} = I\mathrm{e}^{\mathrm{j}0°}$$

所以，电压、电流的相量之比：

$$\frac{\dot{U}}{\dot{I}} = \frac{\mathrm{e}^{\mathrm{j}90°}}{I\mathrm{e}^{\mathrm{j}0°}} = X_L\mathrm{e}^{\mathrm{j}90°} = \mathrm{j}X_L$$

或写为：

$$\dot{U} = \mathrm{j}X_L\dot{I} \tag{5-21}$$

式中，$\mathrm{j}X_L$ 称为电感的复感抗，式(5-21)可以看做欧姆定律在纯交流电感电路中的表示形式。电路中电压相量 $\dot{U}$ 和电流相量 $\dot{I}$ 的关系可以用相量图表示，如图 5-7(c)所示。

注意：感抗是交流电压、电流有效值之比，而不是瞬时值之比，瞬时值 u、i 之比没有意义，而交流电压、电流相量之比为复感抗 $\mathrm{j}X_L$，其中的 j 表明了 $\dot{U}$ 和 $\dot{I}$ 的相位关系。

3.功率和能量

电感元件中的瞬时功率：

$$\begin{aligned}
p &= ui = U_\mathrm{m}\sin(\omega t + 90°) \times I_\mathrm{m}\sin\omega t \\
&= U_\mathrm{m}I_\mathrm{m}\sin\omega t\cos\omega t \\
&= U_\mathrm{m}I_\mathrm{m} \times \frac{1}{2}\sin 2\omega t = UI\sin 2\omega t
\end{aligned} \tag{5-22}$$

p 的波形如图 5-7(d)所示，可见电感元件中瞬时功率仍为正弦函数，其幅值为 UI，而频率是电流频率的 2 倍。瞬时功率的正负取决于 u、i 瞬时值符号是否相同。在电流周期的第一和第三个四分之一周期内，p 为正值，电感吸收电能，并将电能转换为磁场能，存储于电感线圈内，而第二和第四个四分之一周期内，p 为负值，说明电感释放电能，而释放的能量实际还是来自磁场能，电感将存储的磁场能又重新转换为电能，送回到电源中。这个过程说明电感元件在交流电路中实际上是个储能元件，本身并不消耗能量。它从电源中取多少能量，就送回电源多少能量，电能在理想电感中没有产生任何损失。这也可以从理想电感元件的平均功率得到证实：

$$p = \frac{1}{T}\int_0^T p\,\mathrm{d}t = \frac{1}{T}\int_0^T UI\sin2\omega t\,\mathrm{d}t = 0$$

在一个周期内，理想电感的平均功率为 0，没有能量的损失，只有电源与电感的能量互换，为了表示这种能量互换的规模，工程上用瞬时功率的幅值来衡量，称为无功功率 Q：

$$Q = UI = I^2 X_L = \frac{U^2}{X_L} \tag{5-23}$$

无功功率并不表示单位时间内电感元件与电源交换了多少能量，而只是说明这种能量交换的最大值是多少。无功功率的单位是乏（var）或千乏（kvar）。

虽然电感并不消耗能量，但为了维持其工作，这部分能量对于电感来说是必须的，也就是在工作时电感必须占用一部分能量，这对电源来说是一部分必须承担的工作负担。换个角度，如果电源的容量一定，能提供的能量也就一定，如果电路中电感（包括后面要介绍的电容）占用的无功功率越大，能用于对外做功的能量就越少。必须占用，而又不能对外做功，所以称为无功功率。相应地，平均功率体现了对外做功的能力，被称为有功功率。

5.3.3 纯电容电路

1. 电容元件

图 5-8 所示为平行板电容器的结构示意图与电容的符号。电容器一般由两块彼此靠近的导体极板构成，在两块极板间通常有绝缘的电介质将其隔离。如果忽略电容器的漏电流和介质损耗，可以认为这样的装置就是一个只储存电场能量的理想元件。实际的电容器由于极板面积较大，通常用两层铝箔做极板，中间夹绝缘介质卷绕而成，极板引出导线作为电极，可以将电容接入电路。

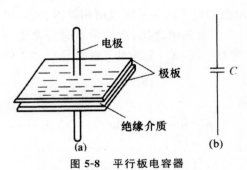

图 5-8 平行板电容器

(a)结构示意图；(b)表示符号

如果在电容器的两个极板上分别载有电荷，则两个极板之间便建立起电压 U，极板上所带的电荷量 Q 总是与极板间的电压（也就是电容的端电压）U 成正比：

$$Q = CU \tag{5-24}$$

其中 Q 为一个极板上的电荷量,单位为库仑(C),U 是电容器的端电压,单位为伏特(V)。C 为比例系数,与电容器的物理性质有关,如极板面积、间距、电介质性质等等,称 C 为电容器的电容量,简称电容量。式(5-24)的意义在于:在极板上充以电荷,则极板上就建立起电压,反之,若在极板间加上电压,则极板上必充以电荷。电容量的单位是法拉(F)。如果电容器的端电压是 1V,极板上所带电荷量是 1C,则电容器的电容量是 1F。法拉是一个很大的单位,工程上通常用微法(μF)、皮法(pF)作单位:

$$1\mu F = 10^{-6}F \quad 1pF = 10^{-6}\mu F = 10^{-12}F$$

在交流电路中,电压 u 是一个随时间而变的量,则极板上的电荷量 q 随电压而变,也是一个与时间有关的量:

$$q = Cu$$

如果 q 与 u 成正比,C 为常数,则称该电容为线性电容,否则被称为非线性电容(如某些陶瓷电容、晶体管结电容等)。在本书中,如不加特别说明,研究的都是线性电容。

当电容器的端电压 u 发生变化时,必然会产生电荷量 q 的变化,而这种电荷量的变化意味着产生电流 i:

$$i = \frac{dq}{dt} = \frac{dCu}{dt} = C\frac{du}{dt} \tag{5-25}$$

由此可见,电容中的电流与端电压的变化率成正比,在直流电路中,由于电压配为稳恒量,其时间变化率为 0,故电流 i 为 0,所以在直流电路中,电容等效为开路,但在交流电路中电容有电流流过,i 不等于 0。

由式(5-25)可得:

$$u = \frac{1}{C}\int i\,dt$$

电容器的瞬时功率:

$$p = ui = Cu\frac{du}{dt}$$

电容器上带有电荷,在两极板间的空间建立电场,存储电场能量,在一段时间 t 内电容存储的能量为:

$$W = \int_0^T p\,dt = \int_0^T Cu\frac{du}{dt}dt = \frac{1}{2}Cu^2 \tag{5-26}$$

式(5-26)说明电容上的能量与电容的端电压有关,电压 u 升高,电荷量 q 增加,电场能增加,称为充电。如果端电压降低,电荷量减少,电场能减少,称为放电。电容器上的电荷减少,意味着电流从电容器上流出,对电路释放能量,所以电容器像电感元件,也是一种储能元件,而不是像电阻那样消耗能量。只是电感元件存储磁场能,而电容元件存储电场能。

2. 纯电容交流电路

在忽略了漏电因素、卷绕引起的电感以及介质损耗等因素后,一个实际的电容器可以看做是理想电容器。

如果,电容的端电压为:

$$u = U_m \sin\omega t$$

则如图 5-9(a)电路中的电流为:

$$i=C\frac{\mathrm{d}u}{\mathrm{d}t}=C\frac{d\sin\omega t}{\mathrm{d}t}=\omega CU_\mathrm{m}\cos\omega t$$

$$i=\omega CU_\mathrm{m}\sin(\omega t+90^\circ)=I_\mathrm{m}\sin(\omega t+90^\circ) \tag{5-27}$$

由式(5-27)可见,在电容元件的交流电路中,电容元件的端电压在相位上落后于电流90°,电压电流的波形图如图 5-9(b)所示。

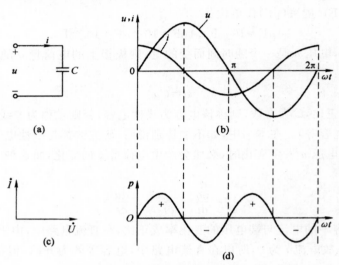

图 5-9 电容元件的交流电路
(a)电路图;(b)电压与电流的波形图;(c)电压与电流的相量图;(d)功率波形

由式(5-27)可见,电容中电流 i 的幅值:

$$I_\mathrm{m}=\omega CU_\mathrm{m}$$

故:

$$\frac{U_\mathrm{m}}{I_\mathrm{m}}=\frac{1}{\omega C}$$

令:

$$X_C=\frac{1}{\omega C}$$

则有:

$$\frac{U_\mathrm{m}}{I_\mathrm{m}}=\frac{U}{I}=X_C \tag{5-28}$$

由式(5-28)可知,若电压 U 一定,X_C 越大,电流 I 越小,可见 X_C 对电流有阻碍作用,称其为容抗。单位和电阻一样,也是欧姆(Ω)。由容抗的定义式可知:容抗与电容容量有关,也与频率有关,频率增大则容抗减小。在稳恒直流电路中,频率 $f=0$,则容抗 X_C 为无穷大,电容中无电流,故电容元件相当于开路。

如果用相量表示交流电路中电容元件的电流与电压,可以写出:

$$\dot{U}=U\mathrm{e}^{\mathrm{j}0^\circ}\qquad \dot{I}=I\mathrm{e}^{\mathrm{j}90^\circ}$$

电压与电流有效值相量之比:

$$\frac{\dot{U}}{\dot{I}} = \frac{U e^{j0°}}{I e^{j90°}} = \frac{U}{I} e^{-j90°} = -jX_C$$

或写成：

$$\dot{U} = -jX_C \dot{I}$$

式中，$-jX_C$ 是电容的复容抗，该式不仅表明了电容电路中电压、电流的数量关系，而且说明 $\dot{U}$ 在相位上比 $\dot{I}$ 滞后 $90°$，图 5-9(c)就是反映这种相位关系的相量图。

纯电容元件交流电路的瞬时功率为：

$$p = ui = U_m \sin\omega t I_m \sin\omega t \tag{5-29}$$
$$= \frac{1}{2} U_m I_m \sin2\omega t = UI \sin2\omega t$$

由式(5-29)可知，与纯电感元件类似，纯电容元件交流电路的瞬时功率也是以 2 倍于电流的频率按正弦规律变化，其幅值为 UI，其功率变化曲线如图 5-9(d)所示，这样元件的平均功率为：

$$P = \frac{1}{T}\int_0^T p\,dt = \frac{1}{T}\int_0^T UI \sin2\omega t\,dt = 0$$

在电源电压 u 的一个周期内，第一和第三个四分之一周期内 p 为正值，此时，电源向电容充电，电容上电荷量增加，电压提高，电场能量 W 增加，电容从电路中吸收能量；而第二和第四个四分之一周期内 p 为负值，电容上的电压 u 绝对值减小，电量减小，电场能 W 也减小，电容元件释放出储存的电场能量，归还到电源中，电容元件放电。在 u 的一个周期内，电容元件经历了两次充电和放电的过程，由于 p 曲线所包围的面积正负半周完全相同，说明电容经历充放电过程时与电源交换能量相等。这说明电容元件是储能元件，本身并不消耗能量，平均功率为零。

与电感元件类似，定义其瞬时功率的最大值为电容元件的无功功率，用于表达电容元件与电源交换能量的规模：

$$Q = UI = I^2 X_C = \frac{U^2}{X_C} \tag{5-30}$$

电容的无功功率单位与电感的无功功率相同，也用 var 或 kvar。

根据前面的讨论，将 R、L、C 性能比较列于表 5-1 中，请读者自行比较。

表 5-1　R、L、C 性能比较

元件	电路符号	电阻或电抗	电压与电流的关系		
			瞬时值	有效值	相位
电阻 R	$\xrightarrow{i}$ $\boxed{R}$ $+\ u_R\ -$	R	$u_R = iR$	$U_R = IR$	电压、电流同相
电感 L	$\xrightarrow{i}$ L $+\ u_L\ -$	ωL	$u_L = L\dfrac{di}{dt}$	$U_L = IX_L$	电压超前 电流 $90°$
电容 C	$\xrightarrow{i}$ C $+\ u_C\ -$	$\dfrac{1}{\omega C}$	$i = C\dfrac{du_C}{dt}$	$U_C = IX_C$	电压滞后 电流 $90°$

5.4 电阻、电感与电容元件串联的交流电路

在电工技术中,经常要用几个理想元件相互串联或并联作为电路模型。下面以电阻 R、电感 L 和电容 C 三个元件串联为例说明串联电路的分析方法。

RLC 串联电路如图 5-10(a)所示,在外加正弦交流电压 u 的作用下,R、L、C 元件上的电压分别为 u_R、u_L、u_C,且电流与电压的参考方向在图中已经标出。

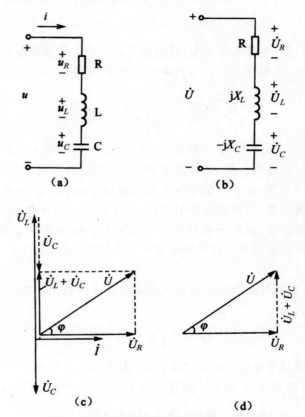

图 5-10 电阻、电感与电容串联的交流电路
(a)电路图;(b)用相量和阻抗表示的电路;(c)相量图;(d)电压三角形

由于串联电路中各元件的电流相等,为方便起见,设电流 $i = I_m \sin\omega t$ 为参考正弦量,根据基尔霍夫电压定律和各元件上电压与电流关系可得

$$u = u_R + u_L + u_C = iR + L\frac{\mathrm{d}i}{\mathrm{d}t} + \frac{1}{C}\int i\mathrm{d}t$$

$$= I_m R\sin\omega t + I_m(\omega L)\sin(\omega t + 90°) + I_m\left(\frac{1}{\omega C}\right)\sin(\omega t - 90°)$$

$$= \sqrt{2}(IR)\sin\omega t + \sqrt{2}(I \cdot \omega L)\sin(\omega t + 90°) + \sqrt{2}\left(I \cdot \frac{1}{\omega C}\right)\sin(\omega t - 90°)$$

$$= \sqrt{2}U_R\sin\omega t + \sqrt{2}U_L\sin(\omega t + 90°) + \sqrt{2}U_C\sin(\omega t - 90°) \tag{5-31}$$

其中各电压有效值为

$$U_R = IR$$

$$U_L = I \cdot \omega L = IIX_L$$

$$U_C = I \cdot \frac{1}{\omega C} = IX_C$$

由于同频率正弦量相加仍为同频率的正弦量,所以,电源电压为

$$u = U_m \sin(\omega t + \varphi) \tag{5-32}$$

其中,幅值为 U_m,与电流 i 之间的相位差为 φ。

将正弦电压 u_R、u_L、u_C 分别用相量 $\dot{U}_R$、$\dot{U}_L$、$\dot{U}_C$ 表示,各元件参数分别用阻抗来表示,如图 5-10(b)所示。设电流 $i = I \angle 0°$(参考相量),则相量形式的基尔霍夫电压定律表达式为

$$\begin{aligned} \dot{U} &= \dot{U}_R + \dot{U}_L + \dot{U}_C \\ &= \dot{I}R + \dot{I}(jX_L) + \dot{I}(-jX_C) \\ &= \dot{I}[R + (X_L - X_C)] \\ &= \dot{I}(R + jX) \\ &= \dot{I}Z \end{aligned} \tag{5-33}$$

定义

$$Z = R + jX = R + (X_L - X_C) \tag{5-34}$$

式(5-34)的单位是欧姆,具有对电流起阻碍作用的性质,称为电路的阻抗 Z。其中,$X = X_L - X_C X = X_L - X_C = \omega L - \frac{1}{\omega C}$ 称为电抗,电抗 X 与频率有关。

式(5-34)阻抗 Z 的大小称为阻抗 Z 的模

$$|Z| = \sqrt{R^2 + (X_L - X_C)^2} = \sqrt{R^2 + \left(\omega L - \frac{1}{\omega C}\right)^2} \tag{5-35}$$

可见,$|Z|$、R 和 $(X_L - X_C)$ 三者之间的关系也可用直角三角形(称为阻抗三角形)来描述,如图 5-11 所示。而

$$\varphi = \arctan \frac{X_L - X_C}{R}$$

称为阻抗角。

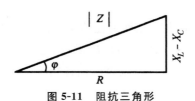

图 5-11　阻抗三角形

设置 $X_L > X_C$,则式(5-33)$\dot{U} = \dot{U}_R + \dot{U}_L + \dot{U}_C$ 的相量图如图 5-10(c)所示。而电压相量 $\dot{U}$、$\dot{U}_R$ 及 $\dot{U}_L + \dot{U}_C$ 构成了直角三角形,称为电压三角形,如图 5-10(d)所示。

各电压有效值关系为

$$U = \sqrt{U_R^2 + (U_L - U_C)^2} \tag{5-36}$$

若把图 5-10(1)所示的电压三角形的三边电压有效值同除以电流有效值 I,即可得到阻抗三角形的三边 R、X_L、X_C 值,如图 5-11 所示,所以,电压三角形和阻抗三角形是相似三角形。

电源电压 $\dot{U}$ 与电流 $\dot{I}$ 之间的相位差角 φ 可以根据电压三角形或阻抗三角形求得

$$\varphi = \arctan \frac{U_L - U_C}{U_R}$$

$$= \arctan \frac{X_L - X_C}{R} = \arctan \frac{\omega L - \dfrac{1}{\omega C}}{R} \qquad (5\text{-}37)$$

φ 既是电源电压与电流之间的相位差角,也是 RLC 串联的阻抗角。由式(5-37)可见,随着电路参数或电源频率的不同,电压 $\dot{U}$ 与电流 $\dot{I}$ 之间的相位差础就不同。也就是说,电路参数或电源频率的不同,阻抗 Z 有不同的性质。

当 $X_L > X_C$ 时,$X > 0$,$\varphi > 0$,在相位上电压 $\dot{U}$ 比电流 $\dot{I}$ 超前 φ 角,电路为电感性;

当 $X_L < X_C$ 时,$X < 0$,$\varphi < 0$,在相位上电流 $\dot{I}$ 比电压 $\dot{U}$ 超前 φ 角,电路为电容性;

当 $X_L = X_C$ 时,$X = 0$,$\varphi = 0$,在相位上电流 $\dot{I}$ 和电压 $\dot{U}$ 同相位,电路为电阻性。

可见,若改变电路参数或电源频率就能改变电路性质。

在电子设备、电力和通信系统中,电力或信号由一处传送到另一处,功率是一个很重要的量值。下面我们要讨论 RLC 串联交流电路的功率。

1. 瞬时功率

电路在某一瞬间吸收或发出的功率称为瞬时功率,即

$$p = ui \qquad (5\text{-}38)$$

设交流电路的电流和电压分别为 $i = \sqrt{2}\,I\sin\omega t$ 和 $u = \sqrt{2}\,U\sin(\omega t + \varphi)$,则电路的瞬时功率为

$$p = \sqrt{2}\,U\sin(\omega t + \varphi)\sqrt{2}\,I\sin\omega t = UI\cos\varphi - UI\cos(2\omega t + \varphi) \qquad (5\text{-}39)$$

2. 平均功率

电路在电流变化一个周期内瞬时功率的平均值称为平均功率或有功功率,即

$$P = \frac{1}{T}\int_0^t p\,\mathrm{d}t = \frac{1}{T}\int_0^t \left[UI\cos\varphi - UI\cos(2\omega t + \varphi)\right]\mathrm{d}t = UI\cos\varphi \qquad (5\text{-}40)$$

平均功率的单位是瓦[特](W)。

由前面电路的分析知道,只有电阻元件消耗功率。由图 5-10(c),可得 $U_R = U\cos\varphi$,则

$$P_R = I^2 R = U_R I = UI\cos\varphi = P \qquad (5\text{-}41)$$

所以,RLC 串联交流电路的平均功率就是电阻的消耗功率。

3. 无功功率

在 RLC 串联交流电路中,电容 C 和电感 L 都要储、放能量,但不消耗掉,称为占用电源能量,或称与电源进行能量交换。电源被电容 C 和电感 L 所占用的总无功功率为两者的代数和。

4. 视在功率

在 RLC 串联交流电路中,电源不仅要为电路中电阻 R 提供有功能量,而且还要与无功负载 L 及 C 间进行能量交换。定义电路的总电压 U 与电流 I 相乘为视在功率 S。

$$S = UI$$
$$= I^2 Z = I^2 \sqrt{R^2 + X^2} = \sqrt{(I^2 R)^2 + (I^2 X)^2} \qquad (5\text{-}42)$$
$$= \sqrt{P^2 + Q^2}$$

视在功率的单位是伏安(VA)。式(5-42)可见,视在功率 S,有功功率 P,无功功率 Q 三者关系可以用直角三角形来表示,称为功率三角形。S、P、Q 的三者关系如图 5-12 所示。

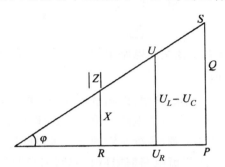

图 5-12　阻抗、电压及功率三角形

若将图 5-10(d)电压三角形的三边电压值分别同乘以电流有效值,便可得到功率三角形的三边的值,所以,功率三角形、电压三角形和阻抗三角形构成了三个相似的三角形,如图 5-12 所示。

在功率三角形中,把有功功率 P 与视在功率 S 的比值定义为电路的功率因数,即

$$\cos\varphi = \frac{P}{S} \qquad (5\text{-}43)$$

它反映的是电源容量利用率,它是电力系统中非常重要的质量参数。式(5-43)中 φ 称为功率因数角,$0 < \cos\varphi < 1$。

注意:①可以分别通过三个相似三角形求得功率因数角 φ。

②视在功率通常用来表示电源或变压器的容量,即向负载能够输出的最大功率($0 < P < UI$)。但对于整个负载来说是指负载的消耗和占用电源的总能量。

③P、Q、S 三者都不是正弦量,不能用相量表示。

5.5　正弦交流电路的分析

在 RLC 串联电路中,已经导出了正弦交流电路中欧姆定律的相量形式,同样,还可以导出基尔霍夫定律的相量形式。这样一来,直流电路中由欧姆定律和基尔霍夫定律所推导出来的一切结论、定理和分析方法都可以扩展到正弦交流电路中了。

5.5.1　基尔霍夫定律的相量形式

基尔霍夫电流定律对电路中的任一结点任一瞬时都是成立的,即 $\sum i = 0$,或

$$i_1 + i_2 + \cdots + I_n = 0$$

如果这些电流都是同频率的正弦量,则可用相量表示为

$$\dot{I}_1 + \dot{I}_2 + \cdots + \dot{I}_n = 0$$

或
$$\sum I = 0 \qquad\qquad (5\text{-}44)$$

这就是基尔霍夫电流定律在正弦交流电路中的相量形式。它与直流电路中的基尔霍夫电流定律 $\sum I = 0$ 在形式上相似。

基尔霍夫电压定律对电路中的任一回路任一瞬时都是成立的,即 $\sum u = 0$。同样,如果这些电压都是同频率的正弦量,则可用相量表示为

$$\sum \dot U = 0 \qquad\qquad (5\text{-}45)$$

这就是基尔霍夫电压定律在正弦交流电路中的相量形式。它与直流电路中的基尔霍夫电压定律 $\sum U = 0$ 在形式上相似。

由此可以得出结论:在正弦交流电路中,以相量形式表示的欧姆定律和基尔霍夫定律都与直流电路有相似的表达形式。因而在直流电路中由欧姆定律和基尔霍夫定律推导出来的电阻串联、并联公式、支路电流法、叠加定理、戴维宁定理等都可以同样应用到正弦交流电路中。下面以复阻抗的串联和并联为例,将直流电路的串联和并联关系应用到交流电路的串联和并联中来。

5.5.2 复阻抗的串联和并联

1.复阻抗的串联

通常,多个复阻抗串联时,其总复阻抗 Z 等于各个分复阻抗之和,即

$$Z = Z_1 + Z_2 + \cdots + Z_n \qquad\qquad (5\text{-}46)$$

对于图 5-13(a)所示的两个元件串联的交流电路,则有

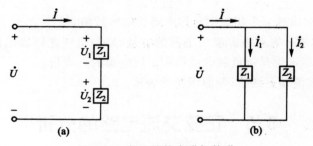

图 5-13 复阻抗的串联与并联

(a)串联电路;(b)并联电路

$$Z = Z_1 + Z_2 \qquad\qquad (5\text{-}47)$$

每个元件上的电压分配关系为

$$\left.\begin{array}{l} \dot U_1 = \dot Z_1 \dot I = \dfrac{Z_1}{Z_1 + Z_2} \dot U \\[2mm] \dot U_2 = \dot Z_2 \dot I = \dfrac{Z_2}{Z_1 + Z_2} \dot U \end{array}\right\} \qquad (5\text{-}48)$$

2.复阻抗的并联

通常,多个复阻抗并联时,其总复阻抗 Z 的倒数等于各个分复阻抗倒数之和,即

$$\frac{1}{Z} = \frac{1}{Z_1} + \frac{1}{Z_2} + \cdots + \frac{1}{Z_n} \tag{5-49}$$

对于图 5-13(b)所示的两个元件并联的交流电路,则有

$$Z = \frac{Z_1 Z_2}{Z_1 + Z_2} \tag{5-50}$$

各支路电流分配关系是

$$\left. \begin{aligned} \dot{I}_1 &= \frac{\dot{U}}{Z_1} = \frac{Z\dot{I}}{Z_1} = \frac{Z_2}{Z_1 + Z_2}\dot{I} \\ \dot{I}_2 &= \frac{\dot{U}}{Z_2} = \frac{Z\dot{I}}{Z_2} = \frac{Z_1}{Z_1 + Z_2}\dot{I} \end{aligned} \right\} \tag{5-51}$$

请注意,上列各式是复数运算,而不是实数运算。因此,在一般情况下,当阻抗串联时, $|Z| \neq |Z_1| + |Z_2| + \cdots + |Z_n|$;阻抗并联时, $\left|\dfrac{1}{Z}\right| = \left|\dfrac{1}{Z_1}\right| + \left|\dfrac{1}{Z_2}\right| + \cdots + \left|\dfrac{1}{Z_n}\right|$ 。

3.无源二端网络的复阻抗

对于一个由 R、L、C 构成的无源二端网络 N,如图 5-14 所示,无论电路如何复杂,其复阻抗 Z 可以通过端电压 $\dot{U}$ 和端线上的电流 $\dot{I}$ 求得,即

$$Z = \frac{\dot{U}}{\dot{I}}$$

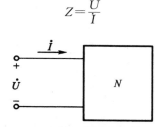

图 5-14　无源二端网络的复阻抗

5.5.3　分析正弦交流电路的一般步骤

由以上分析可知,在正弦交流电路中,将电压、电流用相量表示,电路参数用复阻抗表示,则直流电阻电路的公式、定律等均可以进行推广应用。

分析正弦交流电路的一般步骤大致如下:

①将电路用相量模型表示。即电路结构不变,电路参数全用复阻抗 Z 表示,正弦量全用相量表示。

②标出电压、电流、电动势的参考方向。

③根据相量模型列出电路方程进行求解。最后根据求出的相量写出对应的正弦量。

例 5-1　在图 5-15(a)所示的电路中, $Z_1 = 3 + j4\,\Omega$, $Z_2 = 8 - j6\,\Omega$,外加电压 $\dot{U} = 220\underline{/0°}$ V。试求各支路中的电流 $\dot{I}_1$、$\dot{I}_2$ 和 $\dot{I}$,并画出相量图。

解:图 5-15(a)所示的电路已用相量模型表示,且电压和电流的参考方向也已标出,故可直接用分析直流电路的方法对其进行复数运算

$$Z_1 = 3 + j4\,\Omega = 5\underline{/53.1°}\,\Omega$$

$$Z_2 = 8 - j6\,\Omega = 10\underline{/-36.9°}\,\Omega$$

故复阻抗

$$Z = \frac{Z_1 Z_2}{Z_1 + Z_2} = \frac{5\underline{/53.1^\circ} \times 10\underline{/-36.9^\circ}}{3 + j4 + 8 - j6}$$

$$\approx \frac{50\underline{/16.2^\circ}}{11.2\underline{/-10.3^\circ}\ \Omega} \approx 4.47\underline{/26.5^\circ}\ \Omega$$

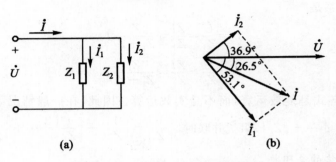

图 5-15　例 5-1 的电路和相量图

所以

$$\dot{I}_1 = \frac{\dot{U}}{Z_1} = \frac{220\underline{/0^\circ}}{5\underline{/53.1^\circ}}\ \text{A} = 44\underline{/-53.1^\circ}\ \text{A}$$

$$\dot{I}_2 = \frac{\dot{U}}{Z_2} = \frac{220\underline{/0^\circ}}{10\underline{/-36.9^\circ}}\ \text{A} = 22\underline{/36.9^\circ}\ \text{A}$$

$$\dot{I} = \frac{\dot{U}}{Z} = \frac{220\underline{/0^\circ}}{4.47\underline{/26.5^\circ}}\ \text{A} \approx 49.2\underline{/-26.5^\circ}\ \text{A}$$

或

$$\dot{I} = \dot{I}_1 + \dot{I} = (44\underline{/-53.1^\circ} + 22\underline{/36.9^\circ})\ \text{A} \approx 49.2\underline{/-26.5^\circ}\ \text{A}$$

相量图如图 5-15(b)所示。

第6章 电路的频率特性

在电子技术和控制系统中,还会遇到各种形式的非正弦周期信号。由于一个非正弦周期信号可以分解为一系列的不同频率的正弦信号之和,所以电路在非正弦周期信号激励下工作情况的分析,就相当于研究一系列不同频率的正弦信号作用下电路的频率特性。

6.1 非正弦周期电流电路

在电力电子电路中及通信工程上,经常会遇到非正弦周期电流和电压,主要有以下两种情况:

① 当电路为非线性电路时,即使电源是正弦量,在电路中产生的电压和电流也将是非正弦周期函数,例如二极管半波整流电路中的电流或电压、铁芯线圈和变压器的励磁电流,如图 6-1(a)和(b)所示。

② 实际发电机或信号源发出的就是非正弦周期电压或电流,例如脉冲信号、示波器扫描用的锯齿波信号等,如图 6-1(c)和(d)所示。

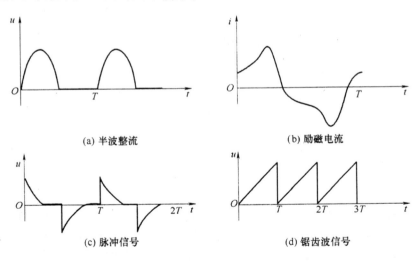

(a) 半波整流   (b) 励磁电流

(c) 脉冲信号   (d) 锯齿波信号

图 6-1　非正弦周期信号

6.1.1 非正弦周期量的分解

1. 傅里叶级数

根据高等数学的理论,对于任何一个非正弦周期函数 $f(t)$,只要满足狄里赫利条件(周期函数在有限的区间内,只有有限个第一类间断点和有限个极大值、极小值),都可以展开成一个收敛的无穷三角级数,即傅里叶级数。通常在电工技术中所遇到的各种非正弦周期量都满足上述条件,因此都可以展开成傅里叶级数。

设周期性函数 $f(t)$,其周期为 T,则可分解为

$$
\begin{aligned}
f(t) &= A_0 + A_{1m}\sin(\omega t + \varphi_1) + A_{2m}\sin(2\omega t + \varphi_2) + \cdots + A_{km}\sin(k\omega t + \varphi_k) \\
&\quad + \cdots \\
&= A_0 + \sum_{k=1}^{\infty} A_{km}\sin(k\omega t + \varphi_k) \\
&= A_0 + \sum_{k=1}^{\infty} (A_{km}\sin k\omega t \cos\varphi_k + A_{km}\cos k\omega t \sin\varphi_k)
\end{aligned} \tag{6-1}
$$

或写成另一种形式:

$$
\begin{aligned}
f(t) &= a_0 + a_1\cos\omega t + a_2\cos2\omega t + a_3\cos3\omega t + \cdots + a_k\cos k\omega t + \cdots \\
&\quad + b_1\sin\omega t + b_2\sin2\omega t + b_3\sin3\omega t + \cdots + b_k\sin k\omega t + \cdots \\
&= a_0 + \sum_{k=1}^{\infty} (a_k\cos k\omega t + b_k\sin k\omega t)
\end{aligned} \tag{6-2}
$$

式中,$\omega = \dfrac{2\pi}{T}$;T 为 $f(t)$ 的周期;a_0、a_k、b_k 为傅里叶系数,它们可由下述公式计算:

$$
\begin{cases}
a_0 = \dfrac{1}{T}\displaystyle\int_0^T f(t)\,\mathrm{d}t = \dfrac{1}{2\pi}\int_0^{2\pi} f(\omega t)\,\mathrm{d}(\omega t) \\[3mm]
a_k = \dfrac{2}{T}\displaystyle\int_0^T f(t)\cos k\omega t\,\mathrm{d}t = \dfrac{1}{\pi}\int_0^{2\pi} f(\omega t)\cos k\omega t\,\mathrm{d}(\omega t) \\[3mm]
b_k = \dfrac{2}{T}\displaystyle\int_0^T f(t)\sin k\omega t\,\mathrm{d}t = \dfrac{1}{\pi}\int_0^{2\pi} f(\omega t)\sin k\omega t\,\mathrm{d}(\omega t)
\end{cases} \tag{6-3}
$$

将式(6-1)与式(6-2)比较可得下列关系:

$$
\begin{cases}
a_0 = A_0 \\
a_k = A_{km}\sin\varphi_k \\
b_k = A_{km}\cos\varphi_k \\
A_{km} = \sqrt{a_k^2 + b_k^2} \\
\varphi_k = \arctan\dfrac{a_k}{b_k}
\end{cases} \tag{6-4}
$$

A_0 项为常数项,是非正弦量 $f(t)$ 在一周期内的平均值,这个平均值可以理解为电路中受到等量的直流电源的作用,也称为直流分量或恒定分量。其余谐波分量中 $k=1$ 的分量叫做基波或一次谐波分量,A_{1m} 为基波的振幅,φ_1 为基波的初相位。基波的频率等于非正弦量的频率。即基波角频率 $\omega = \dfrac{2\pi}{T}$。$k \geqslant 2$ 的谐波分量叫做高次谐波,有 2 次谐波、3 次谐波等。A_{km} 及 φ_k 为 k 次谐波的振幅及初相位。k 为奇数时对应的谐波分量叫做奇次谐波;k 为偶数时对应的谐波分量叫做偶次谐波。

把一个非正弦周期函数分解为具有一系列谐波分量的傅里叶级数,称为谐波分析。

在表 6-1 中列出了一些常见的非正弦周期信号的傅里叶级数展开式。

表 6-1　常见的非正弦周期信号的傅里叶级数展开式

序号	波形图	傅里叶级数展开式
1		$f(t) = \dfrac{A_m}{\pi}(1 + \dfrac{\pi}{2}\sin\omega t - \dfrac{2}{3}\cos2\omega t - \dfrac{4}{15}\cos4\omega t - \cdots)$
2		$f(t) = \dfrac{\pi}{2}A_m(1 - \dfrac{2}{3}\cos2\omega t - \dfrac{4}{15}\cos4\omega t - \dfrac{2}{35}\cos6\omega t - \cdots)$
3		$f(t) = \dfrac{A_m}{\pi} - \dfrac{4A_m}{\pi^2}(\cos\omega t + \dfrac{1}{3^2}\cos3\omega t + \dfrac{1}{5^2}\cos5\omega t + \cdots)$
4		$f(t) = \dfrac{4}{\pi}A_m(\cos\omega t - \dfrac{1}{3}\cos3\omega t + \dfrac{1}{5}\cos5\omega t - \cdots)$
5		$f(t) = \dfrac{2}{\pi}A_m(\sin\omega t - \dfrac{1}{2}\sin2\omega t + \dfrac{1}{3}\sin3\omega t - \cdots)$
6		$f(t) = A_m\left[\dfrac{1}{2} - \dfrac{1}{\pi}(\sin\omega t + \dfrac{1}{2}\sin2\omega t + \dfrac{1}{3}\sin3\omega t + \cdots)\right]$

序号	波形图	傅里叶级数展开式
7	$f(t)$ A_m ... O $T/2$ T t	$f(t) = \dfrac{8}{\pi^2}A_m\left(\sin\omega t - \dfrac{1}{9}\sin3\omega t + \dfrac{1}{25}\sin5\omega t - \cdots\right)$
8	$f(t)$ A_m ... O $\dfrac{a}{\omega}$ $\dfrac{a}{\omega}$ $T/2$ T t	$f(t) = \dfrac{4}{a\pi}A_m\left(\sin a\sin\omega t + \dfrac{1}{9}\sin3a\sin3\omega t + \dfrac{1}{25}\sin5a\sin5\omega t + \cdots\right)$

由上表展开式可知,当非正弦周期信号的波形不同时,傅里叶级数展开式中所包含的谐波成分不同,且收敛的快慢也不同。为了把这种情况形象地表达出来,特别定义了频谱线图。即用二维坐标的横轴表示谐波成分,在谐波存在之处画一条直线段,其高度正比于该谐波的幅度或初相角。这样就得到了一组离散、高度不等的线段,这就是所谓的频谱线图。若直线段高度正比于谐波的幅度大小,则得到的就是振幅频谱图;若直线段高度正比于谐波的初相角大小,则得到的就是相位频谱图。如图 6-2 所示画出了矩形波的频谱线图,由于这种频谱只表示各次谐波的振幅,所以称为振幅频谱图。通过振幅频谱图可以直观地表示出矩形波所含的谐波成分和收敛快慢。因频谱图是由一系列不连续的线段组成的,故也称为离散频谱图。

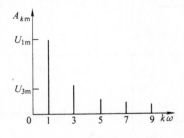

图 6-2　矩形波的频谱线图

如图 6-3 所示的 4 个图分别表示以上 4 种用基波和谐波去近似一个周期方波的情况。从图中可以看出,随着所取项数的增加,合成函数的波形越近似原来的方波信号 $f(t)$(如图中虚线所示),即合成函数波形的边沿更陡峭,而顶部虽然有较多起伏,但更趋平坦。然而,对于具有不连续点的信号函数,即使所取级数的项数无限增大,在跃变点附近,总是不可避免地存在有起伏振荡。随着所取级数的项数的增加,这种起伏振荡的时间将缩短。

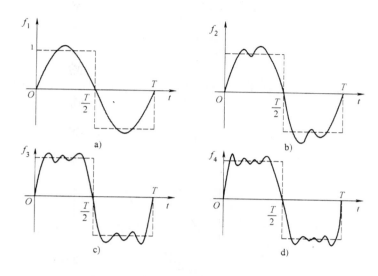

图 6-3　4 种基波和谐波近似一个周期方波

2. 对称性与傅里叶系数

当给定实函数信号 $f(t)$ 的波形具有某些对称性,则其傅里叶展开式的系数的某些项将为零。波形的对称性有两类:一类是对整周期对称,如偶函数和奇函数;另一类是对半周期对称,如奇谐函数。前者决定傅里叶级数展开式中只可能含有正弦项或余弦项,后者决定展开式中只可能含有奇次项或偶次项。掌握这些特性,将给傅里叶系数的计算带来方便。下面我们来讨论信号波形对称性与傅里叶系数的关系。

(1) $f(t)$ 为偶函数

若函数 $f(t)$ 是时间 t 的偶函数,即 $f(-t) = f(t)$,则其波形相对于纵轴是对称的,如图 6-4 所示。

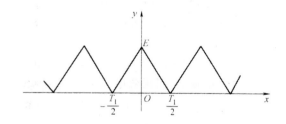

图 6-4　偶函数波形

这样,在其展开系数的积分式中,$f(t)\cos k\omega t$ 是偶函数,而 $f(t)\sin k\omega t$ 是奇函数。积分区间取为 $(-\dfrac{T}{2}, \dfrac{T}{2})$,偶函数 $f(t)\cos k\omega t$ 在此对称区间内的积分等于其半区间 $(0, \dfrac{T}{2})$ 积分的 2 倍;而奇函数 $f(t)\sin k\omega t$ 在此对称区间内的积分为零。故级数中的系数为:

$$\begin{cases} a_k = \dfrac{4}{T}\displaystyle\int_0^{\frac{T}{2}} f(t)\cos k\omega t\,\mathrm{d}t \\ b_k = 0 \end{cases}$$

（2）$f(t)$ 为奇函数

若函数 $f(t)$ 是时间 t 的奇函数，即 $f(-t)=-f(t)$，则其波形相对于原点是对称的，如图 6-5 所示。

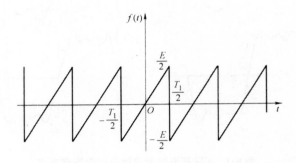

图 6-5　奇函数波形

可以看出其展开式的系数为：

$$\begin{cases} a_0 = 0 \\ a_k = 0 \\ b_k = \dfrac{4}{T}\displaystyle\int_0^{\frac{T}{2}} f(t)\sin k\omega t\,\mathrm{d}t \end{cases}$$

所以，奇函数的傅里叶级数中不含余弦项和直流项，只含有正弦项。

由上看见，当波形满足某种对称性时，在其傅里叶级数中某些项将不出现。熟悉傅里叶级数的这些性质后，可以对波形中含有哪些谐波成分作出迅速判断，以便简化傅里叶系数的计算。在某些情况下，还可以通过移动函数的坐标使其具有某种对称性，以简化运算。

6.1.2　非正弦周期电流电路中的有效值、平均值和平均功率

1. 有效值

非正弦电流电压通过电阻同样要做功，同正弦电流电压定义有效值的方法一样，定义了非正弦量的有效值

$$\begin{cases} I = \sqrt{\dfrac{1}{T}\displaystyle\int_0^{T} i^2\,\mathrm{d}t} \\ U = \sqrt{\dfrac{1}{T}\displaystyle\int_0^{T} u^2\,\mathrm{d}t} \end{cases} \tag{6-5}$$

可以证明它与各次谐波有效值之间的关系为

$$I = \sqrt{I_0^2 + I_1^2 + I_2^2 + I_3^2 + \cdots} \tag{6-6}$$

$$U = \sqrt{U_0^2 + U_1^2 + U_2^2 + U_3^2 + \cdots} \tag{6-7}$$

式中，I_0、U_0 为直流分量；I_1、U_1 为基波有效值；I_2、U_2 为二次谐波有效值等。

从分析可以看出按式(6-6)及式(6-7)计算只能得到近似结果，而按式(6-5)计算是准确的。以上结果表明，非正弦周期量的有效值等于直流分量和各次谐波分量有效值的平方和再开方，而与各次谐波分量的初相角无关。

例 6-1　试求周期电压 $u = [40 + 180\sin\omega t + 60\sin(3\omega t + 45°)]$V 的有效值。

解：u 的有效值为

$$U = \sqrt{U_0^2 + U_1^2 + U_2^2 + U_3^2}$$

$$= \sqrt{40^2 + (\frac{180}{\sqrt{2}})^2 + (\frac{60}{\sqrt{2}})^2} \text{ V}$$

$$= 140\text{V}$$

2. 平均值

非正弦周期电流、电压的平均值分别为

$$I_{\text{av}} = \frac{1}{T}\int_0^T i\,\mathrm{d}t \tag{6-8}$$

$$U_{\text{av}} = \frac{1}{T}\int_0^T u\,\mathrm{d}t \tag{6-9}$$

非正弦周期量的平均值就是其直流分量，且非正弦周期信号的平均值、最大值和有效值之间的关系随波形的不同而不同。

3. 平均功率

如图 6-6 所示一端口网络 N，当非正弦周期性电压 $u(t)$ 和非正弦周期性电流 $i(t)$ 是关联参考方向时，设一端口电路的端口非正弦周期性电压 $u(t)$ 和非正弦周期性电流 $i(t)$ 的傅里叶级数展开形式分别为：

$$u = U_0 + \sum_{k=1}^{\infty} U_k(\cos k\omega t + \varphi_k)$$

$$i = I_0 + \sum_{k=1}^{\infty} I_k(\cos k\omega t + \varphi_k)$$

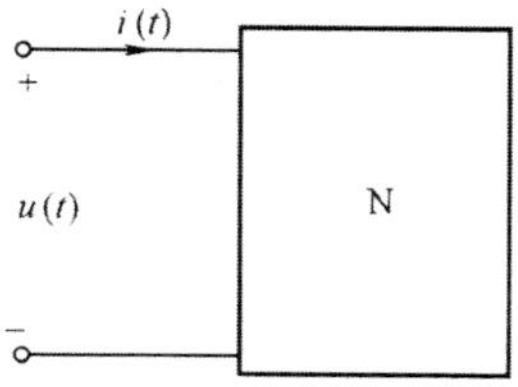

图 6-6　一端口网络

则一端口电路吸收的瞬时功率和正弦电流电路一样，等于瞬时电压与瞬时电流的乘积，即：

$$p = ui$$

$$p = ui = \left[U_0 + \sum_{k=1}^{\infty} U_k(\cos k\omega t + \varphi_k)\right]\left[I_0 + \sum_{k=1}^{\infty} I_k(\cos k\omega t + \varphi_k)\right] \tag{6-10}$$

在图示关联参考方向下，一端口电路吸收的平均功率（简称功率）与正弦量的平均功率定义一样，是指一周期内消耗在线性电路中的电能的时间变化率，即

$$P = \frac{1}{T}\int_0^T p\,\mathrm{d}t = \frac{1}{T}\int_0^T ui\,\mathrm{d}t$$

$$
\begin{aligned}
P &= U_0 I_0 + \sum_{k=1}^{\infty} U_k I_k \cos\varphi_k \; (\varphi_k = \varphi_{ak} - \varphi_{bk}) \\
&= U_0 I_0 + U_1 I_1 \cos\varphi_1 + U_2 I_2 \cos\varphi_2 + \cdots \\
&= P_0 + P_1 + P_2 + \cdots
\end{aligned} \tag{6-11}
$$

式（6-11）结果表明，非正弦周期性电流电路中，不同次谐波电压、电流虽然构成瞬时功率，但不构成平均功率；只有同次谐波电压、电流才构成平均功率，这是由三角函数的正交性所决定的；且电路的平均功率等于各次谐波单独作用时所产生的平均功率的总和。

若某电阻中流过的非正弦周期电流的有效值为 I，显然，该电阻吸收的平均功率为：

$$P = P_0 + \sum_{k=1}^{\infty} P_k = RI_0^2 + \sum_{k=1}^{\infty} RI_k^2 = RI^2$$

例 6-2 已知一端口电路的端口电压 $u(t)$ 和电流 $i(t)$ 均为非正弦周期量（见图 6-6），其表达式为：

$$u(t) = [10 + 141.4\cos\omega t + 70.7\cos(3\omega t + 30°)]\text{V}$$

$$i(t) = [2 + 18.55\sqrt{2}\cos(\omega t - 21.8°) + 12\sqrt{2}\cos(2\omega t + 5°) + 6.4\sqrt{2}\cos(\omega t + 69.81°)]\text{A}$$

求一端口电路吸收的平均功率 $P = ?$

解：因为 $U_0 = 10\text{V}, I_0 = 2\text{A}$

所以直流分量的功率为：

$$P_0 = U_0 I_0 = (10 \times 2)\text{W} = 20\text{W}$$

基波功率为：

$$
\begin{aligned}
P_1 &= U_1 I_1 \cos(\varphi_{a1} - \varphi_{b1}) \\
&= \left(\frac{141.4}{\sqrt{2}} \times 18.55\cos 21.8°\right)\text{W} \\
&= 1772\text{W}
\end{aligned}
$$

二次谐波的功率为：

$$U_2 = 0$$
$$P_2 = 0$$

三次谐波的功率为：

$$
\begin{aligned}
P_3 &= U_3 I_3 \cos(\varphi_{a3} - \varphi_{b3}) \\
&= [6.4 \times 50\cos(30° - 69.81°)]\text{W} \\
&= 204.88\text{W}
\end{aligned}
$$

因此总功率为：

$$P = P_0 + P_1 + P_2 + P_3$$
$$= (20 + 1772 + 0 + 204.88)\text{W}$$
$$= 1996.88\text{W}$$

6.1.3　非正弦周期信号电路的计算

由于电气工程、无线电工程和其他电子工程中常见的周期函数一般都能满足狄里赫利条件,即都能展开为傅里叶级数,故作用于线性电路的非正弦周期性激励,均可分解为一系列不同频率的谐波分量之和。如果周期性激励源为电压源,则等效于一系列谐波电压源相串联;如果周期性激励源为电流源,则等效于一系列谐波电流源相并联。

当电路受到非正弦周期性信号源激励时,可以认为有无穷多个不同频率的正弦信号同时作用在该电路,如图 6-7 所示。根据叠加定理,对各次谐波的激励进行单独分析计算,而后进行叠加得到总的响应,这是非正弦周期电流电路谐波分析计算的基本思想。非正弦周期信号作用下的线性电路稳态响应分析可以转化成直流电路和正弦电路的稳态分析。下面说明计算法则和步骤。

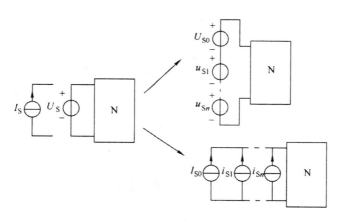

图 6-7　非正弦信号激励的分解计算

（1）把非正弦周期信号分解为直流分量和各次谐波分量

高次谐波取到哪一项,要由所需准确度的高低来决定。

（2）分别计算每个谐波分量单独作用时的响应

① 应用电阻电路计算方法计算出恒定分量作用于线性电路时的稳态响应分量。其中的电感元件和电容元件利用直流稳态方法:C 等效为断路,L 等效为短路。

② 应用相量法计算出不同频率正弦分量作用于线性电路时的稳态响应分量。其中各次谐波单独作用时,电感元件和电容元件的阻抗为 $X_{Lk} = k\omega L$,$X_{Ck} = \dfrac{1}{k\omega C}$。$k$ 次谐波单独作用时,等效电路结构完全相同,注意阻抗 $Z(K\omega)$ 是不同的。

（3）对各分量在时间域进行叠加

注意必须用瞬时值表达式相加,不能将代表不同频率的电流、电压相量直接相加减。因为不同频率的相量叠加在电路中是没有任何实际物理意义的。

例 6-3　已知如图 6-8 所示电路中，$R = \omega L = \dfrac{1}{\omega C} = 2\Omega$，$u(t) = (10 + 100\cos\omega t + 40\cos 3\omega t)\,\text{V}$，求 $i(t)$、$i_\text{L}(t)$、$i_\text{C}(t)$。

解：

① 计算直流分量作用时的电路图，如图 6-9 所示。电感相当于短路，电容相当于开路，$I_\text{C0} = 0$，$I_0 = I_\text{L0} = 5A$。

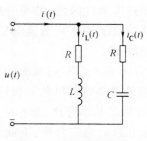

图 6-8　例 6-3 的电路

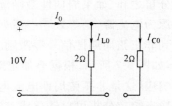

图 6-9　直流分量作用时的电路图

② 计算基波分量单独作用时，如图 6-10 所示。

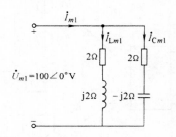

图 6-10　基波作用时的电路图

$$\dot{I}_{\text{L}m1} = \frac{100\angle 0^\circ}{2 + \text{j}2}A = 25\sqrt{2}\,\angle -45^\circ\text{A}$$

$$\dot{I}_{\text{C}m1} = \frac{100\angle 0^\circ}{2 - \text{j}2}A = 25\sqrt{2}\,\angle 45^\circ\text{A}$$

$$\dot{I}_{m1} = \dot{I}_{\text{L}m1} + \dot{I}_{\text{C}m1} = 50\angle 0^\circ\text{A}$$

基波电压作用下电流的瞬时值为：

$$i_{\text{L}1}(t) = 25\sqrt{2}\cos(\omega t - 45^\circ)\text{A}$$

$$i_{\text{C}1}(t) = 25\sqrt{2}\cos(\omega t - 45^\circ)\text{A}$$

$$i_1(t) = 50\cos\omega t\,\text{A}$$

③ 计算 3 次谐波分量作用时，如图 6-11 所示。

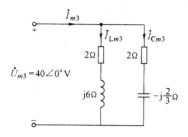

图 6-11　三次谐波作用时的电路图

$$\dot{I}_{Lm3} = \frac{40\angle 0^\circ}{2+j6}\text{A} = 4.5\sqrt{2}\angle -71.6^\circ\text{A}$$

$$\dot{I}_{Cm3} = \frac{40\angle 0^\circ}{2-j\dfrac{2}{3}}\text{A} = 13.5\sqrt{2}\angle 18.4^\circ\text{A}$$

$$\dot{I}_{m3} = \dot{I}_{Lm3} + \dot{I}_{Cm3} = 20\angle 0.81^\circ\text{A}$$

3 次谐波作用下的电流的瞬时值分别为：

$$i_{L3}(t) = 4.5\sqrt{2}\cos(\omega t - 71.6^\circ)\text{A}$$

$$i_{C3}(t) = 13.5\sqrt{2}\cos(\omega t + 18.4^\circ)\text{A}$$

$$i_3(t) = 20\cos(3\omega t + 0.81^\circ)\text{A}$$

④ 在时间域进行叠加，即将各次谐波电流的瞬时值分别相加，得：

$$i_L(t) = I_{L0} + i_{L1}(t) + i_{L3}(t) = [5 + 25\sqrt{2}\cos(\omega t - 45^\circ) + 4.5\sqrt{2}\cos(\omega t - 71.6^\circ)]\text{A}$$

$$i_C(t) = I_{C0} + i_{C1}(t) + i_{C3}(t) = [25\sqrt{2}\cos(\omega t - 45^\circ) + 13.5\sqrt{2}\cos(\omega t + 18.4^\circ)]\text{A}$$

$$i(t) = I_0 + i_1(t) + i_3(t) = [5 + 50\cos\omega t + 20\cos(3\omega t + 0.81^\circ)]\text{A}$$

例 6-4　在如图 6-12(a) 所示电路中，已知信号源电流 $i_s = 2 + 2\sin 2\pi ft\,\text{mA}$，$f = 100\text{kHz}$，$R_1 = 9\text{k}\Omega$，$R_2 = 1\text{k}\Omega$，$C = 10\mu\text{F}$。试求信号源的端电压 u_1 和输出端电压 u_2。

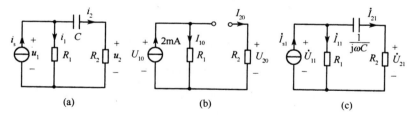

图 6-12　例 6-4 所示电路图

解：已知信号源的傅里叶级数展开式，可分别计算恒定分量和基波分量单独作用于电路时的响应。

对于恒定分量，其电路如图 6-12(b) 所示。

$$X_{C0} = \infty$$

$$I_{20} = 0,\ U_{20} = R_2 I_{20} = 0;$$

$$I_{10} = 2\text{mA},\ U_{10} = R_1 I_{10} = 9 \times 10^3 \times 2 \times 10^{-3}\text{V} = 18\text{V}$$

对于基波分量,其电路如图 6-12(c) 所示。

$$\dot{I}_{s1} = \sqrt{2} \angle 0° \text{mA}$$

$$X_C = \frac{1}{2\pi fC} = \frac{1}{2 \times 3.14 \times 10^5 \times 10 \times 10^{-6}} \approx 0.159\Omega$$

$$Z_2 = R_2 - jX_C \approx R_2 = 1000\Omega$$

$$\dot{I}_{21} = \frac{R_1}{R_1 + Z_2}\dot{I}_{s1} = \frac{9}{9+1} \times \sqrt{2} \angle 0° \text{mA} = 0.9\sqrt{2} \angle 0° \text{mA}$$

$$\dot{I}_{11} = \dot{I}_{s1} - \dot{I}_{21} = (\sqrt{2} \angle 0° - 0.9\sqrt{2} \angle 0°) \text{mA}$$

$$\dot{U}_{21} = R_2\dot{I}_{21} = 10^3 \times 0.9\sqrt{2} \times 10^{-3} \angle 0° \text{V} = 0.9\sqrt{2} \angle 0° \text{V}$$

$$u_{21} = 1.8\sin 2\pi ft \, \text{V}$$

$$\dot{U}_{11} = R_1\dot{I}_{11} = 9 \times 10^3 \times 0.1\sqrt{2} \times 10^{-3} \angle 0° \text{V} = 0.9\sqrt{2} \angle 0° \text{V}$$

$$u_{11} = 1.8\sin 2\pi ft \, \text{V}$$

根据叠加原理,可求得

$$u_1 = U_{10} + u_{11} = (18 + 1.8\sin 2\pi f) \text{V}$$

$$u_2 = U_{20} + u_{21} = 1.8\sin 2\pi ft \, \text{V}$$

从本例计算结果可知,由于电容 C 与负载电阻 R_2 串联,能阻断信号源电流 i_s 中的恒定分量,起到隔直流的作用;另一方面,本例中 $X_C \ll R_2$,电容 C 对于交流分量不产生有影响的电压降,可使信号源中的交流分量顺利地到达输出端。

例 6-5 如图 6-13 所示的电路中,已知 $u_S = \sqrt{2}U_1\sin 1000t + \sqrt{2}U_3\sin 3000t$,已知 $C_2 = 0.15\mu\text{F}$,欲使负载 R_L 中无 3 次谐波而只保留基波成分,试求 L、C_1。

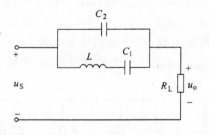

图 6-13 例 6-5 所示电路图

解:由电路结构可知,当 LC_1 支路与基波成分发生串联谐振,则基波电流无阻地通过。应满足

$$\frac{1}{\sqrt{LC_1}} = 1000\text{rad/s}$$

此时 L、C_1 串联电路对 3 次谐波表现出感性,则能与 C_2 支路发生并联谐振,这样能阻止了 3 次谐波通过。这时容抗

$$X_{C2} = \frac{1}{\omega_3 C_2} = \frac{1}{3000 \times 0.15 \times 10^{-6}}\Omega = \frac{1}{450} \times 10^6 \Omega$$

此时在 LC_1 支路应满足

$$\omega_3 L - \frac{1}{\omega_3 C_1} = \frac{1}{450} \times 10^6 \Omega$$

将式 $\dfrac{1}{\sqrt{LC_1}} = 1000\text{rad/s}$ 变换得 $L = \dfrac{1}{10^6 \times C_1}$ 代入上式有

$$\frac{\omega_3}{10^6 C_1} - \frac{1}{\omega C_1} = \frac{1}{450} \times 10^6 \Omega$$

$$C_1 = \frac{(3000 \times 10^{-6} - \frac{1}{3000})}{10^6} \times 450 \mu\text{F} = 1.2\mu\text{F}$$

$$L = \frac{1}{10^6 \times C_1} = \frac{1}{1.2}\text{H} = 0.83\text{H}$$

由此例可知,谐波信号中任何一个谐波成分都可以提取出来,也可以抑制掉。

6.2　RC 串联电路的频率特性

6.2.1　RC 低通电路

如图 6-14 所示是一 RC 低通电路。$\dot{U}_1$ 是输入(激励)电压相量,$\dot{U}_2$ 是输出(响应)电压相量。

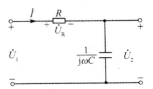

图 6-14　RC 低通电路

根据串联分压,电路的输出电压相量为

$$\dot{U}_2 = \dot{I}\frac{1}{\text{j}\omega C} = \frac{\dot{U}_1}{R + \frac{1}{\text{j}\omega C}} \cdot \frac{1}{\text{j}\omega C} = \frac{\dot{U}_1}{1 + \text{j}\omega RC}$$

通常把电路的响应相量与激励相量之比定义为网络函数,用 $N(\text{j}\omega)$ 表示,即

$$N(\text{j}\omega) = \frac{响应相量}{激励相量} = |N(\text{j}\omega)| \angle \varphi(\omega)$$

对于图 6-14 所示的电路有

$$N(\text{j}\omega) = \frac{\dot{U}_2}{\dot{U}_1} = \frac{1}{1 + \text{j}\omega RC} = \frac{1}{\sqrt{1 + (\omega RC)^2}} \angle -\arctan\omega RC = |N(\text{j}\omega)| \angle \varphi(\omega)$$

式中

$$|N(\text{j}\omega)| = \frac{U_2}{U_1} = \frac{1}{\sqrt{1 + (\omega RC)^2}} \tag{6-12}$$

是响应电压与激励电压的有效值之比,为网络函数的模,它随角频率 ω 的变化而变化的规律称为该网络函数的幅频特性。而

$$\varphi(\omega) = -\arctan\omega RC \tag{6-13}$$

是响应电压与激励电压之间的相位差角,为网络函数的辐角,它随角频率 ω 的变化而变化的规律称为该网络函数的相频特性。

　　幅频特性和相频特性合称为频率响应特性,简称频率特性。若将它们用曲线表示,则如图 6-15 所示。

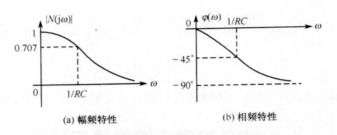

(a) 幅频特性　　　　　　　　(b) 相频特性

图 6-15　RC 低通电路的频率特性曲线

　　由式(6-12)、式(6-13)与图 6-15 可见:当 $\omega = 0$,即直流电压激励时,电容相当于开路,电路中的电流为零,电容上响应电压与激励电压相等,使网络函数的模值为 1,其辐角为零。随着 ω 增大,网络函数的模值下降,其辐角为负值随之减小。当 $\omega \to \infty$ 时,电容相当于短路,电容上响应电压趋近于零,使网络函数的模值趋近于零,其辐角趋近于 $-90°$。

　　当 $\omega = \dfrac{1}{RC}$ 时,则 $|N(j\omega)| = \dfrac{1}{\sqrt{2}} = 0.707, \varphi(\omega) = -45°$,即当响应电压下降到激励电压的 70.7% 时,网络函数的模值为 0.707,其辐角为 $-45°$。在工程实际中,为了保证电路响应电压与激励电压之间不致于产生太大的出入,把

$$\omega_C = \frac{1}{RC}$$

称为临界角频率或截止角频率。显然,当信号频率高于 ω_C 时,响应电压将小于 $0.707U_1$,认为它不能通过这个 RC 电路;而信号频率低于 ω_C 时,响应电压比 $0.707U_1$ 大,认为它能够通过这个 RC 电路,这就表明,图 6-14 所示的 RC 电路具有使低频信号通过而抑制较高频率信号的作用,因而称为低通电路,又称为低通滤波器。

　　在电子设备中经常用到各种不同电压的直流稳压电源,它先将正弦交流电压经整流电路得到脉动电压,此脉动电压由直流分量与各次谐波分量组成。为了得到恒定的直流电压,在整流电路和负载之间设置低通滤波器,阻止了各高次谐波分量通过,从而在输出端口得到较平滑的直流电压。所以低通滤波器是直流稳压电路中必不可少的一个部件。

　　例 6-6　在如图 6-14 所示的 RC 低通电路中,已知输入信号电压为 $0.85V, R = 4.43k\Omega$, $C = 2\mu F$。试求此电路的截止频率 f_C 及当输入信号频率为 f_C 时的输出电压值。

　　解:根据 $\omega_C = \dfrac{1}{RC}$ 可得电路的截止角频率为

$$\omega = \frac{1}{RC} = \frac{1}{4.43 \times 10^3 \times 2 \times 10^{-6}} = 113\mathrm{rad/s}$$

$$\frac{\omega_C}{2\pi} = 18\mathrm{Hz}$$

$$U_2 = 0.707U_1 = 0.707 \times 0.85\text{V} = 0.6\text{V}$$

6.2.2　RC 高通电路

将图 6-14 中的 R 与 C 位置对换，便得如图 6-16 所示的 RC 高通电路。此电路的网络函数为

$$N(\text{j}\omega) = \frac{\dot{U}_2}{\dot{U}_1} = \frac{\dot{I}R}{\dot{I}\left(R + \dfrac{1}{\text{j}\omega C}\right)} = \frac{\text{j}\omega RC}{1 + \text{j}\omega RC} = |N(\text{j}\omega)| \angle \varphi(\omega)$$

式中

$$|N(\text{j}\omega)| = \frac{U_2}{U_1} = \frac{\omega RC}{\sqrt{1 + (\omega RC)^2}} \tag{6-14}$$

$$\varphi(\omega) = 90° - \arctan\omega RC \tag{6-15}$$

由式（6-14）与式（6-15）可知：当 $\omega = 0$，即直流电压激励时，电容相当于开路，电路中电流为零，电阻上响应电压为零，使网络函数的模值为零，其辐角为 90°。随着 ω 增大网络函数的模值亦随之增加，其辐角却减小。当 $\omega \to \infty$ 时，电容相当于短路，电阻上响应电压和激励电压接近相等，使网络函数的模值趋近于 1，其辐角趋近于零。表明电路对高频信号容易通过。因为容抗对高频信号可视为短路，故称此电路为高通电路，又称为高通滤波器。

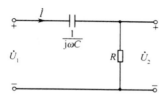

图 6-16　RC 高通电路

如图 6-17 所示为 RC 高通电路的频率特性曲线，其中 $\omega = \dfrac{1}{RC}$ 也称为临界角频率或截止角频率。当信号频率低于 ω_c 时，响应电压将小 $0.707U_1$，认为它不能通过这个电路；而信号频率高于 ω_c 时，响应电压比 $0.707U_1$ 大，认为它能通过这个电路。可见，高通电路是允许截止频率以上的高频信号通过的网络，它常用于从许多信号中获取所需要的高频信号。

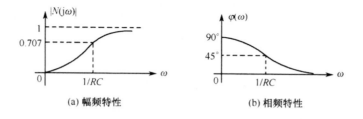

(a) 幅频特性　　　　　　　　　(b) 相频特性

图 6-17　RC 高通电路的频率特性曲线

6.3 RC 串／并联电路的频率特性

在不少电子仪器中，常常用RC串／并联来构成电路，使电路只能通过某种频率的信号，这样的电路有时称为选频网络。下面讨论如图 6-18 所示的 RC 串／并联电路的频率特性。

上述电路的网络函数为

$$N(j\omega) = \frac{\dot{U}_2}{\dot{U}_1}$$

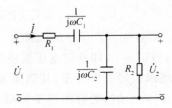

图 6-18　RC 串／并联电路

式中

$$\dot{U}_1 = \dot{I}\left(R_1 + \frac{1}{j\omega C_1} + \frac{\frac{R_2}{j\omega C_2}}{R_2 + \frac{1}{j\omega C_2}}\right) \quad \dot{U}_2 = \dot{I}\frac{\frac{R_2}{j\omega C_2}}{R_2 + \frac{1}{j\omega C_2}}$$

则

$$N(j\omega) = \frac{\dot{U}_2}{\dot{U}_1} = \frac{\frac{R_2}{1 + j\omega RC_2}}{R_1 + \frac{1}{j\omega C_1} + \frac{R_2}{1 + j\omega RC_2}} = \frac{1}{(1 + \frac{R_1}{R_2} + \frac{C_2}{C_1}) + j(\omega C_2 R_1 - \frac{1}{\omega C_1 R_2})} \quad (6\text{-}16)$$

在实际使用中为了调节方便，常常取 $R_1 = R_2 = R$，$C_1 = C_2 = C$，则式(6-16) 可写成

$$N(j\omega) = \frac{1}{3 + j(\omega RC - \frac{1}{\omega RC})} = \frac{1}{\sqrt{9 + (\omega RC - \frac{1}{\omega RC})^2}} \angle -\arctan\frac{\omega RC - \frac{1}{\omega RC}}{3}$$

$$= |N(j\omega)| \angle \varphi(\omega)$$

式中

$$|N(j\omega)| = \frac{1}{\sqrt{9 + (\omega RC - \frac{1}{\omega RC})^2}}$$

$$\varphi(\omega) = -\arctan\frac{\omega RC - \frac{1}{\omega RC}}{3}$$

当 $\omega = 0$ 时，$|N(j\omega)| = 0$，$\varphi(\omega) = 90°$，$N(j\omega) = 0\angle 90°$；

当 $\omega \to \infty$ 时，$|N(j\omega)| = 0$，$\varphi(\omega) = -90°$，$N(j\omega) = 0\angle -90°$；

当 $\omega = \omega_0 = \dfrac{1}{RC}$ 时，$|N(j\omega)| = \dfrac{1}{3}$，$\varphi(\omega) = 0$，$N(j\omega) = \dfrac{1}{3}\angle 0°$。

由此可见输出电压 U_2 随角频率 ω 的变化而变化。在输入信号的角频率 $\omega = \omega_0 = \dfrac{1}{RC}$ 时，输出电压 U_2 达最大值，输出电压与输入电压之比为 $1/3$，而且是同相位。如图 6-19 所示为图 6-18 的 RC 串 / 并联电路的频率特性曲线。

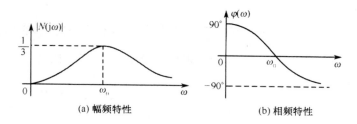

(a) 幅频特性　　　　　　　(b) 相频特性

图 6-19　图 6-18 的 RC 串 / 并联电路的频率特性曲线

例 6-7　在图 6-18 所示电路中，已知 $\dot{U}_1 = 12\angle 30°\text{V}$，$R_1 = R_2 = 16\text{k}\Omega$，$C_1 = C_2 = 0.01\mu\text{F}$，试求输出电压 U_2 为最大值时的频率 f_0 及 $\dot{U}_2$。

解：由输入信号角频率 $\omega_0 = \dfrac{1}{RC}$ 时 U_2 为最大值，可得

$$f_0 = \frac{1}{2\pi RC} = \frac{1}{2 \times 3.14 \times 16 \times 10^3 \times 0.01 \times 10^{-6}}\text{Hz} \approx 1000\text{Hz}$$

由 $N(j\omega) = \dfrac{\dot{U}_2}{\dot{U}_1}$，可得

$$\dot{U}_2 = N(j\omega)\dot{U}_1 = \frac{1}{3}12\angle 30°\text{V} = 4\angle 30°\text{V}$$

6.4　RLC 串联电路的频率特性与串联谐振

6.4.1　RLC 串联电路的频率特性

如图 6-20 所示为 RLC 串联电路。在外加电压有效值不变而频率可变的激励下，电路的电流及阻抗模、感抗、容抗、阻抗角都随频率的变化而变化。

1. 阻抗模、阻抗角的频率特性

在如图 6-20 所示的电路中，其阻抗为

$$Z = R + j\left(\omega L - \frac{1}{\omega C}\right) = |Z|\angle\varphi$$

式中

$$|Z| = \sqrt{R^2 + \left(\omega L - \frac{1}{\omega C}\right)^2}$$

$$\varphi = \arctan \frac{\omega L - \dfrac{1}{\omega C}}{3}$$

当 $\omega = 0$ 时，$|Z| \to \infty$，$\varphi = -90°$；

当 $\omega \to \infty$ 时，$|Z| \to \infty$，$\varphi = 90°$；

当 $\omega = \omega_0 = \dfrac{1}{\sqrt{LC}}$ 时，$|N(\mathrm{j}\omega)| = \dfrac{1}{3}$，$|Z| = R$，$\varphi = 0°$。

不同的 ω，阻抗模 $|Z|$、感抗 ωL、容抗 $\dfrac{1}{\omega C}$ 和阻抗角 φ 将有不同的值，它们的变化规律如图 6-21 所示。从图中也可以看到，当 $\omega = \omega_0$ 时，阻抗模最小，电路呈电阻性。

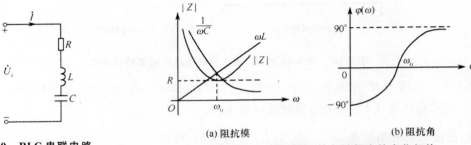

图 6-20　RLC 串联电路

(a) 阻抗模　　　　　　　　(b) 阻抗角

图 6-21　阻抗模、阻抗角随频率的变化规律

2. 电流的频率特性

在 U_i 不变的情况下，此电路的响应电流 $\dot{I}$ 的频率特性为

$$\dot{I} = \frac{\dot{U}_i}{Z} = \frac{\dot{U}_i}{R + \mathrm{j}(\omega L - \dfrac{1}{\omega C})} = \frac{\dot{U}_i}{\sqrt{R^2 + (\omega L - \dfrac{1}{\omega C})^2}} \angle \arctan \frac{\omega L - \dfrac{1}{\omega C}}{3} \tag{6-17}$$

由于阻抗随频率变化，因此电路的响应电流不仅有效值大小在变化，而且激励电压与它之间的相位差角 φ 也随之改变。如图 6-22 所示为电流的幅频特性曲线与相频特性曲线。

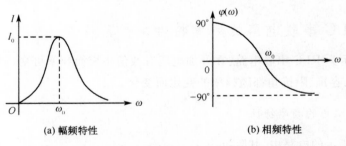

(a) 幅频特性　　　　　　　　(b) 相频特性

图 6-22　RLC 串联电路电流的频率特性曲线

6.4.2　RLC 串联电路的谐振

1. 谐振频率

如图 6-23 所示的 R、L、C 串联电路,其阻抗 $Z = R + \mathrm{j}(\omega L - \frac{1}{\omega C})$,当 ω 变化时,感抗和容抗都会随着发生相应的变化,当感抗和容抗相等时,则电路中的总电压和总电流同相位,电路呈现纯电阻性,工程上将电路的这种状态称为谐振。发生在 R、L、C 串联电路中的谐振称为串联谐振。

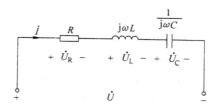

图 6-23　R、L、C 串联谐振电路

显然,谐振时

$$\omega L = \frac{1}{\omega C} \tag{6-18}$$

此时的频率称为谐振频率,用 ω_0 和 f_0 表示,谐振频率又称为电路的固有频率,它是由电路的结构和参数决定的。由式(6-18)可知

$$\begin{cases} \omega_0 = \dfrac{1}{\sqrt{LC}} \\ f_0 = \dfrac{1}{2\pi\sqrt{LC}} \end{cases} \tag{6-19}$$

显然,谐振频率 f_0 仅取决于电路参数 L 和 C。当电路参数确定后,该电路的 f_0 就唯一地确定了。若要使电路发生谐振,可以调节激励的频率,使它等于谐振频率 f_0;如果激励频率一定,也可以通过改变电路参数 L 和 C 来改变电路的谐振频率 f_0,使它等于激励频率,这两种方法都能使电路谐振。这说明只要频率连续的变化或者电路中的电容和电感的参数可以连续变化,那么通过改变电源频率或改变电路参数,谐振是一定可以实现的。

2. 谐振特点

RLC 串联电路在谐振条件下具有下列特点。

① 当电路发生串联谐振时,由于感抗和容抗相等,电抗为零,所以

$$Z = R + \mathrm{j}(\omega_0 L - \frac{1}{\omega_0 C}) = R$$

阻抗模 $|Z| = \sqrt{R^2 + (\omega_0 L - \frac{1}{\omega_0 C})^2} = R$ 最小,阻抗角 $\varphi = \arctan\dfrac{\omega_0 L - \dfrac{1}{\omega_0 C}}{R} = 0$,电路呈电阻性。

② 在输入电压不变的情况下,电流达到最大,即

$$I = \frac{U}{|Z|} = \frac{U}{R}$$

③ 由于 $\omega_0 L = \frac{1}{\omega_0 C}$,所以电路谐振时,电容电压和电感电压大小相等、相位相反,相互抵消。电阻电压 U_R 等于激励电压 U_i。其相量图如图 6-24 所示。当 $\omega_0 L = \frac{1}{\omega_0 C} = R$ 时,U_L 与 U_C 可能超过激励电压的许多倍,所以串联谐振又称为电压谐振。

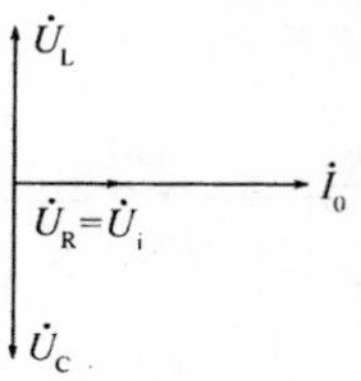

图 6-24　串联谐振的相量图

谐振时的感抗或容抗称为特征阻抗,用 ρ 表示,即

$$\rho = \omega_0 L = \frac{1}{\omega_0 C} = \sqrt{\frac{L}{C}}$$

发生谐振时由于电抗为零,电压和电流同相位,功率因数 $\lambda = 1$;电感电压和电容电压的有效值相等,相位相反,互相抵消,电源电压全部加在电阻元件上,电感和电容两端等效阻抗为零,相当于短路。

串联谐振时电感电压或电容电压大于激励电压的现象,在无线电通信技术领域获得广泛的应用。例如收音机就是通过调谐电路,从各广播电台的不同频率的信号中选择要收听的电台广播。其中频率和电路的谐振频率一致的信号最强,而其余频率的信号都比较弱,于是就收听到该电台的广播信号。如果通过改变电路的参数改变电路的谐振频率,那么就可以选择收听另一种频率的广播信号了;或者当无线电广播或电视接收机调谐在某个频率或频带上时,就可使该频率或频带内的信号特别增强,而把其他频率或频带内的信号滤去,这种性能称为谐振电路的选择性。但在电力系统中,却要避免谐振或接近谐振状态的发生,因为过高的电压会使元件的绝缘击穿而造成损害。

④ 由于谐振电路具有电阻的性质,所以电路中的总无功功率为零。这就是说,电感 L 的瞬时功率与电容 C 的瞬时功率在任何瞬时数值相等而符号相反,所以在任何一段时间内,电感中所需的磁场能量恰好由电容释放的电场能量来提供,或者相反,电容充电所需的电场能量恰好由电感释放的磁场能量来提供,它们之间的能量相互补偿。激励只向电路提供电阻消耗的电能,电路与激励之间没有能量的交换。

3. 品质因数和通频带

从功率的角度分析,谐振时电感和电容上无功功率大小相反,完全补偿,恰好可以彼此交换;电源只提供电阻消耗的功率,电源供出的视在功率等于电路的有功功率,即 $S = P$。

串联谐振时电感或电容上的电压与总电压的比值叫做电路的品质因数,用 Q 表示,即

$$Q = \frac{U_L}{U} = \frac{U_C}{U} = \frac{\omega_0 L}{R} = \frac{1}{\omega_0 CR}$$

Q 值是一个无量纲的参数,品质因数的数值一般在几十到几百之间。它对频率特性曲线的形状影响很大。

$$\dot{I} = \frac{\dot{U}_i}{Z} = \frac{\dot{U}_i}{R + j(\omega L - \frac{1}{\omega C})} = \frac{\dot{U}_i}{R\left[1 + j\left(\frac{\omega L}{R} - \frac{1}{R\omega C}\right)\right]}$$

$$= \frac{\dot{I}_0}{1 + j\frac{\omega_0 L}{R}\left(\frac{\omega}{\omega_0} - \frac{\omega_0}{\omega}\right)}$$

$$= \frac{\dot{I}_0}{1 + jQ\left(\frac{\omega}{\omega_0} - \frac{\omega_0}{\omega}\right)}$$

$$\frac{\dot{I}}{\dot{I}_0} = \frac{1}{1 + jQ\left(\frac{\omega}{\omega_0} - \frac{\omega_0}{\omega}\right)}$$

即

$$\frac{I}{I_0} = \frac{1}{\sqrt{1 + Q^2\left(\frac{\omega}{\omega_0} - \frac{\omega_0}{\omega}\right)^2}} \tag{6-20}$$

以 $\frac{I}{I_0}$ 为纵坐标、$\frac{\omega}{\omega_0}$ 为横坐标画出表示式(6-20)关系的曲线,如图 6-25 所示。可以看出,当 Q 值越高时,曲线越尖锐,靠近谐振频率附近电流越大,失谐时电流下降越快,即对非谐振频率下的电流抑制作用越大。这说明 Q 值越高,选择性越好。

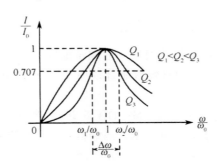

图 6-25　Q 值对频率特性的影响

高 Q 值的谐振电路选择性好,它有利于我们从多种频率信号中选择出所需要的频率信号,而抑制其他不需要的频率信号。但是实际上信号中有用的成分不是单一频率的,而是占有一定的频带宽度。电路的 Q 值过高,曲线过于尖锐,势必使部分应该传送的频率成分被抑制,引起严重失真。为了定量地衡量电路对不同频率的选择能力,通常把曲线上 $\frac{I}{I_0} = \frac{1}{\sqrt{2}} = 0.707$ 所对应的频率范围定义为电路的通频带,即

$$\Delta\omega = \omega_2 - \omega_1, \Delta f = f_2 - f_1 \tag{6-21}$$

式(6-21)中，ω_2 称为电路的上截止频率；ω_1 称为电路的下截止频率。令式(6-20)中$\frac{I}{I_0} = \frac{1}{\sqrt{2}} = 0.707$，则有

$$Q^2 \left(\frac{\omega}{\omega_0} - \frac{\omega_0}{\omega} \right)^2 = 1$$

即

$$\frac{\omega}{\omega_0} - \frac{\omega_0}{\omega} = \pm \frac{1}{Q}$$

取$\frac{\omega}{\omega_0} - \frac{\omega_0}{\omega} = \frac{1}{Q}$，可解得$\frac{\omega_2}{\omega_0} = \frac{1 + \sqrt{1 + 4Q^2}}{2Q}$

取$\frac{\omega}{\omega_0} - \frac{\omega_0}{\omega} = -\frac{1}{Q}$，可解得$\frac{\omega_1}{\omega_0} = \frac{-1 + \sqrt{1 + 4Q^2}}{2Q}$

从而$\frac{\omega_2}{\omega_0} - \frac{\omega_1}{\omega_0} = \frac{1}{Q}$

即

$$\Delta\omega = \omega_2 - \omega_1 = \frac{\omega_0}{Q}$$

或

$$\Delta f = f_2 - f_1 = \frac{f_0}{Q}$$

存谐振频率的两侧，可以近似地认为曲线是对称的。于是上、下截止频率分别为

$$\omega_2 = \omega_0 + \frac{\Delta\omega}{2} = \omega_0 \left(1 + \frac{1}{2Q}\right)$$

$$\omega_1 = \omega_0 - \frac{\Delta\omega}{2} = \omega_0 \left(1 - \frac{1}{2Q}\right)$$

由以上的分析可知：RLC 串联电路对某一通频带范围内的信号，其响应的有效值较大。而在通频带范围以外的信号，其响应的有效值显著减小。因此这种电路又称为带通电路或带通滤波器。

例 6-8   半导体收音机的磁性天线电路，如图 6-26(a) 所示。天线线圈绕在磁棒上，它的交流等效电阻 $R = 16\Omega$，等效电感 $L = 0.3\text{mH}$，两端接一个可变电容 C。它的等效电路是一个接到电压源 u 上的 RLC 串联电路，如图 6-26(b) 所示。今欲收听 1008kHz 南京人民广播电台的广播，应将可变电容的 C 调到多少皮法？电路的品质因数 Q 值是多少？

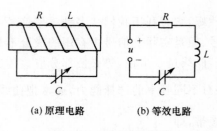

(a) 原理电路   (b) 等效电路

图 6-26   例 6-8 的电路

解：由 $f_0 = \dfrac{1}{2\pi \sqrt{LC}}$ 得

$$C = \frac{1}{(2\pi f_0)^2 L} = \frac{1}{(2 \times 3.14 \times 1008 \times 10^3)^2 \times 0.3 \times 10^{-3}} \text{F} = 83\text{pF}$$

又

$$Q = \frac{2\pi f_0 L}{R} = \frac{2 \times 3.14 \times 1008 \times 10^3 \times 0.3 \times 10^{-3}}{16} = 118.7$$

6.5   并联电路的频率特性

6.5.1   并联谐振

并联谐振同样是指端口电压和电流同相的工作状态。在如图 6-27 所示的 R、L、C 并联电路中，由 KCL 有

$$\dot{I} = \dot{I}_R + \dot{I}_L + \dot{I}_C = \frac{\dot{U}}{R} + \frac{\dot{U}}{\dfrac{1}{\text{j}\omega C}} = \left[\frac{1}{R} + \text{j}\left(\omega C - \frac{1}{\omega L}\right)\right]\dot{U}$$

当 $\omega L = \dfrac{1}{\omega C}$ 时，电压和电流同相位，发生并联谐振。谐振频率为

$$\omega_0 = \frac{1}{\sqrt{LC}}, f_0 = \frac{1}{2\pi \sqrt{LC}}$$

此时电路的导纳

$$Y = \frac{1}{R} + \text{j}\left(\omega_0 L - \frac{1}{\omega_0 C}\right) = \frac{1}{R}$$

电路的总阻抗达到最大，即 $Z = \dfrac{1}{Y} = R$；$\dot{I} = \dot{I}_R$，$\dot{I}_L + \dot{I}_C = 0$，电感和电容元件上的电流大小相等，方向相反，从 L、C 端子看进去相当于开路，阻抗为无限大。但在 L、C 回路中存在环流，称为振荡电流，振荡电流担负着磁场能量和电场能量的交换任务。因此，并联谐振又称为电流谐振。

和串联谐振一样，并联谐振时电容或电感支路上的电流和总电流的比值定义为品质因数，用 Q 表示，同样

$$Q = \frac{R}{\omega_0 L} = \omega_0 CR$$

当 $X_L + X_C \ll R$ 时，Q 很大，电感和电容上的电流将会远远大于总电流。

发生并联谐振时，阻抗角 $\varphi = 0$，功率因数 $\lambda = 1$，总的无功功率等于零，即电路和电源之间没有能量交换，电感的磁场能量和电容的电场能量彼此相互交换。

工程上经常采用的电感线圈和电容并联的谐振电路如图 6-28 所示。电感线圈用 R 和 L 的串联组合来表示，电路的导纳

$$Y = \frac{\dot{U}}{\dot{I}} = \frac{1}{R + j\omega L} + j\omega C = \frac{R - j\omega L}{R^2 + (\omega L)^2} + j\omega C$$

$$= \frac{R}{R^2 + (\omega L)^2} + j\left(\frac{\omega L}{R^2 + (\omega L)^2} + \omega C\right) \tag{6-22}$$

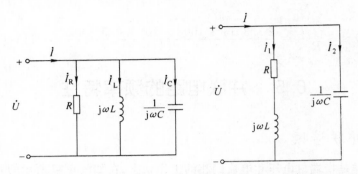

图 6-27 R、L、C 并联谐振电路　　图 6-28　工程上的并联谐振电路

根据谐振的定义得谐振条件

$$\omega_0 C = \frac{\omega_0 L}{R^2 + (\omega_0 L)^2} \tag{6-23}$$

由式(6-23)解得谐振频率

$$\omega_0 = \frac{1}{\sqrt{LC}}\sqrt{1 - \frac{CR^2}{L}}, f_0 = \frac{1}{2\pi\sqrt{LC}}\sqrt{1 - \frac{CR^2}{L}} \tag{6-24}$$

显然只有当 $R < \sqrt{\dfrac{L}{C}}$ 时，ω_0 才会有实数解，所以当 $R > \sqrt{\dfrac{L}{C}}$，电路不会发生谐振。

当电路发生谐振时、由于通常线圈的电阻 R 是很小的，$\omega_0 L \gg R$，于是式(6-24)可以化简为

$$\omega_0 \approx \frac{1}{\sqrt{LC}}, f_0 \approx \frac{1}{2\pi\sqrt{LC}}$$

这和串联谐振的谐振频率计算公式一致。

6.5.2　并联电路的谐振特点

并联谐振时，电路具有下列特点：

① 由式(6-23)得电路的导纳为

$$Y = \frac{R}{R^2 + (\omega L)^2} - j\left(\frac{\omega L}{R^2 + (\omega L)^2} - \omega C\right)$$

谐振时，上式的虚部为零。所以在并联谐振时，电路的导纳模最小即电路的阻抗模最大，且呈电阻性，其表达式为

$$|Z_0| = \frac{R^2 + (\omega L)^2}{R} = \frac{L}{RC}$$

上式还可写为

$$|Z_0| = \frac{L}{RC} = \frac{\omega_0 L}{R} \cdot \frac{1}{\omega_0 C} = \frac{Q}{\omega_0 C} = Q\omega_0 L \tag{6-25}$$

式(6-25)表明,谐振时阻抗模的值等于支路电抗的 Q 倍。一般情况下,Q 值为数十到数百,所以并联谐振时,电路相当于一高电阻。

② 谐振时,电路的总电流最小,其值为 $|I_0| = \left| \dfrac{U_i}{Z_0} \right|$。

并联谐振时的相量图如图 6-29(b) 所示。

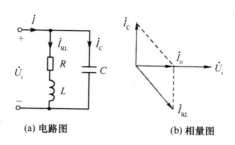

(a) 电路图　　　　　　(b) 相量图

图 6-29　并联谐振的电路

各支路电流分别为

$$I_C = \omega_0 C U_i = \omega_0 C |Z_0| I_0 = Q I_0$$

$$I_{RL} = \frac{U_i}{\sqrt{R^2 + (\omega_0 L)^2}} \approx \frac{U_i}{\omega_0 L} = \frac{|Z_0| I_0}{\omega_0 L} = Q I_0$$

这就是说,并联谐振时电路的支路电流接近相等,并且是总电流 I_0 的 Q 倍。

阻抗与电流的谐振曲线如图 6-30 所示。

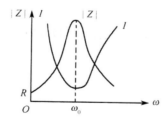

图 6-30　$|Z_0|$ 和 I 的谐振曲线

③ 由于并联谐振时电路具有电阻的性质,所以电源只对并联谐振电路提供有功功率,谐振电路中的无功功率只在电感 L 和电容 C 之间进行相互交换。

并联谐振在无线电工程和工业电子技术领域应用广泛。例如可利用并联谐振时阻抗高的特点来选择信号或消除干扰。如图 6-31(a) 所示电路中,有不同频率的信号 $u(f_0)$、$u_1(f_1)$、$u_2(f_2)$ 同时作用,R_s 是除谐振电路之外其余部分的等效电阻,那么,谐振时电路两端输出电压 M 的数值,应由电阻 R_s 和谐振阻抗 $|Z_0| = \dfrac{L}{RC}$ 构成的分压器来决定。若希望从中选出某一频率 f_0 的信号,只要调节谐振电路的参数,使电路在频率为 f_0 的信号激励下发生谐振,此时谐振电路相当于一个很大的电阻,使信号电压主要分配在该电阻上,并从 a、b 端引出,从而得到频率为 f_0 的较大的输出电压。这就是并联谐振电路的选频作用,其谐振时等效电路如图

6-31(b) 所示。

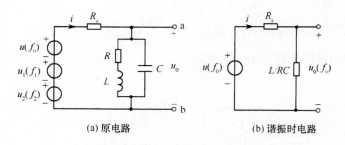

(a) 原电路　　　　　　　　(b) 谐振时电路

图 6-31　并联谐振时的选频作用

例 6-9　在图 6-29(a) 所示电路中,已知 $L = 0.25\text{mH}, R = 25\Omega, C = 85\text{pF}$。试求谐振频率 f_0、品质因数 Q 和谐振时电路的阻抗模 $|Z_0|$。

解:由式(6-24) 得

$$\omega_0 = \sqrt{\frac{1}{LC} - \frac{R^2}{L^2}} = \sqrt{\frac{1}{0.25 \times \times 10^{-3} \times 85 \times 10^{-12}} - \frac{25^2}{(0.25 \times \times 10^{-3})^2}} \text{rad/s}$$

$$= \sqrt{4.7 \times 10^{13} - 10^{13}} \text{rad/s}$$

$$= 6.86 \times 10^6 \text{rad/s}$$

$$f_0 = \frac{\omega_0}{2\pi} = 1092\text{kHz}$$

$$Q = \frac{\omega_0 L}{R} = 68.6$$

由式(6-25) 得

$$|Z_0| = \frac{L}{RC} = 117.6\text{k}\Omega$$

第7章 三相交流电路

7.1 三相交流电源

7.1.1 三相电动势

如图 7-1(a)所示为三相交流发电机的示意图。在发电机定子中嵌有三组相同的线圈 $U_1 U_2$、$V_1 V_2$、$W_1 W_2$，分别称为 U 相、V 相、W 相绕组。它们在空间相隔120°。当转子磁极在原动机拖动下以角速度 ω 按顺时针方向匀速旋转时，三相定子绕组依次切割磁感线，在各绕组中产生相应的正弦交流电动势 e_U、e_V、e_W，这些电动势具有幅值相等、频率相同、相位彼此互差120°的特性。

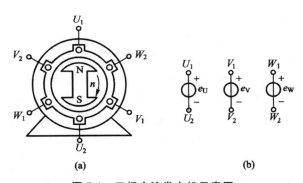

图 7-1 三相交流发电机示意图

这样的三相电动势称为对称三相电动势，它们的瞬时值分别为

$$\begin{cases} e_U = E_m \sin\omega t \\ e_V = E_m \sin(\omega t - 120°) \\ e_W = E_m \sin(\omega t - 240°) = E_m \sin(\omega t + 120°) \end{cases}$$

若以相量形式来表示，则

$$\begin{cases} \dot{E}_U = E\angle 0° = E \\ \dot{E}_V = E\angle -120° = E\left(-\dfrac{1}{2} - j\dfrac{\sqrt{3}}{2}\right) \\ \dot{E}_W = E\angle 120° = E\left(-\dfrac{1}{2} + j\dfrac{\sqrt{3}}{2}\right) \end{cases}$$

它们的波形图和相量图如图 7-2 所示。

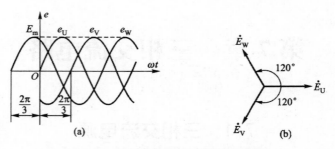

图 7-2 三相电动势的波形图和相量图

(a)波形图;(b)相量图

这三个电动势按一定的方式连接起来,就构成了对称三相电源,简称三相电源。由三相电源产生的三相电压,以及对负载供电所产生的三相电流,统称为三相交流电。

7.1.2 三相电源的连接

三相电源的基本连接方式有星形(Y)连接和三角形(△)连接两种。工业生产和生活用电的三相电源普遍采用三相四线制 Y 连接。

1. 三相电源的星形连接

将三相交流发电机的三相绕组的末端 U_2、V_2、W_2 连接在一起,形成的节点称为中点或零点,用 N 表示,从三相绕组的始端 U_1、V_1、W_1 引出三根输电线与负载连接,这种连接方式称为 Y 连接,如图 7-3 所示。在星形电源中,从中点引出的导线称为中线,俗称零线。从三相绕组的始端 U_1、V_1、W_1 引出的三根输电线称为端线,俗称火线,分别标记为 L_1、L_2、L_3,引出中线的三相供电线路称为三相四线制电路。通常三相四线制电源系统的中线与大地相连,这时中线也称地线。如果没有中线,称为三相三线制电路。

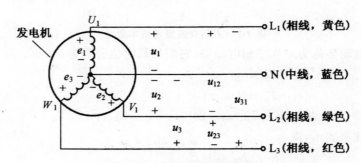

图 7-3 三相电源的星形连接

三相四线制供电方式可以向用户提供两种电压。一种是每相绕组两端的电压,即每根相线与中线之间的电压,称为相电压,如图 7-3 中的 u_1、u_2 和 u_3;另一种是每两相绕组始端之间的电压,即相线与相线之间的电压称为线电压,如图 7-3 中的 u_{12}、u_{23} 和 u_{31}。显然,三个相电压值等于相对应的三个电动势值,由于三个电动势是对称的,所以,三个相电压也对称。若以 L_1 相为参考,则有

$$\begin{cases} u_1 = U_m \sin\omega t \\ u_2 = U_m \sin(\omega t - 120°) \\ u_3 = U_m \sin(\omega t - 240°) = U_m \sin(\omega t + 120°) \end{cases}$$

或写成相量形式

$$\begin{cases} \dot{U}_1 = U\angle 0° = U \\ \dot{U}_2 = U\angle -120° = U\left(-\dfrac{1}{2} - j\dfrac{\sqrt{3}}{2}\right) \\ \dot{U}_3 = U\angle 120° = U\left(-\dfrac{1}{2} + j\dfrac{\sqrt{3}}{2}\right) \end{cases}$$

由图 7-3 列基尔霍夫电压方程,求出三个线电压分别为

$$\begin{cases} u_{12} = u_1 - u_2 \\ u_{23} = u_2 - u_3 \\ u_{31} = u_3 - u_1 \end{cases}$$

写成相量形式为

$$\begin{cases} \dot{U}_{12} = \dot{U}_1 - \dot{U}_2 \\ \dot{U}_{23} = \dot{U}_2 - \dot{U}_3 \\ \dot{U}_{31} = \dot{U}_3 - \dot{U}_1 \end{cases}$$

三相对称电源各相电压和线电压的向量图如图 7-4 所示。由图可知,线电压也是对称的,而且线电压的有效值 U_L 与相电压的有效值 U_P 大小之间有如下关系:

$$U_L = 2U_P\cos30° = \sqrt{3}\,U_P$$

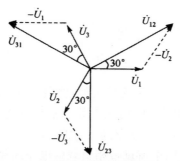

图 7-4　三相对称电源各相电压和线电压的向量图

在相位关系上,线电压超前对应相电压 30°,即 $\dot{U}_{12}$ 超前于 $\dot{U}_1$、$\dot{U}_{23}$ 超前于 $\dot{U}_2$、$\dot{U}_{31}$ 超前于 $\dot{U}_3$ 的相位角均为 30°。

2.三相电源的三角形连接

电源的三相绕组还可以将一相的首端与另一相的末端依次相连,即 U_1 与 W_2、V_1 与 U_2、W_1 与 V_2 相接,形成一个闭合的三角形回路,再从三个连接端引出三根端线 L_1、L_2、L_3 给用户供电,这种连接方式称为三角形(△)连接,如图 7-5 所示。因此,三角形接法的电源只能采用三相三线制供电方式。且 $U_L = U_P$,即电源线电压分别等于相电压。

在实际应用中,发电机的三相绕组很少连接成三角形,通常接成星形。对三相变压器来

讲,两种接法都有。

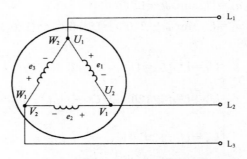

图 7-5   三相电源的三角形连接

7.2   三相负载的连接

与三相电源相连的负载有单相负载和三相负载两种类型。单相负载包括日光灯、单相电动机等。如果将这样的三组单相负载分别接到三相电源的三相上就可以构成三相负载,然而,通常这样所构成的三相负载在实际工作时往往会出现三相不对称负载运行。不过,有些电气设备本身就是三相负载,如三相电动机、三相电炉等,由于其内部各相负载阻抗相同,因此,它们被看作是三相对称负载。

三相负载可以连接成星形(Y)和三角形(△)两种形式。负载采用哪一种连接方式,应根据电源电压和负载额定电压的大小来决定。原则上,应使负载承受的电源电压等于负载的额定电压。

7.2.1   三星负载的星形连接

1.负载星形连接的三相电路

三相负载的 Y 连接与三相电源的 Y 连接类似,将负载的一端接成一点与三相电源的中线相连,另一端分别接三相电源的相线,则构成三相负载的 Y 连接,或称为三相负载的 Y 形连接,由于有中线,在电力工程中又称为 Y0 形连接,如图 7-6 所示。采用这种接法时,每相负载上的电压就是电源的相电压。电路中流过每相负载的电流叫做相电流 I_P、流过相线的电流叫做线电流 I_1。显然,负载 Y 连接时,线电流等于相电流,即 $I_1 = I_P$。

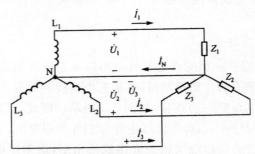

图 7-6   负载星形连接的三相电路

在图 7-6 所示的电路中，以 I_1 相电压为参考，则各相负载的相电流（或线电流）为

$$\begin{cases} \dot{I}_1 = \dfrac{\dot{U}_1}{Z_1} = \dfrac{U_P \angle 0°}{|Z_1| \angle \varphi_1} = \dfrac{U_P}{|Z_1|} \angle \varphi_1 \\[2mm] \dot{I}_2 = \dfrac{\dot{U}_2}{Z_2} = \dfrac{U_P \angle -120°}{|Z_2| \angle \varphi_2} = \dfrac{U_P}{|Z_2|} \angle (-120° - \varphi_2) \\[2mm] \dot{I}_3 = \dfrac{\dot{U}_3}{Z_3} = \dfrac{U_P \angle 120°}{|Z_3| \angle \varphi_3} = \dfrac{U_P}{|Z_3|} \angle (120° - \varphi_3) \end{cases} \qquad (7\text{-}1)$$

中线电流为

$$\dot{I}_N = \dot{I}_1 + \dot{I}_2 + \dot{I}_3$$

2. 对称负载星形连接的三相电路

在图 7-6 中，当 3 个复数阻抗相同时称为对称三相负载，即

$$Z_1 = Z_2 = Z_3 = Z = |Z| \angle \varphi$$

三相对称负载是指三相负载不仅阻抗值相同，而且阻抗角也要相等，即

$$|Z_1| = |Z_2| = |Z_3| = |Z|$$

$$\varphi_1 = \varphi_2 = \varphi_3 = \varphi$$

则式（7-1）可写成

$$\begin{cases} \dot{I}_1 = \dfrac{\dot{U}_1}{Z_1} = \dfrac{U_P \angle 0°}{|Z| \angle \varphi} = \dfrac{U_P}{|Z|} \angle \varphi \\[2mm] \dot{I}_2 = \dfrac{\dot{U}_2}{Z_2} = \dfrac{U_P \angle -120°}{|Z| \angle \varphi} = \dfrac{U_P}{|Z|} \angle (-120° - \varphi) \\[2mm] \dot{I}_3 = \dfrac{\dot{U}_3}{Z_3} = \dfrac{U_P \angle 120°}{|Z| \angle \varphi} = \dfrac{U_P}{|Z|} \angle (120° - \varphi) \end{cases}$$

负载和电源都对称的三相电路称为对称三相电路。

因为负载和负载相电压都是对称的，所以负载电流 $\dot{I}_1$、$\dot{I}_2$、$\dot{I}_3$ 的有效值也相等，在相位上互差 120°，所以，对称负载 Y 连接的三个相电流（线电流）是对称的。当三相负载是感性负载时，其相电压和相电流的向量图如图 7-7 所示。

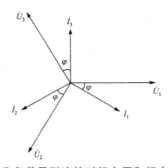

图 7-7　对称负载星形连接时相电压和相电流的向量图

以上分析的所有具有对称特性的电压或电流，在计算过程中只要求出其中一项，其他两项按照对称特性即可直接写出。

又因为三相电流（线电流）对称，所以，中线电流等于零，即

$$\dot{I}_N = \dot{I}_1 + \dot{I}_2 + \dot{I}_3 = 0$$

既然三相四线制供电线路中对称三相负载的星形连接中线电流为零,那么,中线也就可以省去,这时图 7-6 所示的电路变为如图 7-8 所示的电路。如图 7-8 所示是一个对称星形负载的三相三线制供电线路,又称为三相负载的 Y 形连接电路,它在工农业生产中应用极为广泛,例如,三相交流电动机是生产中普遍使用的对称三相负载,它和三相电源连接构成三相三线制电路。

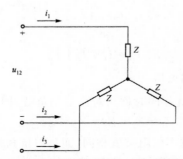

图 7-8 对称星形负载的三相三线制电路

注意:

①在三相三线制电路中,三个线电流的参考方向都指向负载的中点,但是参考方向并不一定就是实际方向,电流的实际方向由它的参考方向和其代数值共同决定。

②对称星形负载三相三线制供电线路中,星形负载中点 Y 连接的电源中点是等电位。所以,各相负载上电压分配与原三相四线制供电时有相同的对称关系。

但是,当遇到非对称负载 Y 连接而又没有中线时,每相负载电压的大小将不相等,有的超过电源相电压,有的低于电源相电压,这种情况在例 7-2 中可以看到。例如,照明电路中各相负载不能保证完全对称,所以绝对不能采用三相三线制供电,否则,会造成电器不能正常工作或被烧毁,而且必须保证零线可靠。

中线的作用在于使 Y 连接的不对称负载得到相等的相电压值。为了确保零线在运行中不断开,其上(干线)不允许接熔丝(熔断器),也不允许接刀闸开关。

例 7-1 图 7-8 所示星形接法的对称电路,已知 $Z=100\angle 37°\Omega$,$u_{12}=380\sqrt{2}\sin(\omega t+30°)$V。求各线电流 i_1、i_2、i_3。

解:先应用相量式计算各电流,这样运行简便,再转换为题要求的电流瞬时值表达式。

由题得 $\dot{U}_{12}=380\angle 30°$V,因为三相电源是对称的,所以,$\dot{U}_1=220\angle 0°$V。

则 L_l 相(线)电流为

$$\dot{I}_1=\frac{\dot{U}_1}{Z}=\frac{220\angle 0°}{100\angle 37°}=2.2\angle -37°\text{A}$$

$$i_1=2.2\sqrt{2}\sin(\omega t-37°)\text{A}$$

由于三相负载对称,所以,只计算出 i_1,而 i_2 和 i_3 根据对称关系即可写出,即

$$i_1=2.2\sqrt{2}\sin(\omega t-157°)\text{A}$$

$$i_3=2.2\sqrt{2}\sin(\omega t+83°)\text{A}$$

例 7-2 在图 7-9 所示的三相四线制供电线路中,已知电压 $\dot{U}_1=220\angle 0°$V,三相负载都是白炽灯,白炽灯的额定电压为 220V,其中 L_l 相电阻 R_1 为 50Ω,L_2 相电阻 R_2 为 100Ω,R_3 为

300Ω。求:

(1)各线电流及中线电流;

(2)若中线 $N-N'$,因事故而断开(见图 7-10),求中线断开后各相负载电压,并说明灯泡的工作情况。

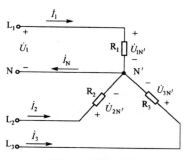

图 7-9 例 7-2 图

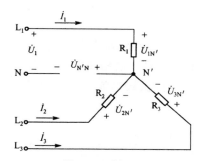

图 7-10 例 7-2

解:由 $\dot{U}_1 = 220\angle 0°\mathrm{V}$,可以写出

$$\dot{U}_2 = 220\angle 120°\mathrm{V}, \dot{U}_3 = 220\angle 120°\mathrm{V}$$

(1)由图 7-9 计算各线电流及中线电流。

由于有中线,由欧姆定律相量式得

$$\begin{cases} \dot{I}_1 = \dfrac{\dot{U}_1}{R_1} = \dfrac{220\angle 0°}{50} = 4.4\angle 0°\mathrm{A} \\[2mm] \dot{I}_2 = \dfrac{\dot{U}_2}{R_2} = \dfrac{220\angle -120°}{100} = 2.2\angle -120°\mathrm{A} \\[2mm] \dot{I}_3 = \dfrac{\dot{U}_3}{R_3} = \dfrac{220\angle 120°}{300} = 0.73\angle 120°\mathrm{A} \end{cases}$$

$$\dot{I}_N = \dot{I}_1 + \dot{I}_2 + \dot{I}_3 = 4.4\angle 0° + 2.2\angle -120° + 0.73\angle 120° = 3.2\angle -23.6°\mathrm{A}$$

由计算结果可见,三相负载不对称时,中性线电流不为零。

(2)计算中线断开后各相负载电压(采用节点电压法)

将图 7-9 转换为如图 7-10 所示,采用结点电压法求解。其中 U_1、U_2、U_3 为三相对称电源。

在图 7-10 中,N 为三相电源中点,N' 为三相负载中点,节点电压 $u_{NN'}$ 为

$$u_{NN'} = \frac{\dfrac{\dot{U}_1}{R_1} + \dfrac{\dot{U}_2}{R_2} + \dfrac{\dot{U}_3}{R_3}}{\dfrac{1}{R_1} + \dfrac{2}{R_2} + \dfrac{3}{R_3}} = \frac{\dfrac{220\angle 0°}{50} + \dfrac{220\angle -120°}{100} + \dfrac{220\angle 120°}{300}}{\dfrac{1}{50} + \dfrac{1}{100} + \dfrac{1}{300}} = 96\angle -23.6°A$$

由基尔霍夫电压定律得

$$\begin{cases} \dot{U}_{1N'} = \dot{U}_1 - \dot{U}_{NN'} = 220\angle 0° - 96\angle -23.6° = 137.51\angle 16.22°V \\ \dot{U}_{2N'} = \dot{U}_2 - \dot{U}_{NN'} = 220\angle -120° - 96\angle -23.6° = 249.65\angle -142.46°V \\ \dot{U}_{3N'} = \dot{U}_3 - \dot{U}_{NN'} = 220\angle 120° - 96\angle -23.6° = 302.68\angle 130.84°V \end{cases}$$

由以上计算可知,当非对称三相负载星形接法无中线时。电源电压是对称的,但负载的相电压不对称,有的相电压偏高,有的相电压偏低。其中,L_3 相电压为 302.68V,超过灯泡额定电压值(220V),L_3 相灯泡烧坏;L_2 相灯泡可能烧坏;L_1 相灯泡亮度不正常。

因此,照明电路采用星形接法时,电源必须有可靠的中线。

7.2.2 三相负载的三角形连接

1.负载三角形连接的三相电路

三相负载的三角形连接如图 7-11 所示,就是把三相负载 Z_{12}、Z_{23}、Z_{31},依次首尾相连接,然后将三个连接点分别接到三相电源的三根相线上。三个相电流分别为 $\dot{I}_{12}$、$\dot{I}_{23}$、$\dot{I}_{31}$,三个线电流分别为 $\dot{I}_1$、$\dot{I}_2$、$\dot{I}_3$,(注意图中相电流、线电流参考方向的规定)。显然,这种连接方法只能是三相三线制。

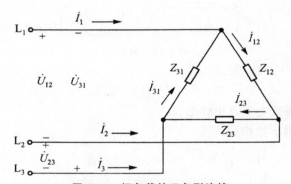

图 7-11　相负载的三角形连接

如图 7-11 所示,每相负载分别接在电源的两根相线间,所以,每相负载的相电压 U_P 等于电源的线电压 U_L,即 $U_P = U_L$。由于三相电源是对称的,因此不论三相负载对称与否,负载相电压总是对称的。所以,各相负载的相电流为

$$\begin{cases} \dot{I}_{12} = \dfrac{\dot{U}_{12}}{Z_{12}} = \dfrac{U_{12}}{|Z_{12}|}\angle -\varphi_{12} \\ \dot{I}_{23} = \dfrac{\dot{U}_{23}}{Z_{23}} = \dfrac{U_{23}}{|Z_{23}|}\angle -\varphi_{23} \\ \dot{I}_{31} = \dfrac{\dot{U}_{31}}{Z_{31}} = \dfrac{U_{31}}{|Z_{31}|}\angle -\varphi_{31} \end{cases} \tag{7-2}$$

三个线电流根据基尔霍夫电流定律得

$$\begin{cases} \dot{I}_1 = \dot{I}_{12} - \dot{I}_{31} \\ \dot{I}_2 = \dot{I}_{23} - \dot{I}_{12} \\ \dot{I}_3 = \dot{I}_{31} - \dot{I}_{23} \end{cases}$$

2. 对称负载三角形连接的三相电路

图 7-11 中,如果三相负载相等,即

$$Z_{12} = Z_{23} = Z_{31} = Z = |Z| \angle \varphi$$

并以电压 $\dot{U}_{12}$ 为参考,式(7-2)可写为

$$\begin{cases} \dot{I}_{12} = \dfrac{\dot{U}_{12}}{Z_{12}} = \dfrac{U_1}{|Z|} \angle -\varphi \\[2mm] \dot{I}_{23} = \dfrac{\dot{U}_{23}}{Z_{23}} = \dfrac{U_1}{|Z|} \angle (-120° - \varphi) \\[2mm] \dot{I}_{31} = \dfrac{\dot{U}_{31}}{Z_{31}} = \dfrac{U_1}{|Z|} \angle (120° - \varphi) \end{cases} \tag{7-3}$$

从式(7-2)可以看出,三角形连接对称三相负载的三个相电流是对称的。利用式(7-2)通过计算可知,三个线电流也是对称的,这个结论如图 7-12 所示的向量图得出。相电流和线电流之间的关系如下:

$$\begin{cases} \dot{I}_1 = \sqrt{3}\,\dot{I}_{12} \angle -30° \\ \dot{I}_2 = \sqrt{3}\,\dot{I}_{23} \angle -30° \\ \dot{I}_3 = \sqrt{3}\,\dot{I}_{31} \angle -30° \end{cases}$$

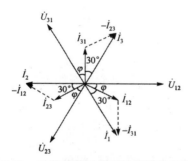

图 7-12　对称负载三角形连接时的向量图

式(7-3)表明,在三角形连接的对称三相电路中,三个相电流是对称的,三个线电流也是对称的,而且线电流的大小是相电流的 $\sqrt{3}$ 倍,线电流的相位落后对应的相电流 30°。这个结论可以用一个通式表示,即

$$\dot{I}_L = \sqrt{3}\,\dot{I}_P \angle -30°$$

在实际工程应用中,若三相三线制供电,线电压 380V,对于每相负载额定电压是 380V 的三相设备(例如,三相感应电动机、三相电阻炉等)则要采用三角形接法。

综上所述,分析计算三相对称负载三角形连接的三相电路时,与三相对称负载 Y 连接的三相电路一样,只要分析计算其中的一相电流,其余两相电流可根据对称关系直接写出。

例 7-3　有一对称三相负载,工作时接成三角形,每相阻抗 $Z = (35 + j26)\Omega$,三相对称电

源的线电压为380V,试求负载的相电流和线电流。

解:先计算相电流,再计算线电流。

由于是三相对称负载,所以,各相电流值相等,即

$$\dot{I}_P = \frac{\dot{U}_P}{|Z|} = \frac{380}{\sqrt{35^2 + 26^2}} = 8.72\text{A}$$

由于是三相对称负载,所以,线电流为

$$\dot{I}_1 = \sqrt{3}\dot{I}_P = \sqrt{3} \times 8.72 = 15.1\text{A}$$

例7-4 在如图7-13所示三相电路中,电源线电压为380V,星形连接对称负载的阻抗 Z_Y = $(3+14)\Omega$,三角形连接对称负载的阻抗为 $Z_Y = 100\Omega$。试求:

(1)Y连接负载的相电压 $\dot{U}_1$、$\dot{U}_2$、$\dot{U}_3$;

(2)△连接负载的相电流五 $\dot{I}_{12}$、$\dot{I}_{23}$、$\dot{I}_{31}$;

(3)端线的线电流 $\dot{I}_1$、$\dot{I}_2$、$\dot{I}_3$.

解:设线电压 $\dot{U}_{12} = 380\angle 0°\text{V}$

(1)根据线电压和相电压的关系,星形连接对称负载各相电压为

$$\dot{U}_1 = \frac{\dot{U}_{12}}{\sqrt{3}}\angle -30° = 220\angle -30°\text{V}$$

$$\dot{U}_2 = 220\angle -150°\text{V}$$

$$\dot{U}_3 = 220\angle 90°\text{V}$$

(2)三角形连接对称负载的相电流为

$$\dot{I}_{12} = \frac{\dot{U}_{12}}{Z} = \frac{380\angle 0°}{10} = 38°\text{A}$$

$$\dot{I}_{23} = 38\angle -120°\text{A}$$

$$\dot{I}_{31} = 38\angle 120°\text{A}$$

(3)端线的线电流(以 L_1 相为例)应是星形负载线电流 $\dot{I}_{1Y}$ 和三角形负载线电流 $\dot{I}_{1\triangle}$ 之和。其中

$$\dot{I}_{1Y} = \frac{\dot{U}_1}{Z_Y} = \frac{220\angle -30°}{3+j4} = \frac{220\angle -30°}{5\angle 53.1°} = 44\angle -83.1°\text{A}$$

三角形负载线电流 $\dot{I}_{1\triangle}$ 是相电流 $\dot{I}_{12}$ 的 $\sqrt{3}$ 倍,相位滞后30°,则

$$\dot{I}_{1\triangle} = \sqrt{3}\dot{I}_{12}\angle -30° = 38\sqrt{3}\angle -30°\text{A}$$

所以,由基尔霍夫电流定律得

$$\dot{I}_1 = \dot{I}_{1Y} + \dot{I}_{1\triangle} = 44\angle -83.1° + 38\sqrt{3}\angle -30°$$

$$= (5.29 - j43.68) + (57 - j32.91)$$

$$= 98.72\angle -51°\text{A}$$

根据对称关系,则

$$\dot{I}_2 = 98.72\angle(-51° - 120°) = 98.72\angle -171°\text{A}$$

$$\dot{I}_3 = 98.72\angle(-51° + 120°) = 98.72\angle 69°\text{A}$$

7.3 三相功率

7.3.1 三相电路的功率测量

电路中的功率与电压和电流的乘积有关,因此用来测量功率的电动式仪表有两组测量线圈。其中,用于测量负载电压的线圈是一组可动线圈,匝数较多,线径较细,并串有高阻值的倍压器,测量时将它与负载并联连接;用于测量负载电流的线圈是一组固定线圈,匝数较少,线径较粗,测量时将它与负载串联连接。功率表的基本结构如图 7-13(a)所示,其符号用 W 表示,如图 7-13(b)所示,它也称为瓦特表。为了保证功率表的正确连接,在两个线圈的始端都分别标注"＊"(或"＋")号,这两端均应连在电源的同一端上,如图 7-13(c)所示。

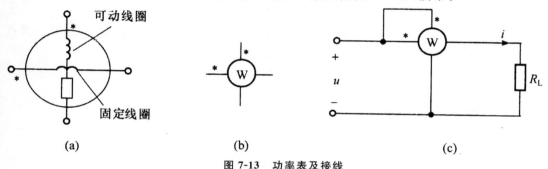

图 7-13 功率表及接线

(a)基本结构;(b)符号;(c)外部接线

单相交流(或直流)功率的测量,只要使用一个功率表,按图 7-13(c)所示进行连接即可。测量时,功率表的电流线圈串联接入到某相负载与相电压之间,其电压线圈并联接入到该相电压上,并根据电压和电流数值,选择合适的功率表量程。

三相四线制对称负载的功率测量,也可采用上述方法,先测出一相功率,再乘以 3,即为三相负载的总功率。对于三相四线制非对称负载的功率测量,可采用三表法分别按上述连接方法,先测量各相的功率,再将三表的功率数值相加,就是三相负载的总功率。

在三相三线制交流电路中,不论负载为三角形还是星形连接,也不论负载是否对称,一般均可采用两表法来测量三相功率。测量时,功率表的电流线圈通过的是线电流,电压线圈加的是线电压,如图 7-14 所示。其中,功率表 W_1 和 W_2 的电流线圈分别串接在 A 相、B 相中,电压线圈分别接 AC 相和 BC 相,所测量的是负载的线电压。

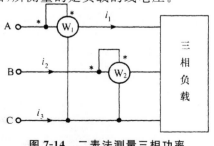

图 7-14 二表法测量三相功率

由于三相负载无论如何连接,其三相电流的瞬时值的代数和总是为零,即

$$i_1 + i_2 + i_3 = 0$$

则三相瞬时功率为

$$p = i_1 u_A + i_2 u_B + i_3 u_C = (u_A - u_C)i_1 + (u_B - u_C)i_2$$

用三相平均功率表示,即

$$P = P_1 + P_2 = U_{AC} I_1 \cos\alpha + U_{BC} I_2 \cos\beta$$

式中,P_1 为功率表 W_1 的读数;P_2 为功率表 W_2 的读数;α 为 U_{AC} 与 i_1 的相位差,β 为 U_{BC} 与 i_2 的相位差。

可见,三相总的有功功率为两个功率表的读数之和。因此,只读取任意一个功率表的数据是没有意义的。

7.3.2　三相电路的计算

不论负载是星形联结或是三角形联结,总的有功功率必定等于各相有功功率之和。当负载对称时,每相的有功功率是相等的。因此三相总功率为

$$P = 3P_P = 3U_P I_P \cos\varphi$$

式中,φ 角是相电压 U_P 与相电流 I_P 之间的相位差。

当对称负载是星形联结时

$$U_L = \sqrt{3} U_P, \quad I_L = I_P$$

当对称负载是三角形联结时

$$U_L = U_P, \quad I_L = \sqrt{3} I_P$$

不论对称负载是星形联结或是三角形联结,如将上述关系代入三相总功率表达式即可得出总功率为

$$P = \sqrt{3} U_L I_L \cos\varphi$$

应注意,上式中的 φ 角仍为相电压与相电流之间的相位差。

例 7-5　有一三相电动机,每相等效电阻 $R = 29\Omega$,等效感抗 $X_L = 21.8\Omega$。绕组为星形联结,接于线电压 $U_L = 380V$ 的三相电源上。试求电动机的相电流、线电流以及从电源输入的功率。

解:

$$I_P = \frac{U_P}{|Z|} = \frac{220}{\sqrt{29^2 + 21.8^2}} A = 6.1A$$

$$P = \sqrt{3} U_L I_L \cos\varphi = \sqrt{3} \times 380 \times 6.1 \times \frac{29}{\sqrt{29^2 + 21.8^2}} W$$

$$= \sqrt{3} \times 380 \times 6.1 \times 0.8 W \approx 3200W = 3.2KW$$

第8章 变压器

8.1 变压器的基本结构和原理

变压器是一种常见的电气设备,在电力系统和电子线路中应用广泛。变压器是利用电磁感应原理将某一电压的交流电转变为频率相同的另一电压的交流电的电气设备。变压器具有变换电压、变换电流和变换阻抗的功能。

8.1.1 变压器的基本结构

变压器虽然种类繁多,用途各异,但基本结构是相似的,主要由铁芯和绕组两部分构成。常见的结构形式有两类:一类是心式变压器,如图8-1所示,其特点是绕组包围着铁芯,单相和三相变压器多为心式;另一类是壳式变压器,如图8-2所示,其特点是铁芯包围着绕组,适用于容量较小的变压器。有些变压器是多绕组结构的,如图8-3所示。绕组间可以组合,但要注意同名端的问题。

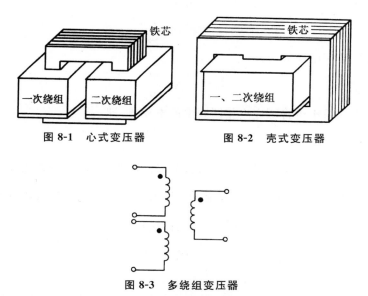

图 8-1 心式变压器 图 8-2 壳式变压器

图 8-3 多绕组变压器

为了提高磁路的磁导率和降低铁芯损耗,铁芯通常用表面涂有绝缘漆膜、厚度为0.35mm或0.5mm的硅钢片叠成。变压器的绕组是由圆形或矩形截面的导线绕成。通常,低压绕组靠近铁芯放置,高压绕组则置于外层。

8.1.2 变压器的基本原理

如图8-4所示为变压器的原理图。它由闭合铁芯和绕在铁芯上的两个匝数不同的绕组耦合而成。与电源连接的线圈称为一次绕组,与负载连接的线圈称为二次绕组。一次侧承受电源的电能,经过磁场耦合传送给二次侧,给负载提供电能。一、二次绕组的匝数分别为 N_1 , N_2 。

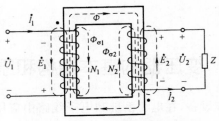

图 8-4　变压器的原理图

1. 空载运行和电压变换

把变压器的一次绕组接上额定的交变电压,而二次绕组开路,变压器便在空载下运行。在外加正弦电压 u_1 的作用下,一次绕组中便有交变电流 i_0 通过,称为空载电流,变压器的空载电流一般都很小,约为额定电流 3% ~ 8% 。空载电流 i_0 通过匝数为 N_1 的一次绕组,产生磁通势 $N_1 i_0$,在其作用下,铁芯中产生了正弦交变磁通。主磁通 Φ 与一次、二次绕组同时交链,还有很少一部分磁通穿过一次绕组后沿周围空气而闭合,即二次绕组的漏磁通,如图 8-4 中的 $\Phi_{\sigma1}$ 。

主磁通在一次绕组中所产生的感应电动势为:

$$e_1 = -N_1 \frac{\mathrm{d}\Phi}{\mathrm{d}t}$$

一次绕组的磁感应电动势为:

$$e_{\sigma1} = -N_1 \frac{\mathrm{d}\Phi_{\sigma1}}{\mathrm{d}t}$$

主磁通在二次绕组中也将感应出相同频率的电动势,即

$$e_2 = -N_2 \frac{\mathrm{d}\Phi}{\mathrm{d}t}$$

变压器空载时的一次电路就是一个含有铁芯线圈的交流电路,漏磁通 $\Phi_{\sigma1}$ 与 i_0 成正比,它们的关系可用漏磁电感 $L_{\sigma1} = N_1 \dfrac{\Phi_{\sigma1}}{i_0}$ 来表示,由 KVL 可知一次电路的电压方程为:

$$\begin{cases} u_1 + e_1 + e_{\sigma1} = R_1 i_0 \\ u_1 + e_1 = R_1 i_0 + L_{\sigma1} \dfrac{\mathrm{d}i_0}{\mathrm{d}t} \\ u_1 + e_1 = u_{R1} + u_{L1} \end{cases} \tag{8-1}$$

式中, u_{R1} 为一次绕组的电阻压降; u_{L1} 为一次绕组的漏感抗压降; R_1 为一次绕组导线电阻。由于空载电流 i_0 很小,所以 u_{R1} 和 u_{L1} 可以忽略不计,因此式(8-1)可以写成:

$$u_1 \approx -e_1$$

若用相量表示,则:

$$\dot{U}_1 \approx -\dot{E}_1 = \mathrm{j}4.44 fN\dot{\Phi}_\mathrm{m}$$

空载时变压器的二次绕组是开路的,它的端电压 $\dot{U}_2$ 与感应电动势 $\dot{E}_2$ 相平衡, $\dot{U}_2$ 与 $\dot{E}_2$

关联参考方向如图 8-4 所示。

根据 KVL：
$$\dot{U}_2 = -\dot{E}_2 = j4.44 f N_2 \dot{\Phi}_m \tag{8-2}$$

所以一次电压 U_1 与二次电压 U_2 的关系为：

$$\frac{U_1}{U_2} \approx \frac{N_1}{N_2} = K_u$$

式中，K_u 称为变压器的电压比。

2.带载运行和电流变换

变压器接上负载后，在二次侧就有电流 i_2 产生，i_2 所产生的磁通势 $N_2 i_2$ 将与一次磁通势 $N_1 i_1$ 共同作用在同一闭合的磁路中，同时在二次绕组周围的空间中产生只穿过二次绕组闭合的漏磁通 $\Phi_{\sigma 2}$。

由于二次磁通势的影响，铁芯中的主磁通 Φ 将试图改变，但由式（8-2）可知，Φ_m 受 $\dot{U}_1$ 的制约基本不变。因此随着 i_2 出现，一次电流将由 i_0 增加到 i_1 补偿二次电流 i_2 的励磁作用。

由安培环路定律可知，有载时的磁通 Φ 是由磁通势 $N_1 i_1$ 和 $N_2 i_2$ 共同产生的。为了保证带载前后磁路中的磁通基本维持不变，故：

$$N_1 i_0 = N_1 i_1 + N_2 i_2$$

或

$$N_1 \dot{I}_0 = N_1 \dot{I}_1 + N_2 \dot{I}_2 \tag{8-3}$$

式（8-3）称为磁通势平衡方程，标志着能量传递的物理概念。

将式（8-3）改写为：

$$\dot{I}_1 = \dot{I}_0 - \left(\frac{N_1}{N_2}\right)\dot{I}_2$$

令 $\dot{I}' = -\left(\frac{N_1}{N_2}\right)\dot{I}_2$ 代入上式得：

$$\dot{I}_1 = \dot{I}_0 + \dot{I}'$$

可见 $\dot{I}'$ 的物理意义是一次电流因负载而增的量，称为负载分量，相应地 $\dot{I}_0$ 为一次电流的励磁分量。由于铁芯的磁导率很高，变压器在满载下 I_0 仅为 $\dot{I}_1$ 的百分之几，因此允许忽略 $\dot{I}_0$ 不计，于是得：

$$\dot{I}_1 \approx \dot{I}' = \frac{-\dot{I}_2}{K_u}$$

和

$$\frac{I_1}{I_2} = \frac{N_2}{N_1} = \frac{1}{K_u} = K_i \tag{8-4}$$

式中，K_i 称为电流比，为二次侧与一次侧的匝数比。

式（8-4）中负号"—"表示 $\dot{I}'_1$ 与 $\dot{I}_2$ 反相，正符合 $\dot{I}_1$ 抵偿 $\dot{I}_2$ 的励磁作用，保持铁芯磁通中基本不变的物理概念。$\dot{I}'_1$ 传输的电功率经过磁场耦合，传给变压器的二次绕组，供给负载。而二次电流为：

$$\dot{I}_2 = \frac{\dot{U}_2}{Z}$$

在 $\dot{U}_2$ 不变的前提下，$\dot{I}_2$ 仅由负载决定。所以一次电流也是受负载制约的。

变压器带负载运行时的二次电路也是一个含有铁芯线圈的交流电路，二次电压的平衡方程为：

$$u_2 = e_2 + e_{\sigma2} - R_2 i_2$$

式中，e_2 为主磁通在二次绕组内产生的感应电动势；R_2 为二次绕组导线电阻；$e_{\sigma2}$ 为二次绕组的漏磁通 $\Phi_{\sigma2}$ 在二次绕组内产生的感应电动势。

用相量表示二次电路电压方程为：

$$\dot{U}_2 = \dot{E}_2 + \dot{E}_{\sigma2} - R_2 \dot{I}_2 = \dot{E}_2 - (R_2 + j\omega L_{\sigma2})\dot{I}_2$$

通过前面的分析可知带负载运行时，一次侧的电压平衡方程为：

$$\dot{U}_1 = (R_1 + j\omega L_{\sigma1})\dot{I}_1 - \dot{E}_1$$

由于在实际运行中，一、二次绕组的内阻和漏磁感抗均很小，故 $\dot{U}_1 \approx -\dot{E}_1$，$\dot{U}_2 \approx \dot{E}_2$，即

$$\frac{U_1}{U_2} \approx \frac{E_1}{E_2} = \frac{N_1}{N_2} = K_u$$

根据以上分析，可知：

①变压器应用磁场的耦合作用传递交流电能（或电信号），一、二次侧没有电的联系，起着电的隔离作用。

②一、二次电压比近似等于绕组匝数比，即$\dfrac{U_1}{U_2} = \dfrac{N_1}{N_2} = K_u$。

③在满载或负载较大的情况下，一、二次电流之比近似等于绕组匝数的反比，即：

$$\frac{I_1}{I_2} \approx \frac{N_2}{N_1} = \frac{1}{K_u} = K_i$$

3. 阻抗变换

对电源来说，变压器连同其负载 Z 可等效为一个复数阻抗 Z'，如图 8-5 所示。从变压器的一次侧得：

$$\frac{\dot{U}_1}{\dot{I}_1} = Z'$$

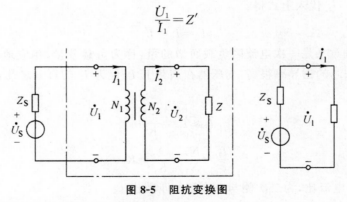

图 8-5　阻抗变换图

用变压器二次电压、电流表示一次电压、电流，则：

$$Z' = \frac{\dot{U}_1}{\dot{I}_1} \approx \frac{-K_u \dot{U}_2}{\dfrac{-\dot{I}_2}{K_u}} = K_u^2 \frac{\dot{U}_2}{\dot{I}_2} = K_u^2 Z$$

由此可见，变压器具有阻抗变换作用。二次阻抗换算到一次侧的等效阻抗等于二次阻抗乘以电压比的平方。

应用变压器的阻抗变换作用可以实现电路阻抗匹配，即选择变压器的匝数比把负载阻抗

换算为电路所需的合适数值。

例 8-1　一正弦信号源的电压 $U_\mathrm{S}=5\mathrm{V}$，内阻 $R_\mathrm{S}=1000\Omega$，负载电阻 $R_\mathrm{L}=40\Omega$。用一变压器将负载与信号源接通，使电路达到阻抗匹配 $R'_\mathrm{L}=R_\mathrm{S}$，信号源输出的功率最大。试求：(1)变压器的匝数比；(2)变压器一次侧和二次侧的电流；(3)负载获得的功率；(4)如果不用变压器耦合，直接将负载接通电源时负载获得的功率。

解：(1)将二次侧电阻 R_L 换算为 R'_L 所需变压器匝数比：

$$R'_\mathrm{L}=(\frac{N_1}{N_2})^2 R_\mathrm{L}$$

$$\frac{N_1}{N_2}=\sqrt{\frac{R'_\mathrm{L}}{R_\mathrm{L}}}=\sqrt{\frac{R_\mathrm{S}}{R_\mathrm{L}}}=\sqrt{\frac{1000}{40}}=5$$

(2)一次电流：$I_1=\dfrac{U_\mathrm{S}}{R_\mathrm{S}+R'_\mathrm{L}}=\dfrac{5}{1000+1000}\mathrm{mA}=2.5\mathrm{mA}$

二次电流：$\therefore I_1=\dfrac{N_1}{N_2}I_2=5\times 2.5\mathrm{mA}=12.5\mathrm{mA}$

(3)负载的功率：$P_\mathrm{L}=I_2^2 R_\mathrm{L}=(12.5\times 10^{-3})^2\times 40\mathrm{W}=6.25\mathrm{mW}$

(4)直接接电源时负载的功率：$R'_\mathrm{L}=(\dfrac{U_\mathrm{S}}{R_\mathrm{S}+R_\mathrm{L}})^2 R_\mathrm{L}=(\dfrac{5}{1000+40})\times 40\mathrm{W}=0.925\mathrm{mW}$

8.2　变压器的运行特性

8.2.1　变压器的外特性

根据变压器一、二次回路的电压与电流关系方程

$$\dot{U}_1=-\dot{E}_1+R_1\dot{I}_1+\mathrm{j}X_{\sigma 1}\dot{I}_1=-\dot{E}_1+Z_1\dot{I}_1$$
$$\dot{U}_2=-\dot{E}_2+R_2\dot{I}_2+\mathrm{j}X_{\sigma 2}\dot{I}_2=-\dot{E}_2+Z_2\dot{I}_2$$

分析可知，当变压器负载增加时，一、二次绕组中的电流以及它们的内部阻抗压降都要增加，因而二次绕组的端电压 U_2 会有所变化。

在电源电压 U_1 和负载的功率因数不变的情况下，二次绕组端电压 U_2 随电流 I_2 的变化关系为 $U_2=f(I_2)$，称为变压器的外特性（external characteristic）。如果将 $U_2=f(I_2)$ 用曲线表示，称为外特性曲线。如图 8-6 所示，对电阻性和电感性负载而言，电压 U_2 随电流 I_2 的增加而下降。

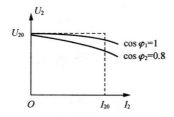

图 8-6　压器的外特性曲线

通常希望电压 U_2 的变动愈小愈好。从空载到额定负载，副绕组电压的变化程度用电压变化率 ΔU 表示，即

$$\Delta U = \frac{U_{20} - U_2}{U_{20}} \times 100\% \tag{8-5}$$

在一般变压器中，由于其电阻和漏磁感抗均甚小，故电压变化率不大，约为 $2\% \sim 3\%$。电压调整率直接影响到电力变压器向供电线路提供的电压水平，即供电质量，所以它是一个重要的技术指标。

8.2.2 变压器的损耗与效率

和交流铁芯线圈一样，变压器的功率损耗包括铁芯中的铁损 ΔP_{Fe}（iron losses）和绕组上的铜损 ΔP_{Cu}（copper losses）两部分。铁损的大小与铁芯内磁感应强度的最大值 B_m 有关，与负载大小无关，而铜损则与负载大小（正比于电流平方）有关。

变压器的效率（efficiency）常用下式确定：

$$\eta = \frac{P_2}{P_1} = \frac{P_2}{P_2 + P_{Fe} + P_{Cu}} \tag{8-6}$$

式中：P_2 为变压器的输出功率；P_1 为输入功率。

变压器的功率损耗很小，所以效率很高，通常在 95% 以上。在一般电力变压器中，当负载为额定负载的 $50\% \sim 75\%$ 时，效率达到最大值。

例 8-2 有一带电阻负载的三相变压器，其额定数据如下：$S_N = 100 \text{kV} \cdot \text{A}$，$U_{1N} = 6000\text{V}$，$U_1 = U_{20} = 400\text{V}$，$f = 50\text{Hz}$。绕组连接 Y/Y。由试验测得：$\Delta P_{Fe} = 600\text{W}$，额定负载时的 $\Delta P_{Cu} = 2400\text{W}$。试求：(1)变压器的额定电流；(2)满载和半载时的效率。

解：(1)求额定电流

$$I_{2N} = \frac{S_N}{\sqrt{3} U_{2N}} = \frac{100 \times 10^2}{\sqrt{3} \times 400} = 144(\text{A})$$

$$I_{1N} = \frac{S_N}{\sqrt{3} U_{1N}} = \frac{100 \times 10^2}{\sqrt{3} \times 6000} = 9.62(\text{A})$$

(2)满载时和半载时的效率分别为

$$\eta_1 = \frac{P_2}{P_2 + P_{Fe} + P_{Cu}} = \frac{100 \times 10^2}{100 \times 10^3 + 600 + 2400} = 97.1\%$$

$$\eta_2 = \frac{\frac{1}{2} \times 100 \times 10^3}{\frac{1}{2} \times 100 \times 10^3 + 600 + (\frac{1}{2})^2 \times 2400} = 97.6\%$$

8.3 变压器的额定值

变压器的额定数据指变压器在给定的工作条件下正常安全运行所允许的工作数据。变压器的额定值有额定电压、额定电流、额定容量、额定频率、额定温升等，一般都标注在变压器的铭牌和说明书上，并用下标"N"来表示。

8.3.1　额定电压

额定电压是指根据变压器的绝缘强度和允许温升而规定的电压值,单位为伏特(V)或千伏(kV)。变压器的额定电压有原边额定电压 U_{1N} 和副边额定电压 U_{2N},U_{1N} 指原边允许加的额定电源电压,而 U_{2N} 则指原边加额定电压、副边开路时的空载电压。三相变压器的原副额定电压均指线电压。

8.3.2　额定电流

额定电流是指变压器根据规定的工作方式运行时,原副绕组上允许通过的最大电流 I_{1N} 和 I_{2N},单位是安培(A)或千安(kA)。三相变压器的原副边额定电流均指线电流。

8.3.3　额定容量

额定容量是指变压器副边的额定视在功率 S_N,即副边绕组上的额定电压 U_{2N} 和额定电流 I_{21} 的乘积。额定容量反映了变压器传递功率的能力,单位是 kV·A。

对于单相变压器而言

$$S_N = U_{2N} I_{2N} \approx U_{1N} I_{1N}$$

对于三相变压器而言

$$S_N = \sqrt{3} U_{2N} I_{2N} \approx \sqrt{3} U_{1N} I_{1N}$$

例 8-3　某三相电力变压器,额定容量为 30kV·A,额定电压为 10000/400V,Yyn 接法。(1)求一、二次额定电流;(2)求变压器的变比 k;(3)在 $\cos\varphi_2 = 0.9$ 的感性负载供电且满载时,测得二次侧线电压为 380V,求变压器的输出功率。

解:(1)根据三相变压器容量计算公式 $S_N = \sqrt{3} U_{2N} I_{2N} \approx \sqrt{3} U_{1N} I_{1N}$,得

$$I_{1N} = \frac{S_N}{\sqrt{3} U_{1N}} = \frac{30 \times 10^3}{\sqrt{3} \times 10000} = 1.71(A)$$

$$I_{2N} = \frac{S_N}{\sqrt{3} U_{2N}} = \frac{30 \times 10^3}{\sqrt{3} \times 400} = 43.3(A)$$

(2)三相变压器的变比等于空载时一、二次绕组相电压之比,即

$$k = \frac{U_{P1}}{U_{P2}} = \frac{U_{1N}/\sqrt{3}}{U_{2N}/\sqrt{3}} = \frac{10000}{400} = 25$$

(3)满载时 $I_2 = I_{2N}$,所以变压器的输出功率为

$$P_2 = \sqrt{3} U_2 I_{2N} \cos\varphi_2 = \sqrt{3} \times 280 \times 43.3 \times 0.9 = 25.6(kW)$$

例 8-4　一台三相变压器,一次绕组每相匝数 $N_1 = 2050$ 匝,二次绕组每相匝数 $N_2 = 82$ 匝,如果一次绕组加额定电压 $U_I = 6000V$。求:(1)在 Yyn 连接时,二次绕组的线电压和相电压;(2)在 Yd 连接时,二次绕组的线电压和相电压(变压器内阻抗忽略不计)。

解:变压器的变比为

$$k = \frac{N_1}{N_2} = \frac{2050}{82} = 25$$

Yyn 连接时,一次绕组相电压为

$$U_{P1} = \frac{U_{l1}}{\sqrt{3}} = \frac{6000}{\sqrt{3}}$$

二次绕组相电压为

$$U_{P2} = \frac{U_{P1}}{k} = \frac{3464}{\sqrt{3}} = 138(\text{V})$$

二次绕组线电压为

$$U_{l2} = \sqrt{3} U_{P2} = \sqrt{3} \times 138 = 240(\text{V})$$

或

$$U_l = \frac{U_{l1}}{k} = \frac{6000}{25} = 240(\text{V})$$

Yd 连接时，一次绕组的相电压为

$$U_{P1} = \frac{U_{l1}}{\sqrt{3}} = \frac{6000}{\sqrt{3}} = 3464(\text{V})$$

二次绕组的相电压为

$$U_{P2} = \frac{U_{P1}}{k} = \frac{3464}{\sqrt{3}} = 138(\text{V})$$

二次绕组线电压为

$$U_{l1} = U_{P2} = 138(\text{V})$$

8.3.4　额定频率

我国标准工频频率为 50Hz，有些国家的工频频率是 60Hz。改变变压器的使用频率会导致变压器的某些电磁参数、损耗和效率等发生变化，从而影响变压器的正常工作，使用时一定要注意。

8.3.5　额定温升

变压器在额定运行情况下，其内部的温度允许超出规定的环境温度，称温升。称变压器在运行中允许的温度超出参考环境温度的最大温升为额定温升。对于使用 A 级绝缘材料的变压器，其额定温升为 65℃。

8.4　特殊变压器

8.4.1　自耦变压器

如图 8-7 所示是自耦变压器（autotransformer）的原理图。这种变压器只有一个绕组，二次绕组是一次绕组的一部分，因此它的特点是：一、二次绕组之间不仅有磁的联系，电的方面也是连通的。其工作原理与双绕组变压器相同，一、二次绕组电压之比及电流之比是

$$\frac{U_1}{U_2} \approx \frac{N_1}{N_2} = k, \frac{I_1}{I_2} = \frac{N_2}{N_1} = \frac{1}{k}$$

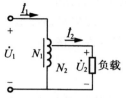

图 8-7　自耦变压器原理图

自耦变压器分可调式和固定抽头式两种。实验室中常用的是可调式自耦变压器,其二次侧匝数可通过分接头调节,分接头做成通过手柄操作能自由滑动的触头,从而可平滑地调节二次电压,所以这种变压器又称自耦调压器。

自耦变压器的特点是功率可以通过原副边的电联系直接传递,所以在体积相同的情况下,自耦变压器比普通变压器传递的功率要大;在功率相同的情况下,自耦变压器的体积小、损耗小、效率更高。但由于自耦变压器原副边的电的联系,也使其保护设备比普通变压器要复杂。

8.4.2　电压互感器

在高电压、大电流的电力系统中,为了能够测量线路上的电压和电流,并使测量回路与高压线路隔离,保证工作人员的安全,需要用电压互感器(potential transformer)和电流互感器(current transformer),二者统称为仪用变压器(instrument transformer)。

如图 8-8 所示是电压互感器的接线图,它的一次绕组接到被测的高压线路上,二次绕组接电压表。电压互感器一次绕组的匝数很多,二次绕组匝数很少。由于电压表的阻抗很大,所以互感器工作时,相当于一台降压变压器的空载运行。忽略漏磁阻抗压降,则有

$$\frac{U_1}{U_2}=\frac{N_1}{N_2}=k_u$$

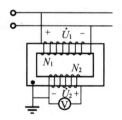

图 8-8　电压互感器原理图

使用电压互感器时,有以下几点注意事项:

①副边绕组严禁短路。因为电压互感器正常运行相当于空载运行,若副边短路,则会产生很大的短路电流,烧坏互感器。

②电压互感器的铁芯和副边绕组的一端必须可靠接地。这样的话,当互感器绕组绝缘层损坏时,在副边绕组上产生对地的高电压不危及工作人员的安全。

③副边绕组的阻抗不能太小,即不能同时带太多的电压表,否则原、副绕组上流过的电流会增大,原副边的漏磁通增加,从而降低了电压互感器的测量精度。

通过选择适当的一、二次匝数比,就可以把高电压降为低电压来测量。通常二次侧的额定电压设计为 100V。

对于专用互感器,为便于读数,电压表的刻度可以直接按一次侧的高电压值标出。为确保安全,电压互感器的铁芯和二次绕组的一端应可靠接地,以防高压侧绝缘损坏时在低压侧出现高电压。另外,使用中的电压互感器不允许短路,否则很大的短路电流会烧坏绕组。

8.4.3 电流互感器

电流互感器是根据变压器的电流变换特性制成的,其原理图及电路符号如图8-9所示,其中一次绕组的匝数很少,有时只有一匝,串联在被测电路中。二次绕组匝数很多,它与电流表或其他仪表及继电器的电流线圈相串联。在测量电网上的大电流时,电流互感器的原绕组串接在被测线路上,副边接测量用的电流表。测量结果为电流表读数。根据变压器的电流变换特性可得

$$I_1 = \frac{N_2}{N_1} I_2 = k_i I_2$$

式中,k_i是电流互感器的变换系数。

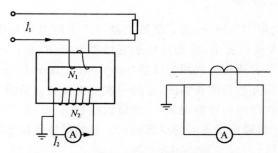

图8-9 电流互感器的原理图及电路符号

使用电流互感器时,有以下几点注意事项:

①副边绕组严禁开路。开路运行时,原边被测大电流全部变成励磁电流,使互感器中的磁通急剧增大,铁芯损耗也急剧增加,使互感器发热严重,迅速损坏。正常运行时由于原副边的磁势相互抵消,不会对互感器产生影响。

②铁芯和副绕组一端应该可靠接地。

③为了不使励磁电流增加,副边回路串入的阻值不能超过一定值。

钳形电流表就是一种电流互感器。测量时,将被测电流的一根导线放入电流表的钳口中,该导线就相当于互感器的原边,匝数为一匝,在电流表上就可直接读出电流的数值。

8.4.4 电焊变压器

电焊变压器是电弧焊机使用的变压器,是一种降压变压器。根据电焊机的工作需要,要求它具有急剧下降的伏安特性。电焊变压器的工作原理与普通变压器相同,但其性能却有很大差别。电焊变压器的一、二次绕组分别装在两个铁芯柱上,两个绕组漏抗都很大。电焊变压器与可变电抗器组成交流电焊机,如图8-10(a)所示。电焊机具有如图8-10(b)所示的陡降外特性,空载时,$I_2 = 0$,I_1很小,漏磁通很小,电抗无压降,有足够的电弧点火电压,其值约为60～80V;焊接开始时,交流电焊机的输出端被短路,但由于漏抗和交流电抗器的感抗作用,短路电

流虽然较大但并不会剧烈增大。

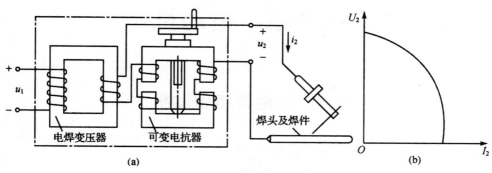

图 8-10　电焊变压器的原理图
(a)原理图；(b)外特性图

　　焊接时,焊条与焊件之间的电弧相当于一个电阻,电阻上的压降约为 30V 左右。当焊件与焊条之间的距离发生变化时,相当于电阻的阻值发生了变化,但由于电路的电抗比电弧的阻值大很多,所以焊接时电流变化不明显,保证了电弧的稳定燃烧。

　　为了适应不同的焊件和不同规格的焊条,还要求电焊变压器能够调节工作电流。常用的方法有两种,一种是在变压器的副边串接电抗器来改变焊接电流,另一种是通过在电焊变压器的铁芯中插入磁分路来改变焊接电流。

第9章 电动机

9.1 三相异步电动机

9.1.1 三相异步电动机的构造

三相异步电动机结构如图 9-1 所示,主要由定子、转子两大部分组成,还包括轴承、端盖、外壳、风扇等零部件。

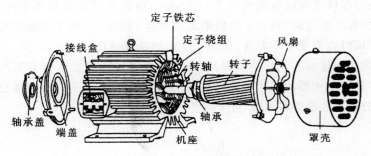

图 9-1 三相异步电动机的构造

1. 定子部分

三相异步电动机的定子由机座、定子铁芯、定子绕组 3 部分组成。

机座用来安装支撑定子铁芯构件并固定端盖,同时接线盒一般也安装在机座上。接线盒中 6 个端子接定子的 3 个绕组,如图 9-2 所示,使用中可以将三相绕组接成星形或三角形。如果三相电源的线电压等于电动机每相定子绕组的额定电压,则三相定子绕组应该接成三角形;若三相电源的相电压等于定子绕组的额定电压,则应采用星形联结。图中 U_1、V_1、W_1 分别与电源的 3 根相线相连,星形联结中 U_2、V_2、W_2 三个端子连接,可以接电源中性线,形成三相四线制星形联结。

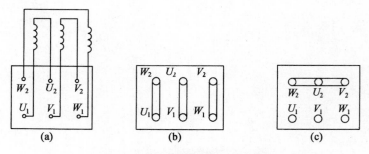

图 9-2 三相异步电动机的接线盒

(a)定子绕组与接线端;(b)三角形联结的接法;(c)星形联结的接法

定子铁芯是电动机磁路的基本组成部分,如图 9-3 所示,定子中的磁场是交变磁场,为了减小损耗,定子铁芯用 0.5mm 厚的硅钢片叠压而成。硅钢片上冲有嵌线槽。许多片铁芯冲片叠压成型,其嵌线槽内嵌入定子绕组构成一个整体。

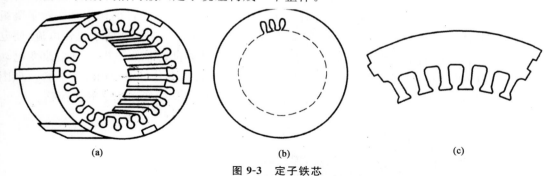

(a)　　　　　　　　　　　　(b)　　　　　　　　　　(c)

图 9-3　定子铁芯

(a)定子铁芯冲片堆叠而成的铁芯;(b)铁芯冲片;(c)铁芯冲片嵌线槽

小功率电动机的定子绕组一般以高强度漆包圆铜线绕成线圈,一相线圈一次绕成,然后按一定规律嵌入定子槽中,形成三相绕组。大功率电动机的绕组是用扁铜线绕制的成型线圈嵌入定子槽并加以固定。三相绕组分为 U_1U_2、V_1V_2、W_1W_2 三相,与接线盒的接线端相连接,注意次序决定相序,同时影响电动机正反转,注意要按正确的相序连接。

2. 转子部分

异步电动机的转子有笼型和绕线转子型两种。

笼型转子由转子铁芯、转子绕组和转轴等组成;绕线转子除了铁芯、绕组和转轴之外,还有集电环、电刷等装置。

转子铁芯的材料与定子铁芯相同,也是由 0.5mm 厚的硅钢片叠压而成,铁芯上也有槽孔,转子绕组即安放在槽孔内。转子铁芯与转轴固定在一起,转轴具有足够的刚度和强度,保证在负载作用下不会变形或断裂。转轴的材料一般为中碳钢,是电动机的转矩输出装置。大部分三相异步电动机的转子绕组为笼型,如图 9-4 所示。笼型转子绕组是一个自身短路的绕组,在转子铁芯的槽孔中嵌入铜条或浇铸铝条,而在转子的端面上用铜环或铸铝将全部槽孔中的铜或铝条短路形成一个笼型绕组。大功率异步电动机采用铜料制造转子绕组,而小功率电动机则采用铸铝方式在叠压好的转子铁芯中浇铸铝料,连转子槽孔绕组、端环、风扇叶一起成型,制作简便,效率高,而且大大降低了成本。

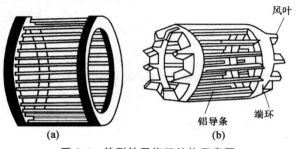

(a)　　　　　　　　　　(b)

图 9-4　笼型转子绕组结构示意图

(a)铜条笼型绕组;(b)铸铝笼型绕组

绕线转子异步电动机转子结构如图 9-5 所示。绕线转子的绕组由绝缘导线绕制而成,为三相对称绕组,其极数与该台电动机的定子绕组的极数相同,三相绕组接成星形联结,绕组的3 个引出端分别接到 3 个集电环上,通过与集电环紧密接触的电刷装置与外电路接通。转子中的电流是由电磁感应产生的,本身并不需要在转子中外接电源,集电环的作用是在转子绕组电路中接入其他元件改变其机械电气特性,如在转子回路中串联电阻改变转子工作电流,使电动机在起动过程中限制定子绕组的工作电流,也可在运转时通过转子绕组串接电阻改变电动机的转速。这些外加的电阻在需要时接入,适当的时候脱离,脱离时可以利用提刷装置。如图9-6 所示,将电刷提起与集电环脱离接触,同时将 3 只集电环短路使转子绕组形成回路。

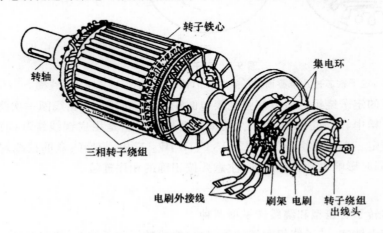

图 9-5 绕线转子异步电动机转子结构图

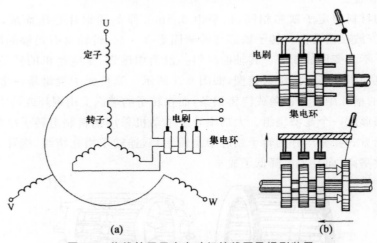

图 9-6 绕线转子异步电动机接线图及提刷装置

(a)接线图;(b)提刷装置

9.1.2 三相异步电动机的工作原理

三相异步电动机的定子绕组为一组对称的三相绕组,当绕组接入三相交流电源时,在定子绕组中会产生对称的三相交流电流,该电流在电动机的定子与转子磁路中形成一种旋转磁场。

在旋转磁场的作用下转子绕组中产生感应电动势和感应电流,旋转磁场作用于转子电流,产生转矩,使转子产生转动。

(1)旋转磁场的产生

如图 9-7 所示为三相异步电动机定子绕组模型。三相绕组 U_1U_2、V_1V_2、W_1W_2 在空间按互隔 120°分布,设每相为一匝,星形联结。图中用 $\otimes$ 表示电流流入,$\odot$ 表示电流流出。

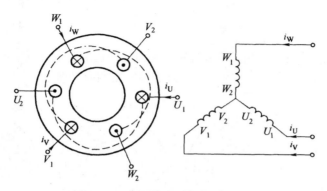

图 9-7　三相异步电动机定子绕组模型

当定子绕组接入三相对称电源时,绕组中就产生了三相对称电流 i_U、i_V、i_W:

$$\begin{cases} i_U = I_m\sin\omega t \\ i_V = I_m\sin(\omega t - 120°) \\ i_W = I_m\sin\omega t(\omega t + 120°) \end{cases}$$

定子绕组中三相电流的波形如图 9-8 所示。

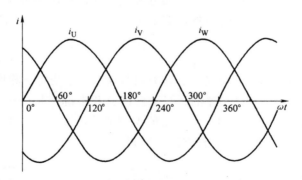

图 9-8　定子绕组中三相电流的波形

分析电流波形,并选相位为 0°、60°、120°、180°这 4 个时刻按各相电流的大小和极性画出定子绕组模型中各相定子绕组中电流的方向。并以此分析三相异步电动机磁路中的磁场分布。

$\omega t = 0°$:由对应的相位处可以发现,$i_U = 0$、$i_V = -\dfrac{\sqrt{3}}{2}I_m$、$i_W = \dfrac{\sqrt{3}}{2}I_m$,因此 U_1U_2 电流为 0;V_1 流出,V_2 流入;W_1 流入,W_2 流出。用右手螺旋法则判断电动机磁路中合成磁场如图 9-9(a)所示。

$\omega t = 60°$:由对应的相位处可以发现,$i_U = \dfrac{\sqrt{3}}{2}I_m$、$i_V = -\dfrac{\sqrt{3}}{2}I_m$、$i_W = 0$,因此 U_1 流入,U_2 流

出；V_1 流出，V_2 流入；W_1、W_2 电流为 0。用右手螺旋法则判断电动机磁路中合成磁场如图 9-9(b)所示。磁场在图 a 的方向上顺时针转过 $60°$。

$\omega t = 120°$：由对应的相位处可以发现，$i_U = \frac{\sqrt{3}}{2} I_m$、$i_V = 0$、$i_W = -\frac{\sqrt{3}}{2} I_m$，因此 U_1 流出，U_2 流入；V_1、V_2 电流为 0；W_1 流出，W_2 流入。用右手螺旋法则判断电动机磁路中合成磁场如图 9-9(c)所示。磁场在图 b 的方向上顺时针转过 $60°$，相对于图 a 的方向上顺时针转过 $120°$。

$\omega t = 180°$：由对应的相位处可以发现，$i_U = 0$、$i_V = \frac{\sqrt{3}}{2} I_m$、$i_W = -\frac{\sqrt{3}}{2} I_m$，因此 $U_1 U_2$ 电流为 0；V_1 流入，V_2 流出；W_1 流出，W_2 流入；用右手螺旋法则判断电动机磁路中合成磁场如图 9-9(d)所示。显然，磁场在图 c 的方向上顺时针转过 $60°$，相对于图 a 则顺时针转过 $180°$。

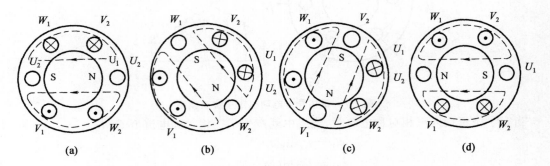

图 9-9　2 极旋转磁场

(a)$\omega t = 0°$；(b)$\omega t = 60°$；(c)$\omega t = 120°$；(d)$\omega t = 180°$

由上述分析可知，当定子绕组中通入三相电流后，它们共同产生的合成磁场随电流的交变而在空间不断地旋转着，这就是旋转磁场。这个旋转磁场同磁极在空间旋转所起的作用是一样的。

（2）旋转磁场的转向

由图 9-8 和图 9-9 可见，旋转磁场的旋转方向与通入定子绕组三相电流的相序有关，即转向是顺 $i_1 \rightarrow i_2 \rightarrow i_3$ 或 $L_1 \rightarrow L_2 \rightarrow L_3$ 相序的。只要将同三相电源连接的三根导线中的任意两根的一端对调位置，例如将电动机三相定子绕组的 V 端改与电源 L_3 相连，W_1 与 $\dot{L}_2$ 相连，则旋转磁场就反转了，如图 9-10 所示。分析方法与前相同。

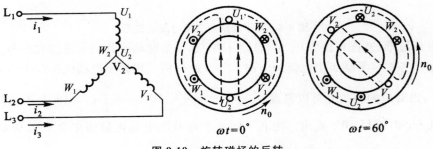

图 9-10　旋转磁场的反转

（3）旋转磁场的极数

三相异步电动机的极数就是旋转磁场的极数。旋转磁场的极数和三相绕组的安排有关。在上述图 9-9 的情况下，每相绕组只有一个线圈，绕组的始端之间相差 120°空间角，则产生的旋转磁场产生一对磁极，通常记为 $p=1$，称这种磁场为 2 极磁场，称 p 为极对数。因此这种磁场也可描述为一对磁极的 2 极磁场。

图 9-11 中将每相定子绕组分两段绕制，并在空间上将按图中方式安排每相两段的绕组，可以构成 $p=2$ 的 4 极磁场，在这样的定子绕组上加三相交流电，分析特定相位的各绕组电流，并讨论其形成的磁场，可发现异步电动机磁路中形成的旋转磁场，如图 9-11 所示。

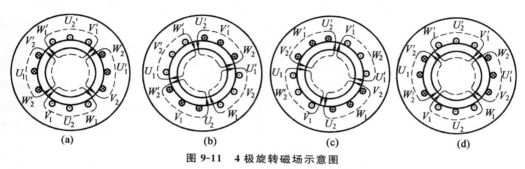

图 9-11　4 极旋转磁场示意图

(a)$\omega t=0°$；(b)$\omega t=120°$；(c)$\omega t=240°$；(d)$\omega t=360°$

（4）旋转磁场的转速

至于三相异步电动机的转速，它与旋转磁场的转速有关，而旋转磁场的转速决定于磁场的极数。旋转磁场的旋转角度与三相交流电相位相同，其单位时间内旋转次数也与三相交流电的频率相同。例如，在一对极的情况下，由图 9-9 可见，当电流从 $\omega t=0°$ 到 $\omega t=60°$ 旋转了 60°，磁场在空间也旋转了 60°。当电流交变了一次（一个周期）时，磁场恰好在空间旋转了一转。设电流的频率为 f，即电流每秒钟交变 f 次或每分钟交变 $60f$ 次，在工程上，通常用每分钟的旋转次数表示其转速；因此定子旋转磁场的转速 n_1 为：

$$n_1=60f=3000\text{r/min} \tag{9-1}$$

图 9-9 显示当三相电流相位改变 120°时，磁场转过 60°，相位改变 360°即变化一周时，磁场转过 180°。所以，该磁场的旋转速度是三相电源频率的一半，即：

$$n_1=\frac{60f}{2}=1500\text{r/min}$$

只要适当地安排绕组和绕组的位置，即可以得到 6 极、8 极或 $2p$ 个磁极的旋转磁场，采用以上的方法分析旋转磁场的转速，可发现当极对数为 p，电动机为 $2p$ 个磁极时，旋转磁场的转速为：

$$n_1=\frac{60f}{p}\text{r/min}$$

式中，p 为磁极对数；f 为三相电源频率，n_1 为同步转速。

（5）转差率

电动机转子转速 n 与负载有关，电动机的额定转速是在额定负载下的转速。定子旋转磁场的同步转速 n_1 与转子转速 n 之差称为转差，用 Δn 表示，转差 Δn 与同步转速 n_1 之比为转差率 s，即：

$$s = \frac{n_1 - n}{n_1} = \frac{\Delta n}{n_1}$$

显然,转差率 s 也与负载有关。一般在空载状态,转差率 s 约为 0.005 以下,额定负载时,s 一般在 0.02~0.05 之间。转差率是三相异步电动机的一个重要参数。

根据前述,当三相异步电动机接到三相电源上,定子绕组中产生三相电流,该三相电流就在电动机磁路中产生一个以同步转速 n_1 旋转的旋转磁场,处于该磁场中的转子绕组就会因切割磁力线而产生感应电动势。由于转子绕组闭合,因此在转子绕组中就形成了转子电流,该电流与旋转磁场相互作用,使转子绕组受到电磁力的作用,该电磁力使转子跟随旋转磁场同方向旋转。电动机转子的转轴就可以将该电磁力传递到机械负载上,拖动负载作机械转动。

由于转子电流是因电磁感应而产生,因此该电动机也称为感应电动机。另一个问题是转子的转速应符合什么条件。设想如果转子的转速与旋转磁场的同步转速 n_1 相同,则转子与旋转磁场相对静止,转子绕组就不能切割磁力线,因此也不会产生感应电动势,感应电流也就不可能存在,也就不会有电磁力使转子转动。当然转子转速也不可能大于旋转磁场的同步转速 n_1,因为如果发生这样的情况,转子绕组将会受到一个与其运动方向相反的阻力,使转速变慢。所以转子的转速 n 总是略小于定子旋转磁场的转速 n_1,这两种转速之差是这种电动机工作的必要条件。这也是把这种电动机称为“异步电动机”的原因。

例 9-1 一台三相异步电动机的额定转速 $n_N = 1450\mathrm{r/min}$,三相电源的频率为 $50\mathrm{Hz}$。求该电动机的额定转差率 s_N 和磁极对数 p。

解:由于三相异步电动机的额定转速略低于同步转速,故若额定转速为 $1450\mathrm{r/min}$,则可知其同步转速应为略高于该值的 $n_1 = 1500\mathrm{r/min}$,所以该电动机的额定转差率为:

$$s = \frac{n_1 - n}{n_1} = \frac{1500 - 1450}{1500} = 0.033$$

磁极对数为:

$$p = 2$$

即为 4 极电动机。

9.1.3 转矩与机械特性

电磁转矩 T(以下简称转矩)是三相异步电动机的最重要的物理量之一,机械特性是它的主要特性,对电动机进行分析往往离不开它们。

1. 转矩公式

异步电动机的转矩是由旋转磁场的每极磁通 Φ 与转子电流 I_2 相互作用而产生的。但因转子电路是电感性的,转子电流 $\dot{I}_2$ 比转子电动势 $\dot{E}_2$ 滞后 φ_2 角;又因

$$T = \frac{P_\varphi}{\Omega_0} = \frac{P_\varphi}{\frac{2\pi n_0}{60}}$$

电磁转矩与电磁功率 P_φ 成正比,和讨论有功功率一样,也要引入 $\cos\varphi_2$。于是得出

$$T = K_T \Phi I_2 \cos\varphi_2 \tag{9-2}$$

式中,K_T 是一常数,它与电动机的结构有关。

由式(9-2)可见,转矩除与 Φ 成正比外,还与 $I_2\cos\varphi_2$ 成正比。再根据 I_2 和 $\cos\varphi_2$ 与转差率 s 有关,所以转矩 T 也与 s 有关。

因此可得出转矩的另一个表示式

$$T = K\frac{sR_2U_1^2}{R_2^2 + (sX_{20})^2} \tag{9-3}$$

式中,K 是一常数。

由上式可见,转矩 T 还与定子每相电压 U_1 的平方成比例,所以当电源电压有所变动时,对转矩的影响很大。此外,转矩 T 还受转子电阻 R_2 的影响。

2.机械特性曲线

在一定的电源电压 U_1 和转子电阻 R_2 之下,转矩与转差率的关系曲线 $T=f(s)$ 或转速与转矩的关系曲线 $n=f(T)$,称为电动机的机械特性曲线。它可根据式(9-2)得出,如图 9-12 所示。如图 9-13 的 $n=f(T)$ 曲线可从图 9-12 得出。只需将 $T=f(s)$ 曲线顺时针方向转过 $90°$,再将表示 T 的横轴移下即可。

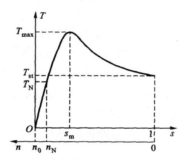

图 9-12　三相异步电动机的 $T=f(s)$ 曲线

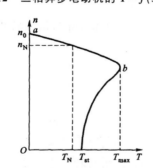

图 9-13　三相异步电动机的 $n=f(T)$ 曲线

研究机械特性的目的是为了分析电动机的运行性能。在机械特性曲线上,要讨论三个转矩。

(1)额定转矩

在等速转动时,电动机的转矩 T 必须与阻转矩 T_C 相平衡,即

$$T = T_C$$

阻转矩主要是机械负载转矩 T_2。此外,还包括空载损耗转矩(主要是机械损耗转矩)T_0。由于 T_0 很小,常可忽略,所以

$$T = T_2 + T_0 \approx T_2 \tag{9-4}$$

并由此得

$$T \approx T_2 = \frac{P_2}{\frac{2\pi n}{60}}$$

式中，P_2 是电动机轴上输出的机械功率。上式中转矩的单位是牛米（N·m）；功率的单位是瓦（W）；转速的单位是转每分（r/min）。功率用千瓦为单位，则得出

$$T = 9550 \frac{P_2}{n} \tag{9-5}$$

额定转矩是电动机在额定负载时的转矩，它可从电动机铭牌上的额定功率（输出机械功率）和额定转速应用式（9-5）求得。

例如，某普通车床的主轴电动机（Y3−132M−4 型）的额定功率为 7.5kW，额定转速为 1440r/min，则额定转矩为

$$T = 9550 \frac{P_{2N}}{n_N} = 9550 \times \frac{7.5}{1440} \text{N·m} = 49.7 \text{N·m}$$

通常三相异步电动机都工作在图 9-13 所示特性曲线的 ab 段。当负载转矩增大（譬如车床切削时的吃刀量加大，起重机的起重量加大）时，在最初瞬间电动机的转矩 $T < T_C$，所以它的转速 n 开始下降。随着转速的下降，由图 9-13 可见，电动机的转矩增加了，因为这时 I_2 增加的影响超过 $\cos\varphi_2$ 减小的影响［参见式（9-2）］。当转矩增加到 $T = T_C$ 时，电动机在新的稳定状态下运行，这时转速较前略低。但是，ab 段比较平坦，当负载在空载与额定值之间变化时，电动机的转速变化不大，这种特性称为硬的机械特性。三相异步电动机的这种硬特性非常适用于一般金属切削机床。

（2）最大转矩 $T_{\max}$

从机械特性曲线上看，转矩有一个最大值，称为最大转矩或临界转矩。对应于最大转矩的转差率为 s_m，即

$$s_m = \frac{R_2}{X_{20}} \tag{9-6}$$

再将 s_m 代入式（9-3），则得

$$T_{\max} = K \frac{U_1^2}{2X_{20}} \tag{9-7}$$

由上列两式可见，$T_{\max}$ 与 U_1^2 成正比，而与转子电阻 R_2 无关；s_m 与 R_2 有关，R_2 愈大，s_m 也愈大。上述关系表示如图 9-14 和图 9-15 所示。

当负载转矩超过最大转矩时，电动机就带不动负载了，发生所谓闷车现象。闷车后，电动机的电流马上升高六七倍，电动机严重过热，以致烧坏。

另外一个方面也能说明电动机的最大过载可以接近最大转矩。如果过载时间较短，电动机不至于立即过热，是容许的。因此，最大转矩也表示电动机短时容许过载能力。电动机的额定转矩 T_N 比 $T_{\max}$ 要小，两者之比称为过载系数 λ，即

$$\lambda = \frac{T_{\max}}{T_N} \tag{9-8}$$

一般三相异步电动机的过载系数为 1.8～2.3。

在选用电动机时,必须考虑可能出现的最大负载转矩,而后根据所选电动机的过载系数算出电动机的最大转矩,它必须大于最大负载转矩。否则,就要重选电动机。

(3)起动转矩 T_{st}

电动机刚起动($n=0,s=1$)时的转矩称为起动转矩。将 $s=1$ 代入式(9-3)即得出

$$T_{st}=\frac{R_2 U_1^2 \uparrow}{R_2^2 \uparrow + X_{20}^2} \tag{9-9}$$

由上式可见,T_{st} 与 U_1^2 及 R_2 有关。当电源电压 U_1 降低时,起动转矩会减小(图 9-14)。当转子电阻适当增大时,起动转矩会增大(图 9-15)。由式(9-6)、式(9-7)及式(9-9)可推出:当 $R_2=X_{20}$ 时,$T_{st}=T_{max}$,$s_m=1$。但继续增大 R_2 时,T_{st} 就要随着减少,这时 $s_m>1$。

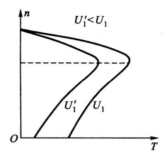

图 9-14　对应于不同电源电压 U_1 的 $n=f(T)$ 曲线

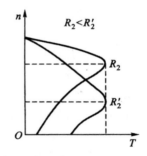

图 9-15　对应于不同转子电阻 R_2 的 $n=f(T)$ 曲线

9.1.4　三相异步电动机的运行与控制

三相异步电动机的运行与控制主要是指电动机的启动、正反转、调速、制动几个方面,下面进行简单的介绍。

1.启动

(1)起动性能

电动机的起动就是把它开动起来。在起动初始瞬间,$n=0,s=1$。从起动时的电流和转矩来分析电动机的起动性能。

首先讨论起动电流 I_{st}。在刚起动时,由于旋转磁场对静止的转子有着很大的相对转速,磁通切割转子导条的速度很快,这时转子绕组中感应出的电动势和产生的转子电流都很大。

和变压器的原理一样,转子电流增大,定子电流必然相应增大。一般中小型笼型电动机的定子起动电流(指线电流)与额定电流之比值大约为 $5 \sim 7$。例如,Y3—132M—4 型电动机的额定电流为 15.6A,起动电流与额定电流之比值为 7,因此起动电流为 $7 \times 15.6A = 109.2A$。

电动机不是频繁起动时,起动电流对电动机本身影响不大。因为起动电流虽大,但起动时间一般很短(小型电动机只有 $1 \sim 3s$),从发热角度考虑没有问题;并且一经起动后,转速很快升高,电流便很快减小了。但当起动频繁时,,由于热量的积累,可以使电动机过热。因此,在实际操作时应尽可能不让电动机频繁起动。例如,在切削加工时,一般只是用摩擦离合器或电磁离合器将主轴与电动机轴脱开,而不将电动机停下来。

但是,电动机的起动电流对线路是有影响的。过大的起动电流在短时间内会在线路上造成较大的电压降落,而使负载端的电压降低,影响邻近负载的正常工作。例如对邻近的异步电动机,电压的降低不仅会影响它们的转速(下降)和电流(增大),甚至可能使它们的最大转矩 T_{max} 降到小于负载转矩,以致使电动机停下来。

其次讨论起动转矩 T_{st}。在刚起动时,虽然转子电流较大,但转子的功率因数 $\cos\varphi_2$ 是很低的。因此由式(9-2)可知,起动转矩实际上是不大的,它与额定转矩之比值约为 $1.0 \sim 2.3$。

如果起动转矩过小,就不能在满载下起动,应设法提高。但起动转矩如果过大,会使传动机构(譬如齿轮)受到冲击而损坏,所以又应设法减小。一般机床的主电动机都是空载起动(起动后再切削),对起动转矩没有什么要求。但对移动床鞍、横梁以及起重用的电动机应采用起动转矩较大一点的。

由上述可知,异步电动机起动时的主要缺点是起动电流较大。为了减小起动电流(有时也为了提高或减小起动转矩),必须采用适当的起动方法。

(2)起动方法

笼型电动机的起动有直接起动和降压起动两种。

直接起动就是利用闸刀开关或接触器将电动机直接接到具有额定电压的电源上。这种起动方法虽然简单,但如上所述,由于起动电流较大,将使线路电压下降,影响负载正常工作。

一台电动机能否直接起动,有一定规定。有的地区规定:用电单位如有独立的变压器,则在电动机起动频繁时,电动机容量小于变压器容量的 20% 时允许直接起动;如果电动机不经常起动,它的容量小于变压器容量的 30% 时允许直接起动。如果没有独立的变压器(与照明共用),电动机直接起动时所产生的电压降不应超过 5%。

能否直接起动,一般可按经验公式 $\dfrac{I_{\text{st}}}{I_{\text{N}}} \leq \dfrac{3}{4} + \dfrac{\text{电源总容量(kV·A)}}{4 \times \text{起动电动机功率(kW)}}$ 判定。

如果电动机直接起动时所引起的线路电压降较大,必须采用降压起动,就是在起动时降低加在电动机定子绕组上的电压,以减小起动电流。笼型电动机的降压起动常用下面几种方法。

①星—三角(Y—△)换接起动。星—三角换接起动的接线图如图 9-16(a)所示。如果电动机在工作时其定子绕组是连接成三角形旳,那么在起动时断开 Q_2,闭合 Q_3,把它接成星形。等到转速接近额定值时断开 Q_3,闭合 Q_2,再换接成三角形联结。这样,在起动时就把定子每相绕组上的电压降到正常工作电压的 $\dfrac{1}{\sqrt{3}}$。

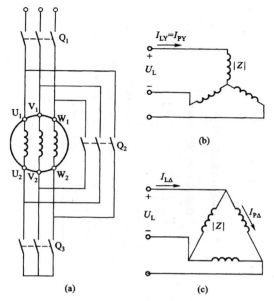

图 9-16　星—三角换接起动的接线图

(a)接线图;(b)定子绕组星形联结(起动);(c)定子绕组三角形联结(运行)

图 9-16(b)、(c)是定子绕组的两种连接法,$|Z|$ 为起动时每组绕组的的等效阻抗。

当定子绕组为星形联结,即降压起动时,

$$I_{LY} = I_{PY} = \frac{\frac{U_L}{\sqrt{3}}}{|Z|}$$

当定子绕组为三角形联结,即直接起动时,

$$I_{L\triangle} = \sqrt{3}\, I_{P\triangle} = \sqrt{3}\,\frac{U_L}{|Z|}$$

比较上列两式,可得

$$\frac{I_{LY}}{I_{L\triangle}} = \frac{1}{3}$$

即降压起动时的电流为直接起动时的 $\frac{1}{3}$。

由于转矩和电压的平方成正比,所以起动转矩也减小到直接起动时的 $(\frac{1}{\sqrt{3}})^2 = \frac{1}{3}$。因此,这种方法只适合于空载或轻载时起动。

这种换接起动可采用星—三角起动器来实现。如图 9-17 所示是一种星—三角起动器的接线简图。在起动时将手柄向右扳,使右边一排动触点与静触点相连,电动机就接成星形。等电动机接近额定转速时,将手柄往左扳,则使左边一排动触点与静触点相连,电动机换接成三角形联结。星—三角起动器的体积小,成本低,寿命长,动作可靠。目前 4～100kW 的异步电动机都已设计为 380V 三角形联结,因此星—三角起动器得到了广泛的应用。

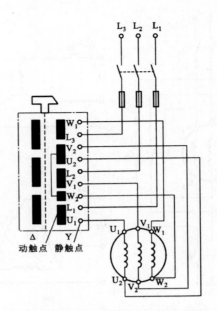

图 9-17　星—三角起动器的接线简图

②自耦降压起动。自耦降压起动是利用三相自耦变压器将电动机在起动过程中的端电压降低,其接线图如图 9-18(a)所示。起动时,先把开关 Q_2 扳到"起动"位置。当转速接近额定值时,将 Q_2 扳向"工作"位置,切除自耦变压器。

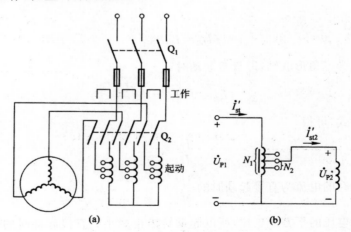

图 9-18　自耦降压起动

(a)接线图;(b)一相电路

自耦变压器备有抽头,以便得到不同的电压(例如为电源电压的 73%,64%,55%),根据对起动转矩的要求而选用。

自耦降压起动每相电路如图 9-18(b)所示,图中:U_{P1} 是电源相电压,即为直接起动时加在电动机定子绕组上的相电压,U_{P2} 是降压起动时加在电动机定子绕组上的相电压,两者关系是 $\dfrac{U_{P1}}{U_{P2}} = \dfrac{N_1}{N_2} = K$;$I'_{st2}$ 是降压起动时电动机的起动电流,即自耦变压器二次电流,它与直接起动

(即全压起动)时的起动电流 I_{st} 的关系是 $\dfrac{I'_{st2}}{I_{st}}=\dfrac{U_{P1}}{U_{P2}}=\dfrac{1}{K}$；$I'_{st}$ 是降压起动时线路的起动电流,即自耦变压器一次电流,它与 I'_{st2} 的关系是 $\dfrac{I'_{st2}}{I'_{st}}=\dfrac{1}{K}$。

于是得出线路起动电流

$$I'_{st}=\frac{I_{st}}{K^2}$$

因转矩与电压平方成正比,故降压起动时的起动转矩

$$T'_{st}=\frac{T_{st}}{K^2}$$

式中,T_{st} 为直接起动时的起动转矩。

可见,采用自耦降压起动,也同时能使起动电流和起动转矩减小(K>1)。自耦降压起动适用于容量较大的或正常运行时为星形联结不能采用星—三角起动器的笼型异步电动机。但自耦变压器体积大,价格高,维修不便,不允许频繁起动,以后恐将逐步淘汰。

2.调速

调速就是在同一负载下能得到不同的转速,以满足生产过程的要求。例如,各种切削机床的主轴运动随着工件与刀具的材料、工件直径、加工工艺的要求及走刀量的大小等不同,要求有不同的转速,以获得最高的生产率和保证加工质量。如果采用电气调速,就可以大大简化机械变速机构。在讨论异步电动机的调速时,首先从研究公式

$$n=(1-s)n_0=(1-s)\frac{60f_1}{p}$$

出发。此式表明,改变电动机的转速有三种可能,即改变电源频率 f_1、磁极对数 p 及转差率 s。前两者是笼型电动机的调速方法,后者是绕线转子电动机的调速方法。今分别讨论如下。

(1)变频调速

近年来变频调速技术发展很快,目前主要采用如图 9-19 所示的变频调速装置,它主要由整流器和逆变器两大部分组成。整流器先将频率 f_1 为 50 Hz 的三相交流电变换为直流电,再由逆变器变换为频率 f_1 可调、电压有效值 U_1 也可调的三相交流电,供给三相笼型电动机。由此可得到电动机的无级调速,并具有硬的机械特性。

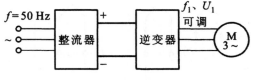

图 9-19　变频调速装置

通常有下列两种变频调速方式。

① 在 $f_1<f_{1N}$,即低于额定转速调速时,应保持 $\dfrac{U_1}{f_1}$ 的比值近于不变,也就是两者要成比例地同时调节。由 $U_1\approx4.44f_1N_1\Phi$ 和 $T=K_T\Phi I_2\cos\varphi_2$ 两式可知,这时磁通 Φ 和转矩 T 也都近似不变。这是恒转矩调速。如果把转速调低时 $U_1=U_{1N}$ 保持不变,在减小 f_1 时磁通 Φ 则将增加。这就会使磁路饱和,从而增加励磁电流和铁损耗,导致电动机过热,这是不允许的。

②在 $f_1 > f_{1N}$，即高于额定转速调速时，应保持 $U_1 \approx U_{1N}$，这时磁通 Φ 和转矩 T 都将减小。转速增大，转矩减小，将使功率近于不变。这是恒功率调速。

如果把转速调高时 $\dfrac{U_1}{f_1}$ 的比值不变，在增加 f_1 的同时 U_1 也要增加。U_1 超过额定电压也是不允许的。

频率调节范围一般为 $0.5 \sim 320\,\mathrm{Hz}$。

由于变频调速具有无级调速和硬机械特性等突出优点，当前在国际上已成为大型动力设备中笼型电动机调速的主要方式。目前在国内由于逆变器中的开关元件（可关断晶闸管、大功率晶体管和功率场效晶体管等）的制造水平不断提高，笼型电动机的变频调速技术的应用也就日益广泛。

变频调速在家用电器中的应用也已日益增多，例如变频空调器、变频电冰箱和变频洗衣机等。

（2）变极调速

由式 $n_0 = \dfrac{60 f_1}{p}$ 可知，如果磁极对数 p 减小一半，则旋转磁场的转速 n_0 便提高一倍，转子转速 n 差不多也提高一倍。因此改变 p 可以得到不同的转速。如何改变磁极对数呢这同定子绕组的接法有关。

图 9-20 是定子绕组的两种接法。把 U 相绕组分成两半：线圈 $U_{11}U_{21}$ 和 $U_{12}U_{22}$。图 9-20（a）中是两个线圈串联，得出 $p=2$。图 9-20（b）中是两个线圈反并联（头尾相连），得出 $p=1$。在换极时，一个线圈中的电流方向不变，而另一个线圈中的电流必须改变方向。

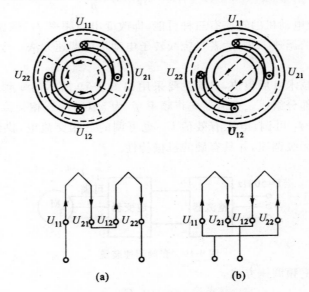

图 9-20 定子绕组改变磁极对数的接法

双速电动机在机床上用得较多，像某些镗床、磨床、铣床上都有。这种电动机的调速是有级的。

（3）变转差率调速

只要在绕线转子电动机的转子电路中接入一个调速电阻（和起动电阻一样接入），改变电阻的大小，就可得到平滑调速。譬如增大调速电阻时，转差率 s 上升，而转速 n 下降。这种调速方法的优点是设备简单、投资少，但能量损耗较大。

这种调速方法广泛应用于起重设备中。

3. 制动

因为电动机的转动部分有惯性，所以把电源切断后，电动机还会继续转动一定时间而后停止。为了缩短辅助工时，提高生产机械的生产率，并为了安全起见，往往要求电动机能够迅速停车和反转。这就需要对电动机制动。对电动机制动，也就是要求它的转矩与转子的转动方向相反。这时的转矩称为制动转矩。

异步电动机的制动常有下列几种方法。

（1）能耗制动

这种制动方法就是在切断三相电源的同时，接通直流电源，如图 9-21 所示，使直流电流通入定子绕组。直流电流的磁场是固定不动的，而转子由于惯性继续在原方向转动。根据右手定则和左手定则不难确定这时的转子电流与固定磁场相互作用产生的转矩的方向。它与电动机转动的方向相反，因而起制动的作用。制动转矩的大小与直流电流的大小有关。直流电流的大小一般为电动机额定电流的 0.5～1 倍。

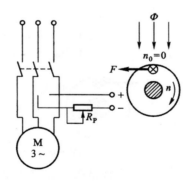

图 9-21　能耗制动

因为这种方法是用消耗转子的动能（转换为电能）来进行制动的，所以称为能耗制动。

这种制动能量消耗小，制动平稳，但需要直流电源。在有些机床中采用这种制动方法。

（2）反接制动

在电动机停车时，可将接到电源的三根导线中的任意两根的一端对调位置，使旋转磁场反向旋转，而转子由于惯性仍在原方向转动。这时的转矩方向与电动机的转动方向相反，如图 9-22 所示，起到制动的作用。当转速接近零时，利用某种控制电器将电源自动切断，否则电动机将会反转。

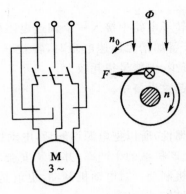

图 9-22　反接制动

由于在反接制动时旋转磁场与转子的相对转速 $(n+n_0)$ 很大,因而电流较大。为了限制电流,对功率较大的电动机进行制动时必须在定子电路(笼型电动机)或转子电路(绕线转子电动机)中接入电阻。

这种制动比较简单,效果较好,但能量消耗较大。对有些中型车床和铣床主轴的制动采用这种方法。

（3）发电反馈制动

当转子的转速 n 超过旋转磁场的转速 n_0 时,这时的转矩也是制动的,如图 9-23 所示。

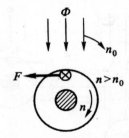

图 9-23　发电反馈制动

当起重机快速下放重物时,就会发生这种情况。这时重物拖动转子,使其转速 $n>n_0$,重物受到制动而等速下降。实际上这时电动机已转入发电机运行,将重物的位能转换为电能而反馈到电网里去,所以称为发电反馈制动。

另外,当将多速电动机从高速调到低速的过程中,也自然发生这种制动。因为将磁极对数 p 加倍时,磁场转速立即减半,但由于惯性,转子转速只能逐渐下降,因此就出现 $n>n_0$ 的情况。

9.2　单相异步电动机

单相异步电动机由单相交流电源供电,使用方便,广泛应用于家用电器、医疗一器械和自动控制系统中。如电风扇、电冰箱、洗衣机、修牙机等设备大多采用单相异步电动机。与同容量的三相异步电动机相比,单相异步电动机体积较大,运行性能较差。因此,单相异步电动机一般应用在功率约为 1kW 以下的小容量场合。

9.2.1　单相异步电动机的基本原理

单相异步电动机定子为单相绕组,设通入 $i=\sqrt{2}\,I\sin\omega t$ 的单相交流电流时,此电流将产生一个位置固定(磁场轴线与绕组轴线重合),大小随时间作正弦变化的脉动磁通,即 $\Phi=KI_{\mathrm{m}}\sin\omega t$。它在空间的分布规律如图 9-24(a)所示。每一时刻的脉动磁通可以分解为两个旋转磁通 Φ_1 和 Φ_2,如图 9-24(b)所示。由此可见,Φ_1 和 Φ_2 的大小相等,幅值均为 $\frac{1}{2}\Phi_{\mathrm{m}}$,转速相同,但旋转方向相反。例如,在 $t=0$ 时刻,Φ_1 和 Φ_2 的方向相反,合成的 $\Phi=0$;在 $t=t_1$ 时刻,与 $t=0$ 时刻比较可知,Φ_1 按顺时针旋转 ωt_1 角,而 Φ_2 按逆时针方向旋转 ωt_1 角,故合成的 $\Phi=KI_{\mathrm{m}}\sin\omega t_1$。其他时刻的 Φ_1 和 Φ_2 依此类推,也是一个按顺时针方向旋转,另一个则按逆时针方向旋转。

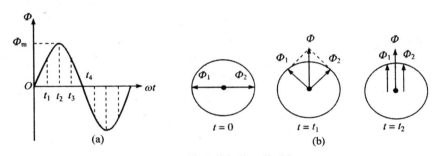

图 9-24　定子单相绕组的磁场

(a)脉动磁场;(b)分解的旋转磁场

由三相异步电动机的转动原理可知,两个旋转磁通将同时在转子上产生电磁转矩 T_1 和 T_2,由于 Φ_1 和 Φ_2 的方向相反,则 T_1 和 T_2 的转矩方向也相反,其电磁特性曲线如图 9-25 所示。其中,$s_1=\dfrac{n_0-n}{n_0}$,$s_2=\dfrac{-n_0-n}{-n_0}=\dfrac{n_0+n}{n_0}=2-s_1$,而 T 为 T_1 和 T_2 合成的电磁转矩。

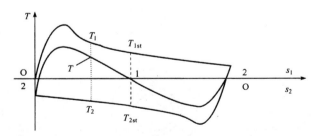

图 9-25　单相异步电动机的电磁特性曲线

由合成的电磁转矩曲线看出,当转子静止即 $n=0$ 时,$s=1$,$T_{1\mathrm{st}}$ 和 $T_{2\mathrm{st}}$ 大小相等,方向相反,合成转矩 $T=0$,故电动机不能自行启动。但是,若用外力使转子转动起来。例如,转子沿着顺时针方向转动,此时 s_1 减小,s_2 增加,则 $T_1>T_2$,合成的电磁转矩 T 将使转子继续沿顺时针方向旋转,并将稳定在某一转速上;反之,若用外力使转子反向转动,则合成 T 将使转子沿着逆时针方向继续逆向转动。这就是说,单相异步电动机需要解决自启动问题。

9.2.2 单相异步电动机的启动方法

为了使单相异步电动机能够自行启动,关键是在启动时使定子形成一个旋转磁场。目前常采用的启动方法有电容分相式和罩极式两种。

1.电容分相式启动方法

分相式电动机定子上嵌有两个绕组,一个称为主绕组(又称为工作绕组),另一个称为辅助绕组(又称为启动绕组)。两个绕组在空间相位差90°,它们接在同一单相电源上,如图9-26所示,其中 S 为离心开关,平时处于闭合状态。由于主绕组(感性)和辅助绕组(容性)的阻抗性质不同,若 C 容量选择恰当,可使辅助绕组电流超前于主绕组电流 $90°$,故电容 C 起分相作用。借助三相异步电动机的转动原理可知,这两个电流可以产生一个合成的旋转磁场,如图9-27所示。在这个旋转磁场的作用下,单相异步电动机的转子将产生转矩使其启动运转。当电动机转速 n 达到 $75\%\sim80\%$ 的同步转速 n_0 时,由离心开关 S 把辅助绕组从电源断开,只有主绕组工作,电动机将在脉动磁场作用下继续运行。由于分相电容器 C 是短时工作的,一般可选用交流电解电容器。

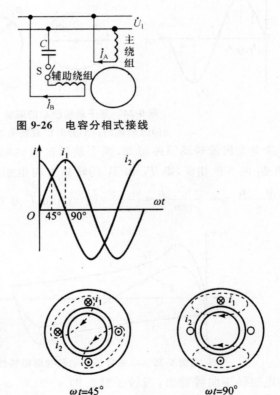

图 9-26　电容分相式接线

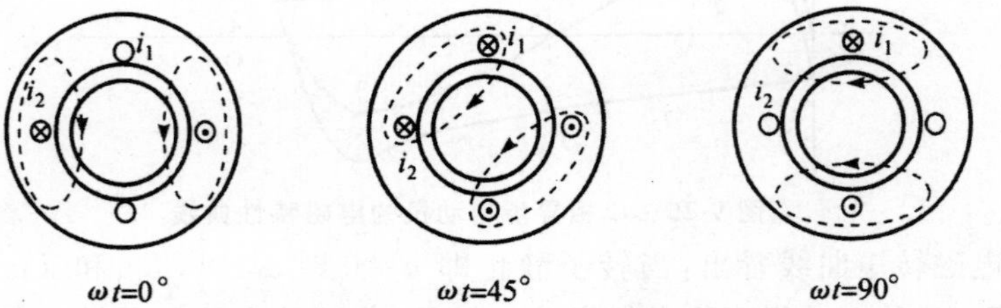

图 9-27　电容分相式的旋转磁场

如果电容器设计在电网长期工作,其接线如图9-28所示。这时的电动机可看作二相异步电动机,定子绕组在气隙中产生的是旋转磁场,使电动机的性能有较大的改善,它的功率因数、效率及过载能力都比普通的单相异步电动机高。图中, C 为分相电容, C_1 为运行电容,通常

$C > C_1$，所以电动机启动后仍要用离心开关 S 将分相电容 C 切除。这种电动机的功率较大，一般在 $60 \sim 750\mathrm{W}$，广泛地用于农村中抽水用的潜水泵中。由于 C_1 长期工作，所以应选用油浸式电容器。

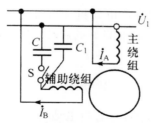

图 9-28　电容电动机的接线

还有的单相异步电动机没有离心开关，启动绕组和串联的分相电容在运行中继续工作。由于电容量较小，启动力矩比较小，适用于各种空载启动的机械，如电风扇及医疗器械等。这种结构的电动机功率因数较高，运行时噪声比较小，运转较为平稳。

2.罩极式启动方法

罩极式单相异步电动机的结构，如图 9-29(a)所示。主绕组绕在磁极上，在磁极的约 $\frac{1}{3}$ 部分套上一个短路的铜环，被铜环套着部分的磁极称为罩极，它相当于一个辅助绕组。这时，定子上产生的磁场可由图 9-29(b)来示意。其中，励磁电流 i 产生的脉动磁通为 Φ_1，它有一部分在穿过短路铜环时将产生感应电流，并形成罩极磁通 Φ_2，它在相位上总是滞后于 Φ_1。一般来说，Φ_1 和 Φ_2 的相位差大致为 $90°$。这样，由 Φ_1 和 Φ_2 的合成磁场也相当于一个旋转磁场，可使电动机直接启动运行。

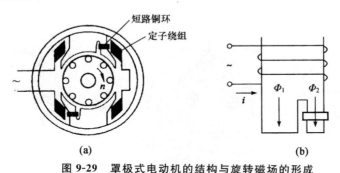

图 9-29　罩极式电动机的结构与旋转磁场的形成

(a)罩极式电动机的结构；(b)罩极式电动机旋转磁场的形成

罩极式单相异步电动机的短路铜环是在制造时就做好，因此，这种电动机的转向也就确定，一般不能改变。如果要改变罩极式单相异步电动机的转向，需将电动机拆开，再把定子铁芯反向装回去即可。

罩极式单相异步电动机的结构简单，工作可靠，但启动转矩较小，常用于启动转矩要求不高的小功率设备中，如电风扇、吹风机等。

9.3 直流电动机

由直流电源供电的电动机称为直流电动机。直流电动机比三相交流异步电动机结构复杂、价格高、使用维修成本高,但由于具有良好的启动性能、较宽的调速范围和平滑而经济的调速性能,因而获得了广泛的应用。

9.3.1 直流电动机的构造和分类

图9-30是直流电动机的结构示意图,直流电动机主要由定子和转子两部分组成。

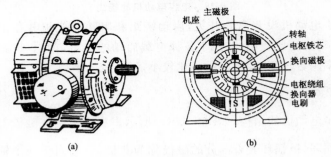

图 9-30 直流电动机
(a)外形;(b)结构示意图

1.定子

直流电动机定子结构如图9-31所示,它由主磁极、换向磁极、机座、端盖和电刷装置等组成。

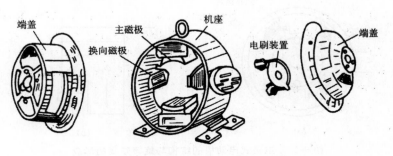

图 9-31 直流电动机的定子部分

直流电动机的主磁极由主极铁芯和励磁绕组组成,铁芯用来形成磁路,励磁绕组通入励磁电流后产生主磁场。主磁极可以是一对或多对。

换向极由换向极铁芯和换向极绕组组成。换向极磁极较小,位于两个主磁极之间。换向极绕组与电枢绕组串联。在通入直流电流后,换向极绕组产生一个附加磁场,以改善电机的换向条件,减小换向器上的火花。一般小功率的直流电动机不安装换向极。

机座由铸钢或铸铁制成,其作用是固定主磁极和换向极等部件以及作为电动机的保护,同时它还是电动机磁路的一部分。在机座外部安装有接线盒,用以通入电源。在机座的两端各安装一个端盖,端盖由铸钢或铸铁制成,在端盖的中心装有轴承,用来支撑转子的转轴。端盖上还固定有电刷架,用来安装电刷,并利用弹簧把电刷压紧在转子的换向器上,将旋转的电枢绕组与静止的外电路相连接。

2. 转子

直流电动机的转子统称为电枢,其主体结构如图 9-32 所示,它包括电枢铁芯、电枢绕组、换向器、转轴和风扇等部件。

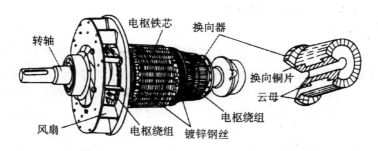

图 9-32　直流电动机的转子结构

电枢铁芯由硅钢片叠压而成,是直流电动机磁路的一部分。在电枢铁芯表面有许多均匀分布的用来嵌放电枢绕组的槽。

电枢绕组由许多相同的线圈组成,是直流电动机电路的一部分。按一定规律嵌放在电枢铁芯槽内的电枢绕组与换向器相连,外接直流电源,在主磁场的作用下产生电磁转矩。

换向器也称为整流子,由许多楔形铜片组成,铜片间为云母或其他材料绝缘,外表为圆柱形,安装在转轴上。每一片换向铜片按一定规律与电枢绕组的线圈连接。电刷压在换向器的表面,使旋转的电枢绕组与静止的外电路相通,以便引入直流电。

9.3.2　直流电动机的分类

直流电动机的主磁场由励磁绕组中的励磁电流产生。按励磁方式的不同,直流电动机可以分为以下 4 类:

① 他励电动机。励磁绕组与电枢绕组分别由两个不同的直流电源供电,如图 9-33(a)所示。

② 并励电动机。励磁绕组与电枢绕组并联后由同一个直流电源供电,如图 9-33(b)所示。

③ 串励电动机。励磁绕组与电枢绕组串联后由同一直流电源供电,如图 9-33(c)所示。

④ 复励电动机。既有并励绕组,又有串励绕组,如图 9-33(d)所示。

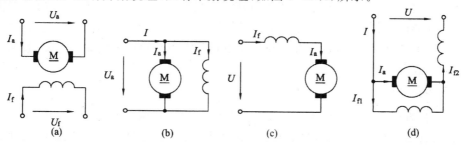

图 9-33　直流电动机的励磁方式

(a)他励;(b)并励;(c)串励;(d)复励

直流电动机的并励绕组一般电流较小,导线较细,匝数较多;串励绕组的电流较大,导线较粗,匝数较少,因而不难判别。不同励磁方式的直流电动机其特性各不相同。

此外,在小型直流电动机中,也有用永久磁铁作为磁极的,称为永磁电动机,可视为他励电动机的一种。

9.3.3　直流电动机的工作原理

1.转动原理

如图 9-34 所示为直流电动机的工作原理图。在图 9-34 中,N 和 S 是直流电动机一对固定的主磁极,用来产生所需要的主磁场 Φ,它是由直流电流通过绕在主磁极铁芯上的励磁绕组产生的,励磁绕组中的电流称为励磁电流。图中矩形框 abcd 只是电枢绕组的一个线圈,因而对应的换向片也只需两个半圆形的铜环 1 和 2。换向片上压着两个与外电路接通的电刷 A 和 B。

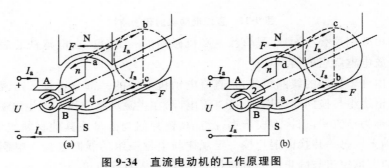

图 9-34　直流电动机的工作原理图

(a)电枢线图在初始位置;(b)电枢线图转过 180°

工作时电枢绕组接通直流电,通过电枢绕组的电流称为电枢电流。在图 9-34(a)所示电路中,电枢电流的方向为:电刷 A→换向片 1→a→b→c→d→换向片 2→电刷 B。线圈 ab 边和 cd 边将在磁场中受到电磁力 F 的作用,受力方向按左手定则判定,即 ab 边受力方向指向左,cd 边受力方向指向右。这两个电磁力对转轴产生的电磁转矩将驱动电枢按逆时针方向旋转。

当电枢线圈转动了 180°后,电枢电流的方向:电刷 A→换向片 2→d→c→b→a→换向片 1→电刷 B,如图 9-34(b)所示。

这时,流过电枢线圈的电流方向相反,但处于 N 极处的导体中电流方向始终流入,电磁力 F 的方向仍指向左;处于 S 极处的导体中电流方向始终流出,电磁力 F 的方向仍指向右。因此电磁转矩和方向仍保持不变,使电枢能连续按逆时针方向旋转。由此可见,换向器的作用就是及时改变电流在绕组中的流向,保证作用于电枢的电磁转矩的方向始终不变,使直流电动机能按一定方向连续旋转。

2.电磁转矩

如前所述,直流电动机的电磁转矩是由电枢绕组通入直流电流后在磁场中受力而形成的。根据电磁力公式,每根导体所受电磁力的大小为 F。对于给定的电动机,磁感应强度 B 与每个磁极的磁通 Φ 成正比,导体电流 I 与电枢电流 I_a 成正比,而线在磁极磁场中的有效长度 l 及转子半径等都是固定的,取决于电动机的结构,因此直流电动机的电磁转矩 T 的大小可表

示为

$$T = C_T \Phi I_a \tag{9-10}$$

式中: C_T 为转矩常数,对已制成的电动机来说是一个常数; Φ 为每极磁通; I_a 为电枢电流。

由式(9-10)可知,直流电动机的电磁转矩 T 与每极磁通 Φ 和电枢电流 I_a 的乘积成正比,电磁转矩的方向取决于每极磁通 Φ 和电枢电流 I_a 的方向。

3. 电枢电动势和电枢电流

电枢旋转时,电枢绕组中的导体切割磁力线而产生感应电动势 e,其大小为 $E = Blv$。根据右手定则,其方向与电枢电流方向相反,所以称为反电动势。由于磁感应强度 B 与每个磁极的磁通 Φ 成正比,导体的运动速度 v 与电枢的转速 n 成正比,而导体的有效长度和绕组的匝数均为常数,所以电枢中的感应电动势 E_a 与每极磁通 Φ 和转子转速 n 的乘积成正比,即

$$E_a = C_e \Phi n \tag{9-11}$$

式中: C_e 是由电机决定的电势常数; Φ 为每极磁通; n 为电动机的转速。

如图 9-35 所示为直流电动机的电枢电路。由基尔霍夫电压定律可知,直流电动机在稳定运行时,加在电枢绕组两端的电压 U_a 等于电枢电阻 R_a 的压降 $I_a R_a$ 与反电动势 E_a 之和,即

$$U_a = E_a + I_a R_a \tag{9-12}$$

所以电枢电流为

$$I_a = \frac{U_a - E_a}{R_a} \tag{9-13}$$

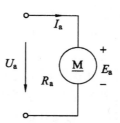

图 9-35 直流电动机的电枢电路

由此可见,电枢电流的大小不仅与电枢电压和电枢电阻有关,而且还与直流电动机的反电动势有关。当电枢电阻和电枢电压一定时,电枢电流仅取决于反电动势。

9.3.4 直流电动机的转速和机械特性

由式(9-11)和(9-13)可知,直流电动机的转速为

$$n = \frac{E_a}{C_e \Phi} = \frac{U_a - I_a R_a}{C_e \Phi} \tag{9-14}$$

由式(9-10)和式(9-14)又可知,直流电动机机械特性的一般表达式为

$$n = \frac{U}{C_e \Phi} - \frac{R_a}{C_e C_T \Phi^2} T \tag{9-15}$$

式中,每极磁通 Φ 是由励磁绕组中的励磁电流 I_a 产生的,励磁方式决定了主磁通 Φ 与负载之间的关系,因此励磁方式不同的电动机,其机械特性也不相同。

1. 他励和并励直流电动机的机械特性

他励和并励直流电动机由于励磁电流不受负载影响,当励磁电压一定时,主磁通 Φ 为一个常数。这时式(9-15)可改写为

$$n = n_0 - CT$$

式中:n_0 为理想空载转速,即 $n_0 = \dfrac{U_a}{(C_e\Phi)}$;$C =$ $\dfrac{R_a}{(C_e C_T \Phi^2)}$ 为一个很小的常数,它代表电动机随负载加大而转速下降的斜率。故他励和并励电动机的机械特性是一条稍微向下倾斜的直线,如图 9-36 所示的他(并)励直线所示,机械特性比较硬。他励和并励电动机常用于要求转速基本不受负载影响,又可在大范围内调速的机械,如龙门刨床、大型车床和冶金机械等。

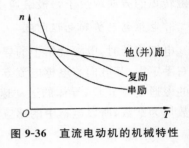

图 9-36 直流电动机的机械特性

2. 串励直流电动机的机械特性

串励直流电动机的机械特性如图 9-36 中的串励曲线所示,这条机械特性曲线比他励和并励电动机的要软得多。

串励电动机中电枢电流 $I_a = I_f$。当负载较小时,电枢电流 I_a 也较小,此时电动机的磁路尚未饱和,可近似地认为每极磁通 Φ 与电枢电流 I_a 成正比,其值也小,由式(9-14)可知,转速 n 很高。随着负载转矩的增加,电枢电流 I_a 增加,Φ 也增加,转速急剧下降。当转矩很大时,I_a 也很大,此时电动机的磁路已接近饱和,故 Φ 可近似地认为是一常数,转速下降很少,机械特性曲线变得较为平直。

串励电动机的转速随着负载的增大而显著下降,这种机械特性称为软特性,这是串励电动机的特点之一。串励电动机的软特性特别适用于起重设备。如当起重机提升重量轻的货物时,电动机的转速较高,可以提高生产效率;当提升很重的货物时,其转速较低,可以保证安全。

当负载较小时,磁路没有饱和,磁通与电枢电流 I_a 成正比,故电磁转矩

$$T = C_T \Phi I_a = C I_a^2$$

由此可见,由于串励电动机电磁转矩 T 与电枢电流 I_a 的平方成正比,因而具有较大的启动转矩,并且当发生过载时,转速 n 会自动下降,电动机的输出功率变化不大,从而避免电动机受损;而当负载减轻时,转速又会自动上升。这是串励电动机的另一个特点,特别适用于电车、电气机车以及电气牵引设备。

但串励电动机在空载或轻载运行时,由于电枢电流 I_a 很小,磁通 Φ 也很小,磁路远未饱和,所以电动机转速上升过高,有可能超出转子机械强度所允许的限度,甚至损坏电动机,所以串励电动机不允许在空载或轻载情况下运行。为防止出现空载"飞车"现象,串励电动机与机械负载之间必须可靠地固定连接,而不允许采用传动带等中间环节传动。

3. 复励电动机的机械特性

为了克服串励电动机空载时的"飞车"现象,又保持串励电动机的优点,通常采用复励电动机。复励电动机兼有并励和串励电动机两方面的特点,机械特性也介于两者之间,如图 9-37

中复励曲线所示。当并励绕组的作用大于串励绕组的作用时,机械特性接近于并励电动机;反之,当串励绕组的作用大于并励绕组的作用时,机械特性接近于串励电动机。

例 9-2　有一台 Z-32 型并励电动机,其额定数据如下:$P_N = 2.2\text{kW}, U = U_1 = 110\text{V}, n = 1500\text{r/min}, \eta = 0.8$。已知 $R_a = 0.4\Omega, R_f = 82.7\Omega$。试求:(1)额定电枢电流;(2)额定励磁电流;(3)励磁功率;(4)额定转矩;(5)额定电流时的反电动势。

解:(1)电动机输入功率 $P_1 = P_N / \eta = 2.2/0.8 = 2.75\text{kW}$

电动机的电枢电流　$I_a = \dfrac{P_1}{U} = \dfrac{2750}{110} = 25\text{A}$

(2)额定励磁电流　$I_f = \dfrac{U_f}{R_f} = \dfrac{110}{82.7} = 1.33\text{A}$

(3)励磁功率　$P_f = I_f U_f = 1.33 \times 100 = 146.3\text{W}$

(4)额定转矩　$T_N = 9550 \dfrac{P_2}{n} = 9550 \times \dfrac{2.2}{1500} = 14\text{N·M}$

(5)额定负载时的反电势 $E = U_a - I_a R_a = 110 - 25 \times 0.4 = 100\text{V}$

例 9-3　有一台并励电动机,其额定数据如下:额定功率 $P_N = 5.5\text{kW}$,额定电压 $U_N = 110\text{V}$,额定转速,额定电流 $I_N = 61\text{A}$,额定励磁电流 $I_f = 2\text{A}$,电枢电阻 $R_a = 0.2\Omega$。试画出该电动机的机械特性(空载损耗转矩忽略)。

解:由并励电动机的机械特性可知,只要求出理想空载转速和额定运行点,即可画出并励电动机的机械特性,在图 9-33(b)中,因为 $I = I_a + I_f$,又因为

$$n_0 = \frac{U_N}{C_e \Phi} \text{且} n_N = \frac{U_N - I_{aN} R_a}{C_e \Phi}$$

所以

$$\frac{n_0}{n_N} = \frac{U_N}{U_N - I_{aN} R_a} = \frac{U_N}{U_N - (I_N - I_f) R_a}$$

$$n_0 = \frac{U_N}{U_N - (I_N - I_f) R_a} n_N = \frac{100 \times 1500}{110 - (61 - 2) \times 0.2} = 1680\text{r/min}$$

在额定状态下运行时的额定输出转矩为

$$T_N = 9550 \frac{P_N}{n_N} = 9550 \times \frac{5.5}{1500} = 35\text{N·M}$$

据此画出该电动机的机械特性如图 9-37 所示。

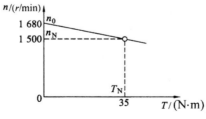

图 9-37　例 9-3 图

9.3.5 直流电动机的运行

直流电动机的启动、调速和制动,是直流电动机的三种运行状态。

1.直流电动机的启动

对直流电动机启动的基本要求是有足够大的启动转矩、启动电流要小、启动时间要短以及启动设备要简单、经济、可靠。

①直接启动。不采取任何限流(限制电枢电流)措施,把静止的电枢直接接入额定电压的电网上。

在启动瞬间,$n=0$,$E=C_e\Phi n=0$,因此直接启动时的启动电流为

$$I_{st}=\frac{U_N-E}{R_a}\approx\frac{U_N}{R_a}$$

相应地,其启动转矩为

$$T_{st}=C_T\Phi I_{st}$$

直接启动的优点是启动转矩大,不需另加启动设备,操作简便。其缺点是由于电枢绕组电阻很小,所以启动电流很大,一般可达额定电流的 10～20 倍,所以直接启动只允许在容量很小的电机中采用。

②电枢回路串接变阻器启动。为了限制启动电流,启动时在电枢回路中串接一电阻,该电阻称为启动电阻 R_{ast},随着转速的升高逐步减除串入的启动电阻。串入的启动电阻值为

$$R_{ast}=\frac{U_N}{I_{st}}-R_a$$

只要启动电阻 R_{ast} 的数值选择得当,就能将启动电流限制在设定的允许范围内。串接电阻启动所需设备少,所以广泛应用于各种直流电动机中。但对大容量电动机,变阻器极为笨重,且频繁启动时电能消耗多。这种方式适用于并励、串励和复励电动机。

③降压启动。降压启动通过降低电动机的电枢端电压来限制启动电流。他励电动机的励磁电流不受端电压变化的影响,因此降压启动应用于他励电动机。降压启动需要有专用稳压电源,启动时,电源电压由小到大,电动机转速以规定的加速度上升,避免了大的电流冲击。

降压启动的优点是启动电流小、启动过程中能量消耗少,且可实现正反转;缺点是成本较高。

例 9-4 对例 9-2 中的电动机,试求:(1)启动瞬间的启动电流;(2)如果要使启动电流不超过额定电流的两倍,启动电阻应为多少?

解: (1)由于启动瞬间,$E=0$,所以

$$I_{st}\approx\frac{U}{R_a}=\frac{110}{0.4}=275\text{A}$$

$$(2)R_{ast}=\frac{U}{I_{st}}-R_a=\frac{110}{2\times25}-0.4=1.8\Omega$$

2.直流电动机的调速

直流电动机的调速,是用人为的方法改变电动机的机械特性,使之在一定的负载下获得不同的转速。在直流电动机的电枢回路串入电阻 R_j 时,电动机的转速为

$$n = \frac{U}{C_e\Phi} - \frac{R_a + R_j}{C_e\Phi}I_a = \frac{U}{C_e\Phi} - \frac{R_a + R_j}{C_e C_T \Phi^2}T \tag{9-16}$$

由此可见，直流电动机的调速方法可以有三种，即调压调速、弱磁调速和改变电枢回路电阻 R_a 调速。

（1）调压调速

调压调速电路如图 9-38 所示。这种调速方法在 R_a 不变、励磁磁通 Φ 不变的条件下，仅通过改变电枢绕组的端电压来实现调速。根据式（9-16）可得

$$n = \frac{U}{C_e\Phi} - \frac{R_a + R_j}{C_e\Phi}I_a = \frac{U}{C_e\Phi} - \frac{R_a}{C_e C_T \Phi^2}T = n_0 - \Delta n \tag{9-17}$$

式中，$n_0 = \dfrac{U}{C_e\Phi}$ 为直流电动机的理想空载转速；$\Delta n = \dfrac{R_a}{C_e C_T \Phi^2}T$ 为直流电动机降的转速。

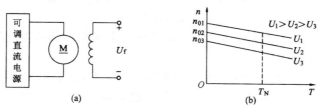

图 9-38　他励电动机调压调速电路
（a）调整电路；（b）机械特性

由此可见，若升高电枢端电压，则电动机转速 n 上升；反之电动机转速 n 将下降。在实际工程中，由于升压受诸多因素的影响（如电枢绕组的绝缘等），所以一般应用降压调速。对恒转矩负载，当电枢电压降低时，理想空载转速 n_0 将下降，而 Δn 则不变，所以其对应不同电压的机械特性几乎是一组平行线，如图 9-38（b）所示。这种调速方法调速比较稳定，调速范围较宽。

（2）弱磁调速

弱磁调速电路如图 9-39（a）所示。这种调速是在 R_a 不变、电枢端电压 U 不变的条件下，增大励磁回路电阻，使 I_f 减小，从而使 Φ 减弱来实现调速的。因为电机的额定磁通一般在设计时已接近饱和，所以增加磁通的可能性不大，因此调速时一般减小磁通 Φ，所以称为弱磁调速。当 Φ 减小时，n_0 上升，Δn 也上升，其机械特性曲线将变陡、变软，如图 9-39（b）所示。

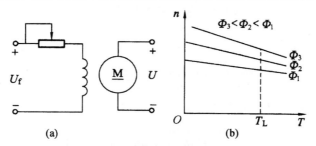

图 9-39　他励电动机弱磁调速
（a）调整电路；（b）机械特性

弱磁调速适用于恒功率调速的场合，其优点是调速经济、平滑，能实现无级调速，控制方便。但必须注意：弱磁调速磁通不可能无限制地减小，转速也不可能无限制升高，励磁回路更不能开路，否则会因转速过高而造成"飞车"事故。

（3）改变电枢回路电阻调速

如图 9-40(a)所示。在电枢回路中串入电阻 R_j，当其他条件均不变时，理想空载转速 n_0 不变，但 Δn 增加，使电动机的转速发生改变，所以调节 R_j 的大小即可实现调速的目的。对应不同 R_j 时的机械特性如图 9-40(b)所示。

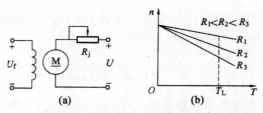

图 9-40　他励电动机改变电枢回路电阻调速

(a)调整电路；(b)机械特性

这种调速方法简单，但特性软、能耗大，在轻载时不能获得低转速，仅适用于调速范围不大、调速时间不长的电动机。

例 9-5　对例 9-2 中的电动机，如果保持额定转矩不变，试求用下列 3 种方法调速时电动机的转速。（1）磁通不变，电枢电压降低 20%；（2）磁通和电枢电压不变，将电枢串联一个 1.6Ω 的电阻；（3）如果电枢电压不变，将额定励磁电流减小 15%。

解：根据式(9-14)可知，电动机在额定状态下

$$C_e\Phi=\frac{U-I_aR_a}{n}=\frac{110-0.4\times25}{1500}=\frac{1}{15}$$

（1）由式(9-17)得

$$n=\frac{U'}{C_e\Phi}-\frac{R_a+R_j}{C_e\Phi}I_a=\frac{(1-0.2)\times110-0.4\times25}{\frac{1}{15}}=1170\text{r/min}$$

（2）串入电阻时，

$$n=\frac{U}{C_e\Phi}-\frac{R_a+R_j}{C_e\Phi}I_a=\frac{110-(0.4+1.6)\times25}{\frac{1}{15}}=900\text{r/min}$$

（3）由于负载不变，调磁后的转矩与额定转矩相等，

$$C_T\Phi I_a=C_T\Phi_N I_{aN}$$

即

$$I_a=\frac{C_T\Phi_N I_{aN}}{C_T\Phi}=\frac{\Phi_N I_{aN}}{\Phi}=\frac{1}{1-0.15}\times25=29.4\text{A}$$

因为调速后的转速和额定转速之比为

$$\frac{n}{n_N}=\frac{\dfrac{U_N-I_aR_a}{C_e\Phi}}{\dfrac{U_N-I_{aN}R_a}{C_e\Phi_N}}=\frac{\Phi}{\Phi_N}\cdot\frac{U_N-I_aR_a}{U_N-I_{aN}R_a}$$

所以

$$n=\frac{\Phi}{\Phi_N}\cdot\frac{U_N-I_aR_a}{U_N-I_{aN}R_a}n_N=\frac{1}{1-0.15}\cdot\frac{110-29.4\times0.4}{110-25\times0.4}\times1500=1734\text{r/min}$$

3. 直流电动机的制动

与三相交流电动机的电磁制动一样,直流电动机的电磁制动有 3 种方法:能耗制动、反接制动和反馈制动。

(1)能耗制动

如图 9-41 所示是他励电动机能耗制动的电路。制动时保持励磁电流不变,将开关由"1"扳向"2",使电枢从电网断开,而将制动电阻 R 串接到电枢电路中。这时,由于转动部分的惯性,电枢继续按原方向旋转,电枢导体切割磁力线产生的感应电动势 E 的方向不变,但原来阻碍电流的反电动势,却变为在电枢绕组和制动电阻 R 上产生电流 I_a 的电动势,此时电动机相当于一台他励发电机。

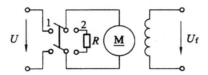

图 9-41 并励电动机的能耗制动

电动机处于发电机状态时,电枢电流 I_a 与磁通 Φ 互相作用产生的电磁转矩 T 与电枢旋转的方向相反,即为制动转矩,迫使电动机很快停止。

电动势 E 随着转速的减小而减小,I_a 和制动转矩也随之变小,当电动机停止时,E 和 I_a 都变为零,制动转矩也就消失了。在制动过程中,转动部分的动能变为电能而在电阻中消耗掉,故称这种制动方法为能耗制动。

制动转矩的大小与电枢电流 I_a 的大小有关,可通过改变制动电阻 R 来改变制动转矩。R 小,则 I_a 大,制动转矩大,制动时间短;反之,制动时间长。但在改变制动电阻 R 时,应注意电枢电流 I_a 不能太大,一般制动时的电流为额定电流的 $1.5\sim2.5$ 倍。

能耗制动线路简单,制动可靠、平稳、经济,故常被采用。

(2)反接制动

反接制动电路如图 9-42 所示。反接制动是把刚脱离电源的电枢绕组反接到电源上进行制动的方法。电枢反接后,电枢电流反向,电磁转矩随之反向,电磁转矩成为制动转矩,使电动机迅速停止。当电动机转速接近零时应及时切断电源,否则电动机会反转。

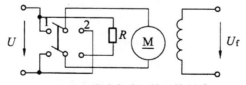

图 9-42 并励电动机的反接制动

由于反接制动时电枢电压与反电动势的方向相同,故电枢电流 I_a 很大。为了限制电流,必须串接较大的限流电阻 R,一般限流电阻的阻值应满足电枢电流 $I_a\approx(1.5\sim2.5)I_N$。

反接制动制动迅速,但要消耗一定能量,并有自动反转的可能性。

(3)发电回馈制动

接在电网上的电动机因转速过高而进入发电机运行状态,这时电磁转矩起制动作用,所发出的电能反馈至电网,故这种制动方法称为发电反馈制动。

9.4　控制电动机

在各种自动控制系统中,广泛使用许多具有特殊功能的小容量电机,作为执行、检测和解算元件,这类电机统称为控制电机。控制电机的主要功能是转换和传递信号。本节将简要介绍伺服电动机、测速发电机和步进电动机。

9.4.1　伺服电动机

伺服电动机也称为执行电动机,在自动控制系统中用作执行元件,将输入的电压信号变换为角位移或角速度输出,其转速和转向非常灵敏并且能准确地随控制电信号的大小和极性而改变。伺服电动机又分为交流伺服电动机和直流伺服电动机。

1.交流伺服电动机

如图 9-43 所示为交流伺服电动机的接线原理图,其实质上是一个两相异步电动机。它的定子上装有两个在空间彼此相差 90°的绕组,其中一个为励磁绕组,接单相交流电源 $\dot{U}_m$,另一个为控制绕组,接控制电源 $\dot{U}_k$。励磁绕组通常串联电容 C 来分相,适当选择电容 C 可使励磁绕组电流和控制绕组电流的相位差接近 90°。交流伺服电动机的转子采用鼠笼型或杯型,如图 9-44 所示为杯型转子伺服电动机的结构图。

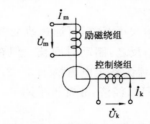

图 9-43　交流伺服电动机接线原理

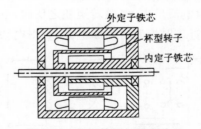

图 9-44　杯型转子伺服电动机

当励磁绕组施加额定电压 $\dot{U}_m$,而控制绕组的电压为零时,电动机处于单相状态,励磁绕组所产生的磁场为脉振磁场,转子静止不动。一旦有控制信号电压 $\dot{U}_k$ 输入,定子内便产生两相旋转磁场,该磁场与转子中的感应电流相互作用产生电磁转矩,使转子沿着旋转磁场的旋转方向转动。

交流伺服电动机的控制方法有:

①幅值控制。即保持控制电压 $\dot{U}_k$ 的相位角与 $\dot{U}_m$ 相差 90°不变,仅仅改变其幅值的大小。

②相位控制。即保持控制电压 $\dot{U}_k$ 的幅值不变,仅仅改变其相位。

③幅相控制。即同时改变控制电压 $\dot{U}_k$ 的幅值和相位。

这三种控制方法的实质是通过改变不对称两相中的正序分量和负序分量之比,来改变电动机运行时正向旋转磁场和反向旋转磁场的相对大小,从而改变其合成旋转磁场,以达到改变转速的目的。

交流伺服电动机具有以下特点:响应迅速,即一旦有信号,电动机就立即输出足够大的转矩,并按规定方向旋转;具有自制动作用,即一旦信号消失,电动机立即停转;具有线性的运行特性,即运行范围要宽。交流伺服电动机的输出功率一般是 $0.1\sim100\text{W}$。当电源频率为 50Hz 时,电压有 36V,100V,220V 和 380V 几种;而频率为 400Hz 时,电压有 20V,26V,36V 和 115V 等。

2.直流伺服电动机

直流伺服电动机采用永磁式或他励式励磁方式,其结构与一般直流电动机基本相同,只是为了减小转动惯量而做得细长些。如图 9-45 所示为他励直流伺服电动机的接线原理图。

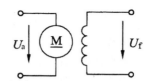

图 9-45　他励直流伺服电动机的接线

直流伺服电动机的转速由信号电压控制。控制方式有两种:电枢控制和磁极控制。

①电枢控制。控制信号电压 U_{k0} 加在电枢绕组两端,如图 9-46(a)所示。采用电枢控制时,U_f 保持不变。当 $U_a=U_{k0}=0$ 时,电枢电流 I_{k0},电磁转矩 $T=0$,转子不动;当 $U_a=U_{k0}\neq0$ 时,电枢电流 $I_{k0}\neq0$,电磁转矩 $T\neq0$,转子转动;若 U_{k0} 反向,则转子反转。

其机械特性为

$$n=\frac{U_a}{C_e\varPhi_{k0}}-\frac{R_a}{C_eC_T\varPhi_{K0}^2}T$$

对应于不同的电枢控制电压 U_{k0},由于伺服电动机导线较细,电枢电阻 R 变化较大,故特性曲线的斜率较大。但在 U_{k0} 变化时,斜率恒定不变,因此所得的机械特性曲线为一组平行的直线,如图 9-46(b)所示。

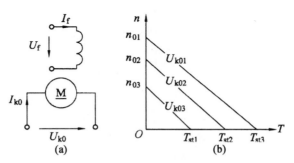

图 9-46　直流伺服电动机电枢控制
(a)原理;(b)机械特性

电枢控制直流伺服电动机的机械特性线性度比较好;控制信号消失后,只有励磁绕组通电,损耗较小;而且电枢回路电感较小,响应迅速,所以大多数直流伺服电动机均采用电枢控制方式。

②磁极控制。控制信号电压 U_{k0} 施加在励磁绕组两端,如图 9-47(a)所示。采用磁极控制时,U_a 保持不变。当 $U_f = U_{k0} = 0$ 时,励磁磁通 $\Phi_{k0} = 0$,电磁转矩 $T = 0$,转子不动;当 $U_f = U_{k0} \neq 0$ 时,励磁电流 $I_f = I_{k0} \neq 0$,电磁转矩 $T \neq 0$,转子转动;若 U_{k0} 反向,则转子反转。

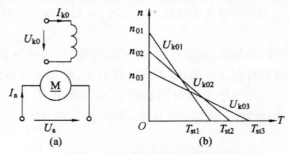

图 9-47 直流伺服电动机磁极控制

(a)原理;(b)机械特性

图 9-47(b)是磁极控制直流伺服电动机的机械特性的一组曲线,图中 $U_{k01} > U_{k02} > U_{k03}$。

直流伺服电动机与交流伺服电动机相比,它的优点是具有线性的机械特性,可以在很大范围内平滑地调节转速,启动转矩大,单位容量的体积小,重量轻;缺点是换向器和电刷接触可靠性较差,所产生的火花对无线电有干扰。

9.4.2 测速发电机

测速发电机是一种把机械转速信号变为电信号的装置,输出电压与转速成正比。在自动控制系统中,它作为测速元件,用于测量转速和提供速度反馈信号。测速发电机按其输出电压的性质分为交流和直流两种。

1.交流测速发电机

交流测速发电机的结构与交流伺服电动机结构相同。定子上装有励磁绕组和输出绕组,这两个绕组在空间相隔 $90°$。转子分鼠笼型转子和空心杯型两种。杯型转子结构简单,转动惯量小,测量精度和灵敏度高,因此得到了广泛的应用。

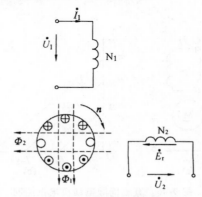

图 9-48 交流测速发电机原理

交流测速发电机的工作原理如图 9-48 所示。励磁绕组 N_1 接在交流电源 $\dot{U}_1$ 上,励磁电压的频率和有效值恒定不变,输出绕组 N_2 两端接交流电压表,发电机的转子与被测转速的转轴相连,交流电压表的读数与发电机的转速成正比。

在测速发电机静止时,励磁电流 $\dot{I}_1$ 在励磁绕组的轴线方向产生一个交变脉振磁通 $\dot{\Phi}_1$,由于该脉振磁通与输出绕组 N_2 的轴线垂直,输出绕组中并无感应电动势产生,故输出电压为零。

当测速发电机由被测转轴驱动时,因转子导体切割励磁磁通(杯型转子可视作由无数并联的导体条组成,和鼠笼型转子一样),在转子导体中产生感应电动势 $\dot{E}_r$,其大小与转速及励磁磁通成正比。由于磁通是交变的,所以感应电动势也是交变的,并在转子导体中产生短路电流 $\dot{I}_r$,其大小与感应电动势 $\dot{E}_r$ 成正比,并在垂直于励磁绕组轴线的方向上产生脉振磁场,该磁场方向与输出绕组轴线一致,因而在输出绕组中感应出与励磁电源同频率的交变电动势 E_2,于是就有电压 $\dot{U}_2$ 输出,其大小与短路电流 $\dot{I}_r$ 成正比,即

$$\dot{U}_2 \propto I_r \propto E_r \propto n\Phi_1$$

由此可见,若励磁磁通 $\dot{\Phi}_1$ 为常数,$\dot{U}_2$ 就正比于转速 n,其频率完全取决于励磁电源频率,而与转速无关。若被测转轴的转向改变,则交流测速发电机的输出电压在相位上发生 $180°$ 的变化。

2. 直流测速发电机

直流测速发电机有两种类型:永磁式,即采用永磁体做磁极;他励式,即采用他励励磁方式,其工作原理如图 9-49 所示。控制系统对直流测速发电机的要求有:输出电压 U 与转速 n 成正比;电机正、反转特性一致;输出的交流分量要小;温度对发电机输出特性的影响要小。

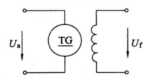

图 9-49 他励励磁发电机原理

由于直流测速发电机的磁通 Φ 恒定,所以电枢电动势正比于转速,即

$$E_a = C_e \Phi n$$

带负载时的输出电压

$$U = E_a - I_a R_a = C_e \Phi n - I_a R_a$$

而电枢电流

$$I_a = \frac{U}{R_L}$$

所以

$$U = C_e \Phi n - I_a R_a = C_e \Phi n - \frac{R_a}{R_L}$$

即

$$U = \frac{C_e \Phi n}{R_L + R_a}$$

由此可见,当 R_L 一定时,测速发电机的输出电压 U 与转速 n 成正比。空载时,$R_L = \infty$,$I_a = 0$,所以 $U = E$。

直流测速发电机的输出电压与负载电阻的大小有关。当负载电阻 R_L 减小时,电枢电流 I_a 增大,输出电压下降。在不同负载条件下,直流测速发电机的输出特性如图 9-50 所示。

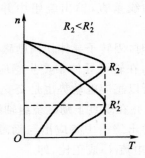

图 9-50　直流测速发电机的输出特性

当直流测速发电机接有负载,且转速较高时,电枢电流较大,在电机内部电枢电流 I_a 所产生的磁场将对主磁场起削弱作用,使感应电动势 E_a 减小,此时输出电压 U 已不再与转速 n 成正比,使输出特性在高速时向下弯曲(见图 9-50)。为了避免输出特性的过度非线性,在直流测速发电机的技术数据中列有"最小负载电阻和最高转速"一项。在使用时应注意,所接的负载电阻不得小于最小负载电阻,转速不得高于最高转速,否则测量误差会增加。

直流测速发电机的旋转方向改变时,输出电压的极性也跟着改变。因此,由测速发电机输出电压的极性可以确定其旋转方向。

永磁式测速发电机不需要励磁电源,结构简单,运行时不受励磁电源电压波动的影响,其缺点是易受环境温度和振动等因素影响,因此永磁测速发电机只用于精度要求不高的场合。

9.4.3　步进电动机

步进电动机是数字控制系统中的执行元件。它的功能是将电脉冲信号变换成角位移或直线位移。由于其输入信号为脉冲电压,输出角位移是跃迁式的,即每输入一个电脉冲信号,步进电动机就旋转一定的角度或前进一步,因此,步进电动机也称为脉冲电动机。

步进电动机转子的位移与脉冲数成正比,因而其转速与脉冲频率成正比,而不受电源电压、负载大小和环境条件的影响。它与伺服电动机相比较,具有启动转矩较大、动作更加准确、调速范围宽广等特点。在脉冲技术和数字控制系统中,步进电动机得到了广泛应用。

1. 步进电动机的结构

步进电动机的种类繁多,按励磁方式可分为反应式、永磁式和感应式三种。其中反应式步进电动机具有惯性小、反应快、结构简单等特点,因而得到了广泛的应用。下面以反应式步进电动机为例进行介绍。

图 9-51(a)是三相反应式步进电动机的典型结构示意图,定子和转子都用硅钢片叠成。定子上有均匀分布的六个磁极,磁极上有小齿。转子上没有绕组,但有小齿若干个,其齿距与定子齿距相等。定子磁极上绕有控制(励磁)绕组,相对两个极上的绕组串联起来组成一相,六个磁极共有三相绕组,每相绕组接法如图 9-51(b)。显然这是一个三相电动机。步进电动机还可做成四相、五相、六相等,但至少要有三相,否则不能形成启动力矩。

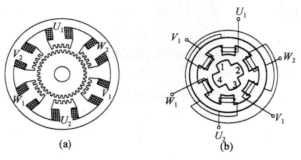

图 9-51　三相反应式步进电动机结构

(a)典型结构;(b)绕组接线

2.步进电动机的工作原理

步进电动机工作时,驱动电源将脉冲信号电压按一定的顺序轮流施加到定子三相绕组上,按其通电顺序的不同,三相反应式步进电动机可以有单三拍、六拍和双三拍等工作方式。

所谓"拍"是指步进电动机从一相通电状态换接到另一相通电状态、、每一拍使转子在空间转过一个角度,即前进一步,这个角度称为步距角。

(1)三相单三拍控制

所谓"三相"是指三相步进电动机,而"单"是指每次只给一相绕组通电,"三拍"是指通电三次完成一个通电循环。

如图 9-52 所示为步进电动机三相单三拍控制方式时的工作原理图。其控制过程为:当 U 相绕组单独通入电脉冲时,建立以 U_1—U_2 为轴线的磁通,U_1U_2 极成为电磁铁的 N,S 极,转子的 1,3 齿被拉到与磁极 U_1—U_2 对齐,使磁路的磁阻最小,如图 9-52(a)所示;U 相脉冲结束后,V 相绕组通入电脉冲,又会建立以 V_1—V_2 为轴线的磁场,如图 9-52(b)所示;靠近 V 相的转子齿 2,4 将转到与 V_1—V_2 极对齐的位置。这样转子顺时针转过 30°角;而当 V 相脉冲结束,W 相绕组通入电脉冲后,靠近 W 相的转子齿将转到与 W_1—W_2 极对齐的位置,如图 9-52(c)所示,转子又顺时针转了 30°角。

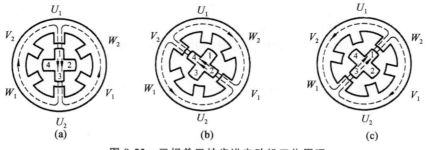

图 9-52　三相单三拍步进电动机工作原理

(a)U 相通电;(b)V 相通电;(c)W 相通电

显然,当电脉冲信号一个一个顺序输入进来,三相定子绕组按 $U→V→W→U→$……的顺序轮流通电,则电动机便按顺时针方向一步一步地转动,步距角为 30°。通电换接 3 次,则磁场旋转 1 周,转子只前进了 1 个齿距角(转子 4 个齿时齿距角为 90°)。显然电动机的转速取决于脉冲的频率,频率越高,电动机的转速也越高。

相反当步进电动机的通电顺序改为 $U \rightarrow W \rightarrow V \rightarrow U \rightarrow \cdots \cdots$ 时,电动机则反转。

（2）双三拍控制

所谓"双三拍"控制方式是每次有两相绕组同时通电,即按照 $UV \rightarrow VW \rightarrow WU \rightarrow UV \rightarrow \cdots \cdots$ 顺序通电。

当 UV 两相同时通电时,由于 UV 两相的磁极对转子齿都有吸引力,所以转子将转到如图 9-54(a)所示的位置;接着 VW 两相绕组同时通电,转子又转到如图 9-54(b)所示的位置,即按顺时针方向转过 $30°$;随后 WU 两相同时通电时,转子又转过 $30°$,转到图 9-54(c)的位置。可见三相双三拍控制的步距角仍为 $30°$。

由于双三拍控制时,每次都有两相绕组通电,在转换中始终都有一相绕组保持通电,因此工作较为平稳。

若通电顺序反过来,则步进电动机将反转。

（3）六拍控制

三相六拍控制实质上是单三拍控制和双三拍控制的组合,其通电顺序按 $U \rightarrow UV \rightarrow V \rightarrow VW \rightarrow W \rightarrow WU \rightarrow U \rightarrow \cdots \cdots$ 进行。设一开始 U 相绕组通电,而后是 UV 两相同时通电,然后是 V 相通电,接着是 VW 两相同时通电……。当 U 相单独通电时,转子将转到图 9-52(a)所示的位置。当 UV 两相同时通电时,转子就顺时针转过一个步距角 $\theta\}$,如图 9-53(a)的位置,显然步距角为 $\theta = 15°$。这样,按以上顺序每改变通电绕组一次,转子就顺时针转过一个步距角 θ。若通电顺序反过来,变为 $U \rightarrow UW \rightarrow W \rightarrow WV \rightarrow V \rightarrow VU \rightarrow U \rightarrow \cdots \cdots$ 则步进电动机反转。在这种控制方式中,定子三相绕组经 6 次换接完成一个循环,故称"六拍"控制。

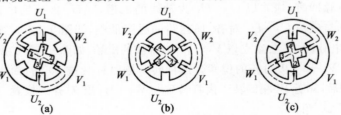

图 9-53　双三拍步进电动机工作原理

(a)UV 相通电;(b)VW 相通电;(c)WU 相通电

由于这种控制方式在每次转换绕组通电时始终保证有一相绕组通电,故工作也比较稳定,实际应用较多。

根据上述讨论可以看出,无论采用何种控制方式,步距角 θ 与转子齿数 Z_r、拍数 m 之间都存在着如下关系:

$$\theta = \frac{360°}{Z_r m}$$

如单三拍控制时,$Z_r = 4$,$m = 3$,则步距角为

$$\theta = \frac{360°}{Z_r m} = \frac{360°}{4 \times 3} = 30°$$

而六拍控制时,转子齿数 $Z_r = 4$,$m = 6$,则步距角为

$$\theta = \frac{360°}{Z_r m} = \frac{360°}{4 \times 6} = 15°$$

转子每经过一个步距角相当于转了 1 圈,若脉冲频率为 f,则转子每秒钟就转了 $\dfrac{f}{Z_r m}$ 转,所以步进电动机的转速为

$$n=\frac{60f}{Z_r m}(\mathrm{r/min})$$

由此可见,步进电动机的转速与脉冲频率成正比。

在实际应用中,为使步进电动机运行平稳,要求步距角越小越好,通常为 3° 或 1.5°。减小步距角有两个方法:一是增加相数(即增加拍数),二是增加转子的齿数。但增加相数会使驱动电源复杂化,所以较好的方法是增加转子的齿数。在图 9-51(a)中步进电动机转子的齿数 Z_r =40,在定子每一极上也开了 5 个齿。当 U 相绕组通电时,U 相磁极下的定、转子齿应全部对齐,而 V,W 相上的定、转子齿依次错开 1/3 个齿距角,这样在 U 相断电而别的相通电时,转子才能继续转动。

当采用单三拍运行时,

$$\theta=\frac{360°}{Z_r m}=\frac{360°}{40\times 3}=3°$$

采用六拍运行时,

$$\theta=\frac{360°}{Z_r m}=\frac{360°}{40\times 6}=1.5°$$

3. 步进电动机的应用举例

通过以上分析可以看出,步进电动机具有结构简单,维护方便,精确度高,调速范围大,启动、制动和反转灵敏等优点。如果停机后某些相仍保持通电状态,则步进电动机还具有自锁能力。由于步进电动机能将电脉冲信号变换成相应的机械位移或角度位移,这符合数字控制系统的要求,因此步进电动机广泛应用于数字控制系统中,如数控机床、绘图机、自动记录仪、检测仪表、数模转换装置以及其他仪表中。

如图 9-54 所示是利用步进电动机实现电子数字控制机床工作台进退刀功能的驱动系统示意图。

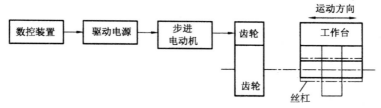

图 9-54　数控机床工作台驱动示意图

数控装置根据机床操作程序,将指令送给步进电动机的驱动电源,转换成步进电动机励磁绕组的控制脉冲;步进电动机在此脉冲的控制下,以一定的通电方式运行,使其输出轴以一定的转速运转,并转过对应脉冲数的角位移量;再经过减速齿轮带动机床的丝杠旋转,于是工作台在丝杠的带动下,前进或后退相应的距离,实现定量进刀或退刀。

如果机床工作台的控制系统设置两套步进电动机驱动装置,分别用来控制工作台的横向(X 方向)移动和小刀架的纵向(Y 方向)移动,则系统就可以实现程序控制,机床便可精确加工出较为复杂的工件来。

第10章　继电接触器控制系统

10.1　常用的低压电器

由按钮（button）、继电器（relay）、接触器（contactor）等低压电器组成的控制系统，称为继电接触器控制系统。这些电器按照一定顺序接通与断开，实现对生产机械的自动控制。该系统具有线路简单、价格低廉、维护方便等优点，在各种生产机械的控制领域中得到了广泛的应用。

电器种类繁多，本节主要介绍继电—接触器控制中常用的几种低压电器。所谓低压是指工作电压不超过 1200V。低压电器可分为手动电器与自动电器两大类。

10.1.1　手动电器

手动电器主要是由工作人员用手来直接操作进行切换的电器。

1. 刀开关

刀开关是结构最简单的一种手动开关，如图 10-1(a)所示。按极数不同，把刀开关分为单极（刀）、双极（刀）与三极（刀）三种，其电路符号与文字符号如图 10-1(b)所示。

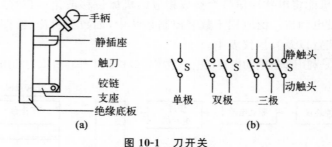

图 10-1　刀开关

(a)结构示意；(b)图形、文字符号

刀开关用于不频繁接通和分断的低压电路。

2. 组合开关

组合开关又称转换开关，其刀片是转动式的，由装在同一转轴上的单个或多个单极旋转开关叠装组成。组合开关有单极、双极、三极和四极结构。如图 10-2 所示为常用的 HZ10 系列组合开关。它有三对静触片，每个触片的一端固定在绝缘垫板上，另一端伸出盒外，连在接线柱上。三个动触片套在装有手柄的绝缘转轴上，转动手柄时就可以把彼此相差一定角度的三个触点同时接通或断开。

组合开关常用做生产机械电气控制线路中的电源引入开关，也可用于小容量电动机的不频繁控制及局部照明电路中。

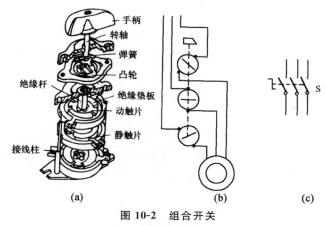

图 10-2　组合开关

(a)结构图；(b)接线图；(c)图形、文字符号

3.熔断器

熔断器是最简便、有效的常用短路保护电器，串接在被保护的电路中。熔断器中的熔片或熔丝统称为熔体，一般用电阻率较高的易熔合金制成，例如铅锡合金等。当线路正常工作时，熔断器的熔体不应熔断，一旦发生短路，熔体应立即熔断，及时切断电源，达到保护线路和电气设备的目的。如图 10-3 所示是常用的三种熔断器的结构图及其图形文字符号。

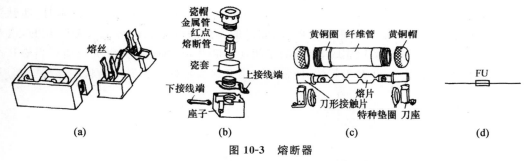

图 10-3　熔断器

(a)插入式；(b)螺旋式；(c)管式；(d)图形、文字符号

熔体额定电流的计算：

①照明和电热电路用的熔体。熔体额定电流≥被保护设备的额定电流。

②一台电动机用的熔体。熔体额定电流≥电动机的启动电流/k。一般情况下，k 值取 2.5；如果电动机启动频繁，则取 $k=1.6\sim2$。这样，既防止了在电动机启动时熔体熔断，又能在短路时尽快熔断熔体。

③几台电动机合用的熔体。熔体额定电流等于 1.5～2.5 倍容量最大的电动机的额定电流同其余电动机的额定电流之和。

在实际应用中，常把熔断器和刀开关组合在一起，例如闸刀开关和铁壳开关，既可用来接通或切断电路，又可起短路保护作用。闸刀开关如图 10-4(a)所示，常用瓷底胶木盖保证安全，刀片下面装熔丝。安装时要注意，电源进线应接在刀座上，用电设备应接在刀片下面熔丝的另一端。这样，当闸刀开关断开时，刀片和熔丝不带电，保证装接熔丝时的安全。另外，当垂直安装闸刀开关时，规定操作刀片用的手柄向上合闸接通电源，向下拉闸为切断电源，不能反装,否则会因振动等原因引起刀片自然下落造成误合闸。

铁壳开关如图 10-4(b)所示。当操作手柄拉开刀片时,由于速断弹簧的作用,使刀片能够迅速脱离刀座,避免电弧烧伤。铁壳上装有一凸筋,它与操作手柄的位置有机械联锁作用:当铁壳盖打开时,无法使开关合闸;当开关合上时,铁壳盖不能打开,以保证使用安全。

闸刀开关与铁壳开关的图形与文字符号如图 10-4(c)所示。

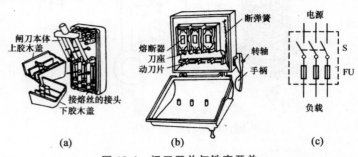

图 10-4 闸刀开关与铁壳开关
(a)闸刀开关;(b)铁壳开关;(c)图形、文字符号

4.按钮

按钮是用于接通或断开电流较小的控制电路,从而控制电流较大的电动机或其他气设备的运行,是起指令作用的简单手动开关。

按钮的结构及其图形、文字符号分别如图 10-5(a)、(b)所示。在未按下按钮帽时,动触头与上面的静触头接通,这对触头称为常闭触头;此时的动触头与下面的静触头是断开的,这对触头称为常开触头。当按下按钮帽时,上面的常闭触头断开,下面的常开触头接通。当松开按钮帽时,在复位弹簧作用下,动触头复位,使常闭与常开触头都恢复到原来的状态。

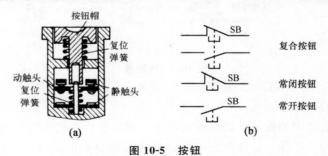

图 10-5 按钮
(a)结构剖面图;(b)图形、文字符号

应当注意,按下按钮帽时,动触头先断开常闭触头,后接通常开触头;手松按钮帽复位时,动触头先使常开触头复位,后使常闭触头复位;虽然过程短暂,但有时间差。

10.1.2 自动电器

自动电器是按照指令、信号或某个物理量的变化而自动动作的,例如各种继电器、接触器、行程开关等。

1.接触器

接触器是一种依靠电磁力作用使触头闭合或分离从而接通或断开电动机或其他用电设备电路的自动电器。如图 10-6 所示是交流接触器的外形、结构与图形、文字符号。

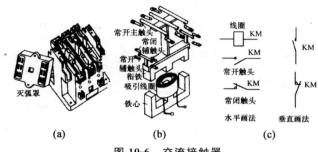

图 10-6　交流接触器
(a)外形；(b)结构；(c)图形、文字符号

由图 10-6 可见,接触器主要由电磁系统和触头部分组成。电磁系统包括吸引线圈、铁芯、衔铁;触头有动触头与静触头之分。当吸引线圈通电后,产生电磁吸力吸引衔铁向下移动,使常闭触头先断开、常开触头后闭合。当吸引线圈失电后,电磁吸力消失,在复位弹簧作用下,衔铁和各触头恢复原位。

根据用途不同,接触器的触头分主触头和辅助触头两种。主触头的接触面较大,允许通过较大的电流,接在电动机的主电路中。辅助触头的接触面较小,只能通过较小的电流,常接在电动机的控制电路中。例如,CJ10—20 型交流接触器有三个常开主触头、两个常开辅助触头和两个常闭辅助触头。

为了防止主触头断开时产生电弧烧坏触头,并使切断时间延长,通常交流接触器的触头都做成桥式,具有两个断点;电流较大的交流接触器还设有灭弧装置。为了减小铁损,交流接触器的铁芯用硅钢片叠成。为了消除铁芯的颤动和产生的噪声,在铁芯端面的一部分套有短路环。

在选用接触器时应注意它的额定电流、吸引线圈工作电压、触头数量等。

2.继电器

继电器种类很多,作用原理也不相同,下面介绍几种常用的继电器。

(1)中间继电器

中间继电器的结构和工作原理与接触器相似,只是其电磁系统小些,触头数多些,且无主、辅触头之分,主要用于控制电路中,起传递信号与同时控制多个电路的作用。它的图形、文字符号如图 10-7 所示。

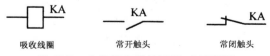

图 10-7　中间继电器的图形、文字符号

在选用中间继电器时,主要考虑电压等级和触头数量。常用中间继电器有 JZ7 系列和 JZ8 系列两种。

（2）时间继电器

时间继电器是按照所设定的时间间隔长短来接通或断开电路的自动电器。它的种类很多，常用的有空气式、电动式、电子式等。如图 10-8 所示为通电延时空气式时间继电器的结构示意图及其图形、文字符号。

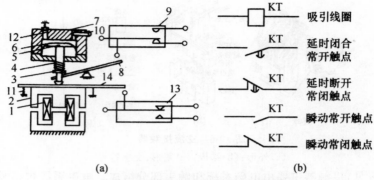

图 10-8　通电延时空气阻尼式时间继电器
(a)结构示意；(b)图形、文字符号

当吸引线圈 1 通电后把衔铁 2 吸下，微动开关瞬动触头 13（一个常闭、一个常开）动作。但衔铁与活塞杆 3 之间有一段距离，在释放弹簧 4 的作用下，活塞杆向下移动。由于伞形活塞 5 的表面固定一层橡皮膜 6，因此当活塞向下移动时，在皮膜上面造成空气稀薄的空间，受到下面空气的压力使活塞不能迅速下移。当空气由进气孔 7 进入时，活塞才逐渐下移。移动到最后位置时，杠杆 8 使微动开关延时触头 9（一个常闭、一个常开）动作。延时时间为自吸引线圈通电时刻起到微动开关动作时止的这段时间。通过调节螺钉 10 调节进气孔大小便可调节延时时间。吸引线圈断电后，依靠恢复弹簧 11 的作用使衔铁、触头复位。空气经由出气孔 12 被迅速排出。

如图 10-9 所示为断电延时空气式时间继电器的结构示意图及其图形、文字符号。

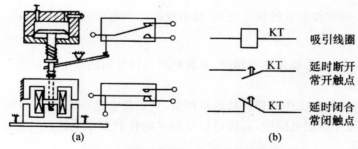

图 10-9　断电延时空气式时间继电器
(a)结构示意；(b)图形、文字符号

实际上，把图 10-8(a)所示的通电延时时间继电器的铁芯倒装一下便成为断电延时时间继电器。

（3）热继电器

热继电器是用来保护电动机使之免受长期过载危害的保护电器。热继电器是利用电流的热效应而动作的。如图 10-10 所示为热继电器的结构原理示意图及其图形、文字符号。

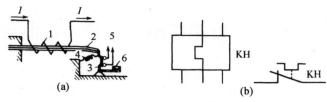

图 10-10　热继电器

(a)结构原理示意图；(b)图形、文字符号

在图 10-10(a)中，热元件 1 是一段电阻不大的电阻丝，接在电动机的主电路中。双金属片 2 是由两种具有不同膨胀系数的金属辗压而成的，上层金属膨胀系数小、下层金属膨胀系数大。当电动机的主电路中电流超过容许值而使双金属片受热时，它便向上弯曲，因而脱扣，扣扳 3 在弹簧 4 的拉力下把常闭触头 5 断开。触头 5 接在电动机的控制电路中，它将控制电路断开而使接触器线圈断电，从而使接在电动机主电路的接触器的主触头断开，切断主电路。发生短路事故时希望电路立即断开，由于热惯性，热继电器不能立即动作，因此热继电器不能起短路保护作用。但是，热继电器的热惯性使其在电动机启动或短时过载时不会动作，避免了电动机的不必要停车，这是合乎使用要求的。

注意，排除过载故障后，双金属片冷却了，按下复位按钮 6 才能使热继电器重新工作。

通常用的热继电器有 JR0、JR10 与 JR16 等系列。热继电器的主要技术数据是整定电流。整定电流就是热元件中通过的电流超过此值的 20％时，热继电器应当在 20 分钟内动作。通常使整定电流与电动机额定电流基本一致。

3. 行程开关

行程开关又称限位开关，它是利用机械部件的位移来切换电路的自动电路。行程开关的结构和工作原理与按钮相似，只是按钮靠人手去按，而行程开关靠运动部件上的撞块来撞压。当撞块压下行程开关时，使其常闭触头断开，常开触头闭合。当撞块离开时，靠弹簧作用使触头复位。行程开关有直线式、单滚轮式、双滚轮式等。如图 10-11 所示为单滚轮式行程开关的外形、结构原理图及其图形、文字符号。双滚轮式行程开关无复位弹簧，不能自动复位，它需要两个方向的撞块来回撞压才能重复工作。

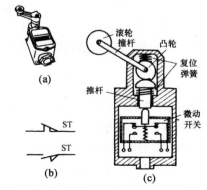

图 10-11　单滚轮式行程开关

(a)外形图；(b)结构原理图；(c)图形、文字符号

10.2　电动机继电接触器的基本控制电路

电动机直接起动最简单的方法是用三极刀开关控制，如图 10-12 所示。电源的接通和断开是通过人们用手操作开关直接控制的。合上三极刀开关 QS，三相电源电压通过刀开关 QS、熔断器 FU 直接加到电动机的定子绕组上，电动机开始单向运行；断开 QS，电动机立即停转。车间里的三相电风扇、砂轮机等常用这种控制电路。实际上 QS 和 FU 常常是负荷开关，即闸刀开关或铁壳开关，有时也有用组合开关加熔断器控制的。这种电路只能用于小容量电动机的不频繁控制。

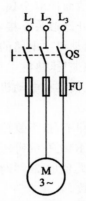

图 10-12　三极刀开关控制

但是，各种生产机械的动作要求是各种各样的，单用手动开关控制电动机的起动和停止一般不能满足要求，而要用各种不同的控制电路对这些机械实施控制。但是这些电路无论简单还是复杂，一般总是由一些基本的控制环节构成，下面以工业生产中最常见的三相电动机的控制电路为例，介绍继电－接触器控制的基本控制环节及其工作原理。

10.2.1　直接起动控制

1.点动控制

所谓点动控制是指操作者按下按钮时，电动机就起动运行；松开按钮时，电动机就停止转动；简单地说就是"点一点，动一动，不点则不动"。它常用于生产机械的调整、试车和电动葫芦的起重电动机控制等。

如图 10-13(a)所示为点动控制的接线图，它由隔离开关 QS、熔断器 FU、按钮 SB、接触器 KM 和电动机 M 组成。当电动机需要点动时，先合上 QS，再按下 SB，使接触器 KM 的吸引线圈通电，铁芯吸合，于是接触器的三对主触点闭合，电动机与电源接通而运转；松开 SB 后，接触器 KM 的线圈失电，动铁芯在弹簧作用下释放复位，主触点 KM 断开，于是电动机就停转。

图中 QS 的图形是三极手动隔离开关，当需要对电动机或电路进行检查，维修时，用隔离开关来隔离电源，确保操作安全。起动时应先合上 QS，再按下 SB；停转时应先松开 SB，再切断 QS。

图 10-13(a)所示的接线图虽然直观，但不便画图和读图。为了方便起见，通常用规定的图

形符号和文字符号把电路画成图 10-13(b)那样的原理图。原理图分成两部分,一部分由隔离开关 QS、熔断器 FU、接触器的主触点 KM 和电动机 M 组成,这是电动机的工作电路,称为主电路,通常画在左边;另一部分由按钮 SB 和接触器线圈 KM 组成,它是控制主电路通或断的,称为控制电路,画在右边。控制电路的电流较小,它可以与主电路共用一个电源,也可另设电源专门供给控制电路,控制电压通常取 380V 或 220V。在原理图中,同一电器的各部分,如接触器的吸引线圈和触点等可以分开画,但必须用同一文字符号(KM)表示出来。

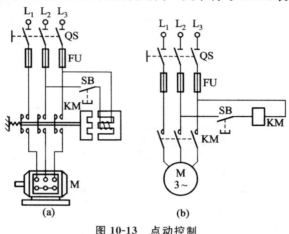

图 10-13　点动控制

(a)接线图;(b)原理图

从上面的电路分析可以看出,对电动机的控制,实际上是通过对接触器线圈的通、断电来实现的。控制了接触器线圈的通电和断电,也就控制了电动机的运转和停转。这是分析继电—接触器控制电路的关键所在。

2.起、停控制

大多数生产机械需要连续工作,例如水泵、通风机、机床等,如仍采用如图 10-13 所示的点动控制电路,则需要操作人员一直按着按钮来工作,这显然不符合生产实际要求。为了使电动机在按过按钮以后能保持连续运转,需用接触器的一对动合触点与按钮并联,如图 10-14 所示。

当按下起动按钮 SB_{st} 以后,接触器线圈 KM 通电,其主触点 KM 闭合,电动机运转。同时辅助触点 KM 也闭合,它给线圈 KM 另外提供了一条通路。因此按钮松开后线圈能保持通电,于是电动机便可继续运行。接触器用自己的动合辅助触点"锁住"自己的线圈电路,这种作用称为自锁。此时该动合辅助触点称为自锁触点。

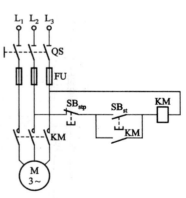

图 10-14　起、停控制电路

这时的按钮 SB_{st} 已不再起点动作用,故改称它为起动按钮。另外,电路中还串接了一个停止按钮 SB_{stp},用它的动断触点功能。没按它时,它是闭合的,对电路不产生影响,当需要电动机停转时,按下 SB_{stp} 使动断触点断开,线圈 KM 失电,主触点和自锁触点同时断开,电动机便停转。

自锁触点除了自锁的功能外,还可起到失压保护的作用。

3. 多地点控制

有的生产机械可能有几个操作台,各台都能操作生产机械,称为多地点控制。如图 10-15 所示是多地点独立操作的起、停控制电路,它有三套起、停按钮 SB_{st1} 和 SB_{stp1}、SB_{st2} 和 SB_{stp2} 以及 SB_{st3} 和 SB_{stp3},分别置于三个操作台上。三个起动按钮 SB_{st1}、SB_{st2}、SB_{st3} 相并联,按下其中任一个起动按钮都可以使接触器线圈 KM 通电,起动电动机;三个停止按钮 SB_{stp1}、SB_{stp2}、SB_{stp3} 串联,按下其中任一个按钮都可以使接触器线圈 KM 断电,电动机停止运行。

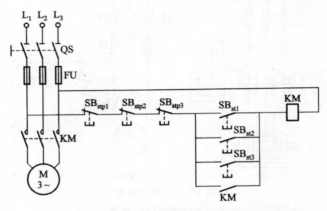

图 10-15　多地点独立操作的起、停控制电路图

如图 10-16 是多地点共同操作的起、停控制电路,它也有三套起、停按钮,所不同的是三个起动按钮是相串联的,不能独立操作,只有同时按下三个起动按钮,才能使电动机起动。有些重要的特殊设备,为了保证操作安全,可采用这种控制电路,由几个操作者共同操作起动。该控制电路中的三个停止按钮则可独立操作,以保证发生紧急情况时的安全。

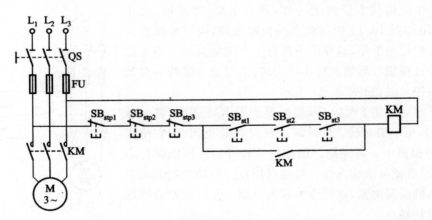

图 10-16　多地点同时操作的起、停控制电路图

4. 单向自锁运行控制

单向自锁运行控制又称为单向连续运行控制,它是电动机直接起动控制方式的一种类型。三相异步电动机直接启动控制电路图如图 10-17 所示。

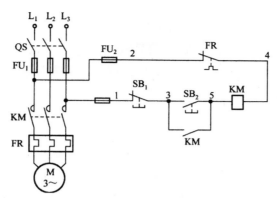

图 10-17 三相异步电动机直接起动控制电路图

三相异步电动机操作过程如下：

①在起动时，先合上隔离开关 QS，再按下起动按钮 SB_2，接触器 KM 线圈通电，接触器 KM 的动合主触点闭合，引入三相电源，电动机起动运行。同时，与 SB_2 并联的接触器 KM 的辅助动合触点闭合，以保证松开起动按钮 SB_2 后，接触器 KM 线圈能持续通电，使电动机能连续运转。这里接触器 KM 的辅助动合触点的作用称为"自锁"功能，表示利用自己的辅助触点的动作来维持或锁定自己的工作状态。

②在停车时，按下停止按钮 SB_1，接触器 KM 线圈断电，与 SB_2 并联的 KM 的辅助动合触点断开，解除自锁。由于 KM 线圈断电，KM 的主触点断开电源，电动机断电停车。

在图 10-17 中，设置有短路保护、过载保护和零压（欠压）保护。

起短路保护作用的是串接在主电路中的熔断器 FU_1。一旦电路发生短路故障，熔丝立即熔断，隔离电源，控制电路断开，从而使电动机立即停转。

起过载保护作用的是热继电器 FR。当过载时，热继电器的发热元件发热，将其动断触点断开，使接触器 KM 线圈断电，串联在电动机回路中的 KM 的主触点断开，电动机停转。同时接触器 KM 辅助触点也断开，解除自锁。故障排除后若要重新起动，手动按下热继电器 FR 的复位按钮，使热继电器 FR 的常闭触点复位（闭合）即可。

起零压（或欠压）保护作用的是接触器 KM 本身。当电源暂时断电或电压严重下降时，接触器 KM 线圈的电磁吸力不足，衔铁自行释放，使主、辅触点自行复位，切断电源，电动机停转，同时解除自锁。

10.2.2 正反转控制

对于两方向移动的机械来说，如电梯的升降、工厂车间里行车的移动、起重机提升或下放货物、机床工作平台的两方向移动等，这些都可以通过电动机正反转拖动机械移动来实现。由三相异步电动机的工作原理可知，要改变电动机的旋转方向，只需要将电动机接至电源的 3 根输出端线中的任意两根对调后接至电源即可。

如图 10-18 所示为三相异步电动机正反转电气联锁控制电路图。设接触器 KM_F 控制电动机正转，接触器 KM_R 控制电动机反转。其控制过程如下：

1.电动机正向运转

①起动时，先闭合隔离开 QS，按下正转起动按钮 SB_F，接触器 KM_F 线圈通电，接触器

KM_F 动合主触点闭合,电动机正向起动运转;同时,与 SB_F 并联的 KM_F 的辅助动合触点闭合,以保证 KM_F 线圈持续通电(自锁),电动机可以连续正向运转。

②停止时,按下停止按钮 SB_1,接触器 KM_F 线圈断电,与 SB_F 并联的 KM_F 辅助动合触点复位断开,解除自锁,接触器 KM_F 动合主触点复位断开,切断电动机定子三相绕组电源,电动机停转。

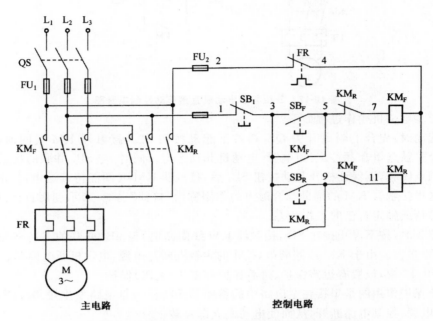

图 10-18　三相异步电动机正反转电气联锁控制电路图

2.电动机反向运转

如图 10-19 所示为电动机正反转控制电路,其控制特点是:电动机正转→停止→反转,或电动机反转→停止→正转。

起动时,按下反转起动按钮 SB_R,接触器 KM_R 线圈通电,接触器 KM_R 动合主触点闭合,电动机定子绕组接三相电源中的两相接线对调换相,使定子三相绕组产生的旋转磁场反向,致使电动机反向起动运转;同时,与 SB_R 并联的 KM_R 的辅助动合触点闭合,以保证 KM_R 线圈持续通电(自锁),电动机可以连续反向运转。

停止时,按下停止按钮 SB_1,接触器 KM_R 线圈断电,与 SB_R 并联的 KM_R 辅助动合触点复位断开,解除自锁,接触器 KM_R 动合主触点复位断开,切断电动机定子三相绕组电源,电动机停转。

为避免接触器 KM_F 与 KM_R 同时通电工作而造成主电路相间发生短路故障,在电路中先将接触器 KM_F 的辅助动断触点串入 KM_R 的线圈回路中,从而保证在 KM_F 线圈通电时,KM_R 线圈回路是断开的;再将接触器 KM_R 的辅助动断触点串入 KM_F 的线圈回路中,从而保证在 KM_R 线圈通电时,KM_F 线圈回路是断开的。这样连接保证了两个接触器线圈不能同时通电,这种控制方式称为联锁(或称互锁),这两个辅助动断触点在此称为联锁(或称互锁)触点。这种由接触器触点实现的连锁称为电气联锁。

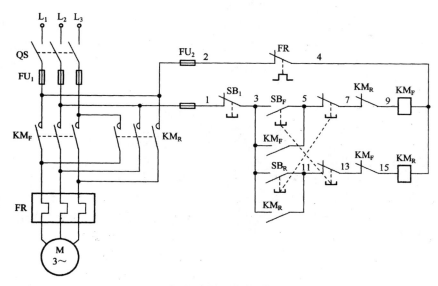

图 10-19 电动机正反转按钮联锁控制电路

生产实际中,为提高工作效率,有些机械需要在一个方向移动时能够立即反向移动,而不是正向移动转换到反向移动的过程之间有一个先停车的操作过程。这就要求拖动机械的电动机能够实现正转运行时能立即反转的功能。

图 10-19 所示控制电路能够实现控制电动机立即正、反转切换运行。在该电路中,将图 10-18 所示电路中电动机正、反转的起动按钮改为复式按钮。将按钮 SB_F 的一个动断触点串接在 KM_R 的线圈电路中;将按钮 SB_R 的一个动断触点串接在 KM_F 的线圈电路中。这样,在电动机正转时,按下反转起动按钮 SB_R,在 KM_R 线圈通电之前就首先使接触器 KM_F 线圈断电,从而保证 KM_F 与 KM_R 不能同时通电;又能实现电动机从正转立即切换到反转起动。电动机从反转到正转的操作情况也是一样的。这种由机械按钮实现的联锁称为机械联锁(或称按钮联锁)。当按下 SB_1 时,电动机停转。

10.2.3 开关自动控制

前面介绍的电动机起动、停止和正反转控制等都是由人通过按钮发布命令的,在现代工农业生产和生活中,还常用一些能自动发布命令的开关,来实施各种自动控制。开关自动控制的种类很多,通过把各种不同的物理量转换为开关命令,可以实现行程控制、时间控制、速度控制、压力控制等。

1. 行程控制

在生产中,由于工艺和安全的需要,常要求按照生产机械的某一运动部件的行程或位置变化来对生产机械进行控制,例如吊钩上升到终点时要求自动停止,龙门刨床的工作台要求在一定范围内自动往返等,这类自动控制称为行程控制。行程控制通常是利用行程开关来实现的。

(1)行程开关

行程开关又称限位开关,它是利用机械部件的位移来切换电路的自动电器。它的结构和工作原理都与按钮相似,只不过按钮靠手按,而行程开关靠运动部件上的撞块来撞压。当撞块压着行程开关时,就像按下按钮一样,使其动断触点断开,动合触点闭合;而当撞块离开时,就如同手松开了按钮,靠弹簧作用使触点复位。行程开关有直动式、单滚轮式、双滚轮式等,如图10-20所示,文字符号用 SQ 表示。其中双滚轮式行程开关无复位弹簧,不能自动复位,它需要两个方向的撞块来回撞击,才能重复工作。

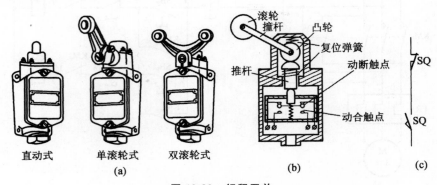

图 10-20　行程开关

(a)外形;(b)结构示意图;(c)图形符号

(2)限位控制

如图 10-21 所示是提升机上下限位控制电路,它能够按照所要求的空间限位使电动机自动停车。

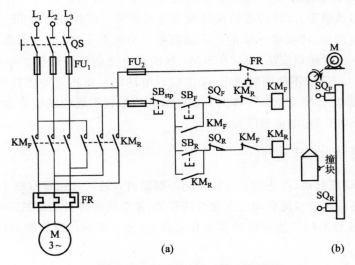

图 10-21　提升机上下限位控制电路

(a)电路;(b)限位开关位置

在提升罐笼上安装一块撞块,在提升机上下行程两端的终点处分别安装一个行程开关 SQ_F 和 SQ_R,将它们的动断触点串接在电动机正反转接触器 KM_F 和 KM_R 的线圈回路中。

当按下正转按钮 SQ_F 时,正转接触器 KM_F 通电,电动机正转,此时罐笼上升,到达顶点时罐笼撞块顶撞行程开关 SQ_F,其动断触点断开,使接触器线圈 KM_F 断电,于是电动机停转,罐笼不再上升(此时应有制动器将电动机转轴抱住,以免重物滑下)。此时即使再误按 SQ_F,接触器线圈 KM_F 也不会通电,从而保证罐笼不会运行超过 SQ_F 所在的极限位置。

当按下反转按钮 SQ_R 时,反转接触器 KM_R 通电,电动机反转,罐笼下降,到达下端终点位置时罐笼撞块顶撞行程开关 SQ_R,使接触器线圈 KM_R 断电,电动机停转,罐笼不再下降。

这种限位控制的方法并不局限于提升机的上下运动,它也适用于有同类要求的其他工作机械,例如建筑工地上的塔式起重机,在钢轨的两端安装行程开关可以防止起重机行走时超出极限位置而出轨

(3)自动往复行程控制

某些工作机械(如万能铣床)要求工作台在一定距离内自动往复运动,以便对工件连续加工。为实现这种自动往复行程控制,可将行程开关 SQ_F 和 SQ_R 安装在机床床身的左右两侧,将撞块装在工作台上,并在图 10-21 的基础上再将行程开关 SQ_F 的动合触点与反转按钮 SB_R 并联,将行程开关 SQ_R 的动合触点与正转按钮 SB_F 并联,如图 10-22 所示。

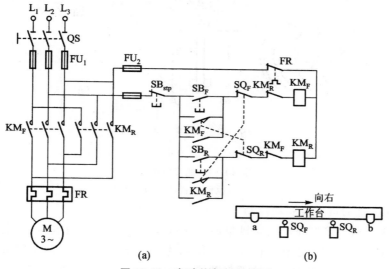

图 10-22　自动往复行程控制

(a)电路;(b)行程开关位置

当电动机正转带动工作台向右运动到极限位置时,撞块 a 碰撞行程开关 SQ_F,一方面使其动断触点断开,使电动机先停转,另一方面也使其动合触点闭合,相当于自动按了反转按钮 SB_R,反转接触器 KM_R 通电,使电动机反转带动工作台向左运动。这时撞块 a 离开行程开关 SQ_F,其触点自动复位,由于接触器 KM_R 自锁,故电动机继续带动工作台左移,当移动到左面极限位置时,撞块 b 碰到行程开关 SQ_R,一方面使其动断触点断开,电动机先停转,另一方面其动合触点又闭合,相当于按下正转按钮 SB_F,使电动机正转带动工作台右移。如此往复运动,直至按下按钮 SB_{stp} 才会停止。

2.速度控制

如果按电动机或工作机械转轴的转速来进行自动控制,则称为速度控制,例如在电动机的反接制动中,要求在电动机转速下降到接近零时,能及时地将电源切断,以免电动机反向转动,就需要速度控制。速度控制常利用速度继电器来实现。

(1)速度继电器

速度继电器是利用转轴的一定转速来切换电路的自动电器,如图 10-23 所示。它的工作原理与笼型异步电动机相似。转子是一块永久磁铁,与电动机或机械转轴连在一起,随轴转动,它的外边有一个可以转动一定角度的环,装有笼型绕组。当转轴带动永久磁铁旋转时,定子外环中的笼型绕组因切割磁感线而产生感应电动势和感应电流,该电流在转子磁场作用下产生电磁力和电磁转矩,使定子外环跟随转子转动一个角度。如果永久磁铁按逆时针方向转动,则定子外环带着摆杆靠向右边,使右边的动断触点断开,动合触点接通;当永久磁铁顺时针方向旋转时,使左边的触点改变状态;当电动机转速较低(例如小于 100r/min)时,触点复位。速度继电器的触点符号如图 10-23(c)所示,文字符号用 KV 表示。

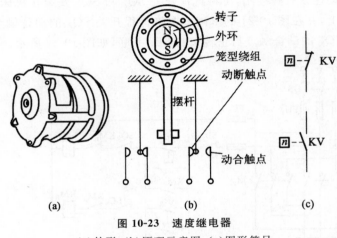

图 10-23 速度继电器
(a)外形;(b)原理示意图;(c)图形符号

(2)笼型异步电动机反接制动控制

如图 10-24 所示为笼型异步电动机单向直接起动反接制动控制电路,主电路中不但有正向运行接触器主触点 KM_F,还有反向制动接触器主触点 KM_R。为了减小制动电流,在 KM_R 主触点电路中串入两个电阻 R。当按下起动按钮 SB_{st} 时,正向接触器 KM_F 的线圈通电,主触点闭合并自锁,电动机正向运转。与此同时,KM_F 的辅助动断触点断开,将反接制动接触器 KM_R 的线圈断路,速度继电器 KV 的转子随着转轴转动,它的动合触点闭合,为反接制动做好准备。

当按下停止按钮 SB_{stp} 时,其动断触点断开,动合触点闭合,正向接触器 KM_F 的线圈断电,其辅助动断触点闭合,于是接通反接制动接触器 KM_R 的线圈,此时主电路变为正向接触器 KM_F 的主触点断开而反接制动接触器 KM_R 的主触点闭合,电动机以反相序接于电源,进行反接制动。当转轴的转速下降到速度继电器的复位转速时,动合触点 KV 复位断开,使接触器 KM_R 断电释放。这样,电动机就在正向转速接近于零时脱离电源而停转。

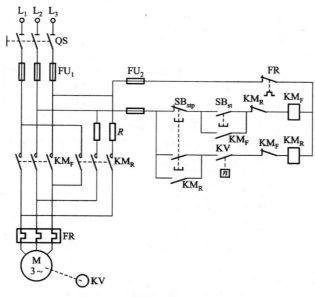

图 10-24 反接制动控制电路

3. 时间控制

在生产和生活中,经常需要按时间间隔对工作机械进行控制,例如电动机的减压起动需要一定的时间,然后才能加上额定电压;在一条自动线中的多台电动机,常需要分批起动,在第一批电动机起动后,需经过一定时间,才能起动第二批电动机。这类自动控制称为时间控制。时间控制通常是利用时间继电器来实现的。在 10.1 节的自动电器中已经简介过时间继电器,在此不做重复叙述。

10.2.4 联锁控制

电动机的联锁一般是由接触器的辅助触点在控制电路中的串、并联来实现的,它是保证工作机械或自动线工作可靠性的重要措施。下面以两台电动机为例介绍几种常见的联锁方法。

1. 顺序启动联锁控制

不少机床在主轴工作之前必须先起动油泵电动机,使润滑系统有足够的润滑油以后,才能起动主轴电动机。如图 10-25 所示是两台电动机按一定顺序先后起动的电路。M_1 为先起动的电动机,由接触器 KM_1 控制;M_2 为后起动的电动机,由接触器 KM_2 控制。按下 SB_{st1} 时,KM_1 通电并自锁,其主触点接通电动机 M_1 的电源,使其起动,同时 KM_1 的辅助动合触点闭合,为 KM_2 线圈通电做好准备。只有在这时按下 SB_{st2},KM_2 才能通电,使 M_2 起动。在 M_1 起动前,由于 KM_1 的辅助动合触点不通,即使按下 SB_{st2},也不能起动 M_2。实现这种联锁的方法是将先起动接触器(KM_1)的辅助动合触点串联在后起动接触器(KM_2)的线圈回路中。

在图 10-25 中,当两台电动机工作时,如果按 SB_{stp1},则 KM_1 断电,其辅助触点断开,使 KM_2 也断电,故 M_1、M_2 同时停转;如果按 SB_{stp2},则 KM_2 断电,电动机 M_2 单独停转。

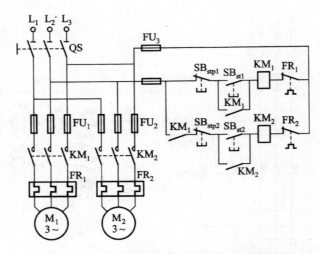

图 10-25　两台电动机按顺序先后起动的电路

2.顺序停转联锁控制

如图 10-26 所示是两台电动机同时起动,按顺序先后停转的控制电路(主电路与图 10-25 相同,但 M_1 为先停转的电动机,M_2 为后停转的电动机)。按下复式按钮(复式按钮有多对动合触点和动断触点同时动作)SB_{st} 时,KM_1、KM_2 同时通电,使两台电动机同时起动。停转时,先按下 SB_{stp1},切断 KM_1,使电动机 M_1 先停转,然后按下 SB_{stp2} 切断 KM_2,使电动机 M_2 再停转。如果先按 SB_{stp2} 由于与其并联的 KM_1 动合触点闭合,则不能使 KM_2 断电,所以无法使 M_2 先停转。实现这种联锁的方法是把先停转接触器(KM_1)的辅助动合触点并联在后停转停止按钮(SB_{stp2})的两端。

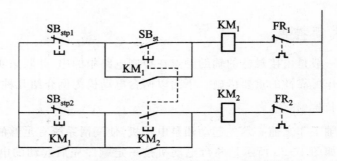

图 10-26　两台电动机按顺序先后停转的控制电路

3.不许单独工作的联锁控制

某些工作机械中有两台或多台电动机互相配合工作,必须同时运转,不允许单独运转,否则会工作不正常或造成事故。如图 10-27 所示是两台电动机同时工作的控制电路。其中任一台电动机由于过载或其他原因断电时,另一台电动机也必然断电。实现这种联锁的方法是将两个接触器的自锁触点相串联。只有两个接触器线圈都通电,才能够自锁。任一台电动机的接触器不吸合,则另一台电动机的接触器也不能自锁。

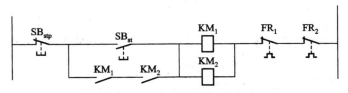

图 10-27　两台电动机不许单独工作的控制电路

4. 不许同时工作的联锁控制

某些多工位机床上不同方向的动力头不允许同时工作,否则会互相碰撞。如图 10-28 所示是两台电动机只能单独工作,不许同时工作的控制电路。其中任一电动机的接触器吸合后,其动断触点就将另一台电动机的接触器线圈回路切断,使之不能通电,因此在任何情况下,只能有一台电动机单独工作。这种联锁方式也称为互锁。实现互锁的方法是将两个接触器的辅助动断触点分别串联在对方的线圈回路中。图 10-28 与前面图 10-18 所示的正反转电路的控制电路部分是基本相同的,但图 10-18 的主电路中只有一台电动机,由两个接触器分别控制它的正反转,而图 10-28 的主电路中则有两台电动机,由两个接触器分别控制它们的单向运转。这两个电路图中的两个接触器都不允许同时通电,因此都必须有互锁保护。

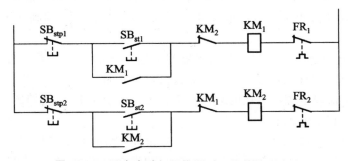

图 10-28　两台电动机不许同时工作的控制电路

10.3　控制系统的线路图与原理图的绘制规则

生产机械的电气控制线路常用电路图表示。电路图是根据生产机械运动形式以及电气控制系统的要求,采用国家统一规定的电气图形符号和文字符号,按照电气设备和电器的工作顺序,详细表示电路、设备或成套装置的全部基本组成和连接关系,而不考虑各组成单元实际位置的一种简图。通过电路图,可以了解其工作原理及分析电路的特性,为操作测试和排除故障提供详细信息。

10.3.1　控制系统电路图的绘制规则

1. 对电路图各部分的一般要求

电路图一般按电源电路、主电路和控制电路这三个部分绘制。为了使图形清晰、含义清楚、绘图方便和符合标准化,在绘制电路图时常采用表 10-1 所列的 4 种连接线。

表 10-1　4 种连接线的图形

线条图形名称	图形形式	一般应用场合
实线	——————	基本线、简图主要用线、可见轮廓线、可导线
虚线	·············	辅助线、屏蔽线、机械连接线、不可见轮廓线、不可见导线、计划扩展、内空用线
点划线	– – – – – –	分界线、结构围框线、功能图框线、分组围框线
双点划线	–··–··–··–	辅助围框线

①电源电路画成水平线,三相交流电源的相序 L_1、L_2、L_3 自上而下依次画出,中线 N 和保护地线 PE 依次画在相线之下。直流电源的"＋"端画在上面,"－"端画在下面。电源开关要水平画出。

②主电路通常由断路器、主熔断器、接触器的主触头、热继电器的热元件及电动机等组成。主电路通过的电流是电动机的工作电流,一般数值较大。因此,在主电路中,采用的熔断器、热继电器等,主要用于保障电源和负载的运行安全。为了便于识别,主电路图一般用粗实线画在电路图的左侧,并垂直于电源电路。

③控制电路包括主电路工作状态的控制(简称主控)电路、显示主电路工作状态的指示(简称指示)电路和提供机床设备局部照明的(简称照明)电路等部分,对负载的运行情况如启动、停车、制动、调速、反转等进行控制,主要用于保障生产工艺流程的正常实施。各部分通常由主令电器的触点、接触器线圈及辅助触点、继电器线圈及触点、指示灯和照明灯等组成。控制电路通过的电流较小,每部分大多不超过 5A。

控制电路图一般用细实线绘出。画控制电路图时,它要跨接在两相电源线之间,一般按照主控电路、指示电路和照明电路的顺序依次垂直画在主电路图的右侧,且电路中与下边电源线相连的耗能元件(如接触器和继电器的线圈、指示灯、照明灯等)要画在电路图的下方,而电器的触头系统要画在耗能元件与上边电源线之间。为读图方便,一般应按照从左到右、自上而下的排列来表示操作顺序。

2.图形和符号的规范

①在电路图中,各电器的触点状态都按电路未通电或电器未受外力作用时的常态位置画出。分析原理时,应从触点的常态位置出发。

②电路图统一采用国家规定的电气图形符号画出,而不画各电器元件实际的外形。

③在电路图中,同一电器的各元件(如多组触点)不按其实际位置画在一起,而是按其在线

路中所起的作用分别画在不同电路中,但其动作仍然互相关联,在分析控制关系时要引起注意。同时,必须在电路中标注相同的文字符号。若电路图中相同的电器较多时,还需要在电器文字符号后面加注不同的数字,以示区别,如 KM_1、KM_2。

④画电路图时,应尽可能减少线条和避免线条的交叉。对有直接联系的交叉导线连接点,要用小黑圆点表示;无直接联系的交叉导线则不画小黑圆点。

3. 电路图的编号规则

电路图采用电路编号法,即对电路中的各个接点用字母或数字编号。

①主电路在电源开关的出现端按相序依次编号为 U_{11}、V_{11}、W_{11}。然后按从上到下、从左至右的顺序,每经过一个电器元件后,编号要递增,如 U_{12}、V_{12}、W_{12};U_{13}、V_{13}、W_{13} ······ 单台三相交流电动机(或设备)的三根引出线按相序依次编号为 U、V、W。

②控制电路的编号按"等电位"原则从上到下、从左至右的顺序用数字依次编号,每经过一个电器元件后,编号要依次递增。主控电路编号的起始数字必须是 1,其他辅助电路编号的起始数字依次递增 100,如照明电路编号从 101 开始,指示电路的编号从 201 开始等。

各种生产机械的工作性质和加工工艺不同,使得对电动机的控制要求不同。要使电动机按照生产机械的要求正常安全地运转,必须配备一定的电器,以构成相应的控制电路。在生产实践中,任何复杂的生产机械的控制电路总是由一些基本控制电路有机地组合来实现。电动机常用的控制线路有点动控制、直接启动控制、正反转控制、行程控制、多地控制、降压启动控制、调速控制和制动控制等。

10.3.2　控制系统的原理图绘制规则

原理图不是按照电器实际布置位置绘制,而是按照电路功能绘制的,对分析控制线路的工作原理十分方便。

1. 绘制规则

原理图绘制规则有如下几点:

①原理图主要分主电路和辅助电路两部分。电动机等通过大电流的电路为主电路,其他均为辅助电路。辅助电路包括接触器和继电器的控制电路、信号电路、保护电路与照明电路。一般用粗实线把主电路绘制于原理图的左侧(或上方),用细实线把辅助电路绘制于原理图的右侧(或下方)。

②原理图中电器等均用其图形符号和文字符号表示。图形符号和文字符号应符合国家标准(GB4728—85《电气图用图形符号》、GB7159—87《电气技术中的文字符号制定通则》)。常用的电动机、电器的图形、文字符号如表 10-2 所示。图形符号习惯平行画法。若触头采用垂直画法时,把平行画法的图形符号顺时针旋转 90°。

表 10-2　常用的电器图形及文字符号

名　称	符　号	名　称		符　号
三相笼型异步电动机		接触器	吸引线圈	KM
三相绕线式异步电动机			常开触头	KM
直流电动机			常闭触头	KM
单相变压器	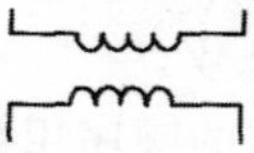 T	时间继电器	吸引线圈	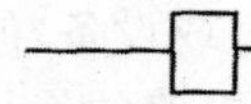 KT
三极开关	S		通电延时闭合常开触头	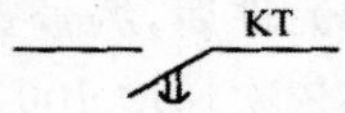 KT
熔断器	FU		通电延时断开常闭触头	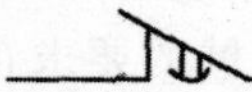 KT
灯	EL		通电延时断开常闭触头	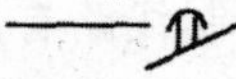 KT
			断电延时闭合常闭触头	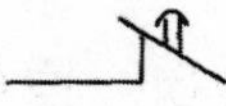 KT
		行程开关	常开触头	ST
			常闭触点	ST
常开按钮触头	SB	热继电器	热元件	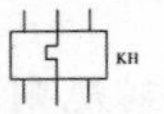 KH
常闭按钮触头	SB		常闭触点	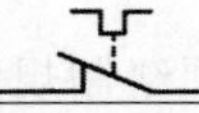 KH
			常开触头	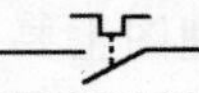 KH

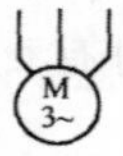

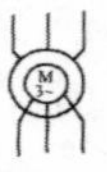

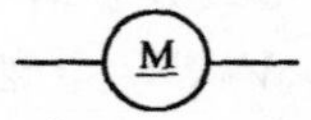

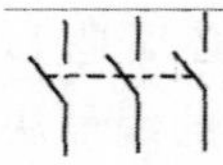

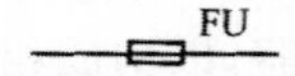

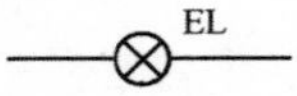

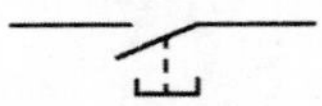

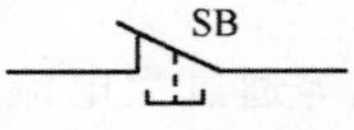

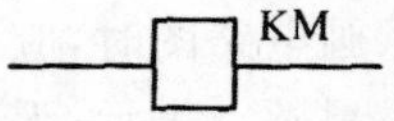

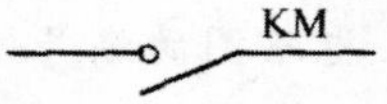

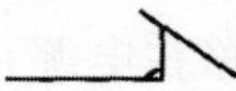

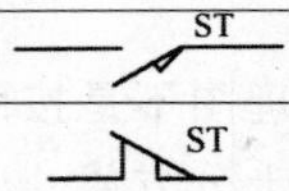

　　③同一个电器的不同部件根据其在电路中的不同作用分别画在原理图的不同电路中,但要用同一种文字符号标明,表明这些部件属于同一个电器。

　　④多个同种电器要用相同字母表示,但在字母后面加上数码或其他字母下标以示区别。

　　⑤原理图中全部触头都按常态画出,对于继电器和接触器是指其线圈未通电时的状态,对于按钮、行程开关等是指其未受外力作用时的状态。

　　2.阅读原理图步骤

　　原理图阅读步骤如下:

　　①阅读原理图前必须了解控制对象的工作情况,搞清楚其有关机械传动、液(气)压传动、电器控制的全部过程。另外,要掌握原理图绘制的规则。

②阅读原理图的主电路,搞清楚有几台电动机,各有什么特点;是否正反转、采用什么方法启动、有无调速与制动等。

③阅读原理图的控制电路。一般从主电路的接触器触头入手,按动作的先后顺序(通常自上而下)逐一分析,搞清楚它们的动作条件和作用。搞清楚控制电路由几个基本环节组成,逐一分析。另外搞清楚有哪些保护环节。

④阅读原理图的信号及照明等辅助电路。

第11章　可编程控制器的原理及应用

11.1　可编程控制器的组成及原理

可编程序控制器(Programmable Logic Contmuer,PLC)是一种专门为在工业环境下应用而设计的数字运算操作的电子装置。它采用可以编制程序的存储器,用来在其内部存储执行逻辑运算、顺序运算、计时、计数和算术运算等操作的指令,并能通过数字式或模拟式的输入和输出,控制各种类型的机械或生产过程。

11.1.1　PLC的基本组成

PLC是一种通用的工业控制装置,按结构可分成整体式和组合式两种。整体式PLC由中央处理器(CPU)、存储器、输入/输出(I/O)接口、通信接口、电源等几个模块组成,如图11-1所示。输入模块可直接连接各种信号源,输出模块可直接或间接连接各种执行器,通信接口可连接编程及终端等即插即用设备,或加入控制网络。

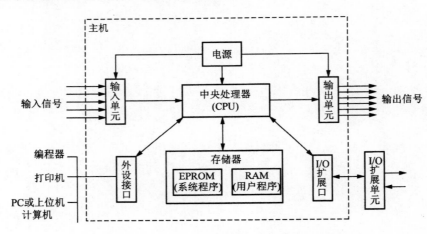

图 11-1　整体式 PLC 基本组成示意图

组合式PLC将上述几个模块组成各自相对应的电路板或模块,各模块插在底板上,通过底板的总线相互联系,如图11-2所示。

(1)中央处理单元

中央处理单元CPU是可编程控制器的核心部分,它包括微处理器和控制接口电路。

微处理器是可编程控制器的运算控制中心,由它实现逻辑运算、数学运算,协调控制系统内部各部分的工作。它的运行是按照系统程序所赋予的任务进行的。

控制接口电路是微处理器与主机内部其他单元进行联系的部件。

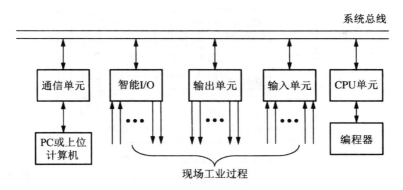

图 11-2　组合式 PLC 基本组成示意图

（2）存储器

存储器有系统程序存储器和用户程序存储器。

系统程序存储器用于存放监控程序、用户指令解释程序、标准模块程序、系统调用管理程序等，以及各种系统参数。用户不可访问系统程序存储器。

用户程序存储器用于存放用户的应用程序。

（3）输入/输出单元

输入/输出单元是 CPU 与现场 I/O 装置或其他外部设备之间连接的接口部件。

现场的输入信号经过输入单元接口电路的转换，变换为中央处理器能接受和识别的低电压信号，送给中央处理器进行运算。这些输入信号一般可分为两类：一类是从按钮、各种操作开关、行程开关/接近开关、各种检测继电器、光电编码器等提供的开关量输入信号；另一类是由电位器、热电偶、测速发电机、各种变送器等提供的连续变化的模拟量信号。

输出单元则将中央处理器输出的低电压信号变换为控制器件所能接受的电压、电流信号，以驱动接触器、电磁阀、电磁开关、调节阀、调速装置等执行器，以及用于控制信号灯、数字显示和报警装置等。

除此以外，I/O 模块还具有以下功能：

①电平转换。CPU 模块的工作电压一般是 5V，而 PLC 的 I/O 信号电压一般较高，如直流 24V 和交流 220V，所以 I/O 模块应该能够完成电平转换。

②滤波和隔离。从外部引入的尖峰电压和干扰噪声可能损坏 PLC 的内部元件，使 PLC 不能正常工作，所以 PLC 内部不能直接与外部 I/O 装置相连。所以 I/O 接口采取光隔离和滤波的办法防止干扰信号侵入，其中直流输入接口电路如图 11-3 所示。

图中的电源为 PLC 内部的 DC24V 传感器电源提供，当某位输入有效时，该位的信号即可经过滤波后再经光耦合输入到 PLC 内部。图中还可以看出，传感器电源极性可以正反接。

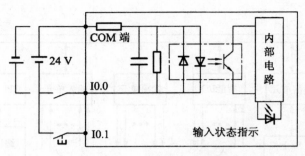

图 11-3　PLC 的输入接口电路

同理,输出接口也要适应工业控制的上述功能要求,还可以直接与执行器控制端对接。如图 11-4 所示,其输出形式有:继电器输出、晶闸管输出、晶体管输出。其中,图 11-4(a)为继电器输出的形式,由于最终是由触点输出,其负载电源交/直流均可,且电源电压可以较高,抗干扰能力较强,但频率响应很低;图 11-4(b)为晶闸管输出形式,其输出电流较大,频率响应较高,能带交流负载;图 11-4(c)(d)为晶体管输出形式,其中,图(c)为 NPN 型,图(d)为 PNP 型输出形式。晶体管形式只能用直流负载电源,它的频率响应最快,因此凡需高速输出的场合均采用晶体管输出形式。

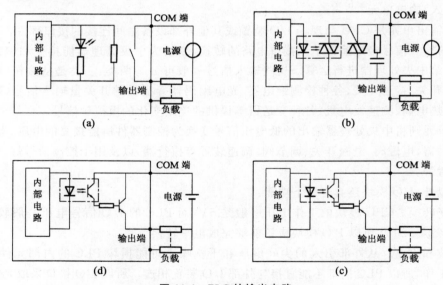

图 11-4　PLC 的输出电路

(a)继电器输出;(b)晶闸管输出;(c)NPN 晶体管输出;(d)PNP 晶体管输出

(4)编程器

编程器作用是供用户进行程序的编制、编辑、调试和监视等,编程器有简易型和智能型两类。现代 PLC 产品大都采用通用计算机编程,通过通信接口和专用编程软件,使用户直接在计算机上以联机或脱机的方式编程。

(5)电源单元

电源单元把外部电源变换成系统内部各单元所需的直流电源(一般为 DC5V),及现场传感器使用的 DC24V 传感器电源。电源单元还包括掉电保护电路和后备电池。

11.1.2　PLC 的基本原理

PLC 采用循环扫描工作方式,在 PLC 中,用户程序按先后顺序存放。CPU 从第一条指令开始执行程序,直至遇到结束符后又返回第一条,如此周而复始不断循环。这种工作方式是在系统软件控制下,顺次扫描各输入点的状态,按用户程序进行运算处理,然后顺序向输出点发出相应的控制信号。整个工作过程可分为 5 个阶段:自诊断、与编程器等的通信、输入采样、用户程序执行、输出结果刷新,其工作过程框图如图 11-5 所示。

图 11-5　PLC 工作过程框图

①每次扫描用户程序之前,都先执行故障自诊断程序。自诊断内容为 I/O 部分、存储器、CPU 等,发现异常停机显示出错。若自诊断正常,继续向下扫描。

②PLC 检查是否有与编程器和计算机的通信请求,若有则进行相应处理,如接受由编程器送来的程序、命令和各种数据,并把要显示的状态、数据、出错信息等发送给编程器进行显示。如果有与计算机等的通信请求,也在这段时间完成数据的接收和发送任务。

③PLC 的中央处理器对各个输入端进行扫描,将输入端的状态送到输入状态寄存器中,这就是输入采样阶段。

④中央处理器 CPU 将指令逐条调出并执行,以对输入和原输出状态(这些状态统称为数据)进行“处理”,即按程序对数据进行逻辑、算术运算,再将正确的结果送到输出状态寄存器中,这就是程序执行阶段。

⑤当所有的指令执行完毕时,集中把输出状态寄存器的状态通过输出部件转换成被控设备所能接受的电压或电流信号,以驱动被控设备,这就是输出刷新阶段。

PLC 经过这 5 个阶段的工作过程,称为一个扫描周期,完成一个周期后,又重新执行上述过程,扫描周而复始地进行。扫描周期是 PLC 的重要指标之一,在不考虑第二个因素(与编程器等通信)时,扫描周期 T 为

$T=$(读入一点时间×输入点数)+(运算速度×程序步数)+(输出一点时间×输出点数)＋故障诊断时间

显然扫描时间主要取决于程序的长短,一般每秒钟可扫描数十次以上,这对于工业设备通常没有什么影响。但对控制时间要求较严格,响应速度要求快的系统,就应该精确得计算响应时间,细心编排程序,合理安排指令的顺序,以尽可能减少扫描周期造成的响应延时等不良影响。

11.1.3　PLC 的主要功能及特点

1. 主要功能

PLC 是应用面很广,发展非常迅速的工业自动化装置,在工厂自动化(FA)和计算机集成

制造系统(CIMS)内占重要地位。今天 PLC 功能,远不仅是替代传统的继电器逻辑。

PLC 系统一般由以下基本功能构成。

(1)控制功能

逻辑控制:PLC 具有与、或、非、异或和触发器等逻辑运算功能,可以代替继电器进开关量控制。

定时控制:它为用户提供了若干个电子定时器,用户可自行设定:接通延时、关断延时和定时脉冲等方式。

计数控制:用外部脉冲信号可以实现加、减计数模式,可以连接码盘进行位置检测。

顺序控制:在前道工序完成之后,就转入下一道工序,一台 PLC 可当步进控制器使用。

(2)数学运算功能

基本算术:加、减、乘、除。

扩展算术:平方根、三角函数和浮点运算。

比较:大于、小于和等于。

数据处理:选择、组织、规格化、移动和先入先出。

模拟数据处理:PID、积分和滤波。

(3)输入/输出接口调理功能

PLC 具有 A/D、D/A 转换功能,通过 I/O 模块完成对模拟量的控制和调节。位数和精度可以根据用户要求选择。具有温度测量接口,直接连接各种电阻或电偶。

(4)通信、联网功能

现代 PLC 大多数都采用了通信、网络技术,有 RS－232 或 RS－485 接口,可进行远程 I/O 控制,多台 PLC 可彼此间联网、通信,外部器件与一台或多台可编程控制器的信号处理单元之间,实现程序和数据交换,如程序转移、数据文档转移、监视和诊断。

(5)人机界面功能

提供操作者以监视机器/过程工作必需的信息。允许操作者和 PLC 系统与其应用程序相互作用,以便作决策和调整。

(6)编程、调试功能。

编程、调试等使用复杂程度不同的手持、便携和桌面式编程器、工作站和操作屏,进行编程、调试、监视、试验和记录,并通过打印机打印出程序文件。

2. PLC 的特点

①应用灵活、扩展性好。PLC 的用户程序可简单而方便地编制和修改,以适应各种工艺流程变更的要求。PLC 的安装和现场接线简便,可按积木方式扩充控制系统规模和增删其功能以满足各种应用场合的要求。

②操作方便。梯形图形式的编程语言与功能编程键符的运用,使用户程序的编制清晰直观。

③标准化的硬件和软件设计、通用性强。PLC 的开发及成功的应用,是由于具有标准的积木式硬件结构以及模块化的软件设计,使其具有通用性强、控制系统变更设计简单、使用维修简便、与现场装置接口容易、用户程序的编制和调试简便及控制系统所需的设计、调试周期短等优点。

④完善的监视和诊断功能。各类 PLC 都配有醒目的内部工作状态、通信状态 I/O 点状态

和异常状态等显示。也可以通过局部通信网络由高分辨率彩色图形显示系统实时监视网内各台 PLC 的运行参数和报警状态等。

PLC 具有完善的诊断功能,可诊断编程的语法错误、数据通信异常、PLC 内部电路运行异常、存储器奇偶出错、RAM 存储器后备电池状态异常、I/O 模板配置状态变化等。也可在用户程序中编入现场被控制装置的状态监测程序,以诊断和告示一些重要控制点的故障。

⑤控制功能强。PLC 既可完成顺序控制,又可进行闭环回路控制,还可实现数据处理和简单的生产事务管理。

⑥可适应恶劣的工业应用环境。PLC 的现场连线选用双绞屏蔽线、同轴电缆或光导纤维等材料,所以其耐热、防潮、抗干扰和抗振动等性能较好,抗干扰能力强。

⑦体积小、重量轻、性价比高、省电。由于 PLC 是专为工业控制而设计的专用微机,其结构紧凑、坚固、体积小巧,其性价比和耗电量也是远远优于传统的继电器无法比的。

正因 PLC 具有以上特点,所以,它的应用几乎覆盖了所有工业企业,既能改造传统机械产品成为机电一体化的新一代产品,又适用于生产过程控制,实现工业生产的优质、高产、节能与降低成本。

11.2　PLC 编程语言以及常用指令

11.2.1　PLC 的编程语言

为适应编制用户程序的需要,PLC 厂家为用户提供了完整的编程语言。PLC 厂家提供的编程语言通常有以下几种:梯形图(LAD)、指令表(STL)和功能块图(FBD)。各 PLC 厂家的编程语言大同小异,下面进行简单的介绍。

(1)梯形图(LAD)

梯形图编程语言是从继电器控制系统原理图的基础上演变而来的,由于其具有直观、易懂又与继电器控制系统电路相类似而为电气控制工程师所广泛采用,它特别适用于开关量控制。

梯形图由代表逻辑输入条件的触点、代表逻辑输出结果的线圈和用方框表示的功能块组成。代表输入条件的触点通常表示输入继电器的动作触点,与继电器控制系统中的开关、按钮等相对应;代表输出结果的线圈通常是输出继电器的线圈和动作触点,与继电器控制系统中的接触器线圈相对应;用方框表示的功能块组成用来表示定时器、计数器或数学运算等附加指令。其中的定时器与继电器控制系统中的时间继电器线圈和动作触点相对应。

梯形图每一逻辑行起始于左边母线,按从左到右、自上而下的顺序排列。

梯形图中每个梯级触点接通时,有一个概念上的"能流(Power Flow)"从左到右流过线圈。见图 11-6,当 I0.0 与 I0.1 的触点接通时,有一个假想的"能流"流过继电器线圈 Q0.0,以此帮助我们更好地理解和分析梯形图。

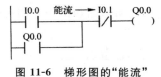

图 11-6　梯形图的"能流"

梯形图中的继电器不是"硬"继电器,仅是 PLC 存储器中的一个存储单元。

使用编程软件可以直接生成和编辑成如图 11-7 所示的梯形图,并将它下载到可编程控制器。使用编程软件还可以方便地将梯形图转换为语句表。

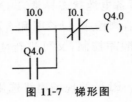

图 11-7　梯形图

（2）指令表（STL）

指令表又称语句表,是一种用指令助记符来编制的 PLC 程序的语言,它用一个或几个容易记忆的字符来表示 PLC 的某种操作功能,如图 11-8 所示。语句表程序的逻辑关系比较难看出,开关量控制一般用梯形图即可。语句表较多应用于通信、数学运算中,它适合熟悉可编程控制器和逻辑程序设计的经验丰富的程序员使用。

```
A(
O     I 0.0
O     Q 4.0
)
AN    I 0.1
=     Q 4.0
```

图 11-8　指令表

（3）功能块图（FBD）

功能块图用类似与门、或门的方框来表示逻辑运算关系,如图 11-9 所示,方框的左侧为逻辑运算的输入变量,右侧为输出变量。输入、输出端的小圆圈表示"非"运算,方框被"导线"连接在一起,信号自左向右流动。

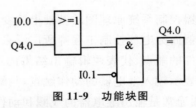

图 11-9　功能块图

功能块图有利于程序流的跟踪,但目前应用较少。

11.2.2　PLC 的常用指令

1. 常用的基本逻辑指令

基本逻辑指令是 PLC 中最基本的编程语言,掌握了它也就初步掌握了 PLC 的使用方法,各种型号的 PLC 的基本逻辑指令都大同小异,现在针对 FX2N 系列,学习指令的功能和使用方法,每条指令及其应用实例都以梯形图和语句表两种编程语言对照说明。

（1）输入/输出指令（LD/LDI/OUT）

LD 为取指令,从母线开始,取用动合触点。

LDI 为取反指令,从母线开始,取用动断触点。

OUT 为输出指令,用于驱动线圈。

输入/输出指令(LD/LDI/OUT)的用法如图 11-10 所示。

符号	功 能	梯形图表示	操作元件
LD(取)	常开触点与母线相连	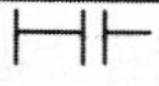 ⊣├	X, Y, M, T, C, S
LDI(取反)	常闭触点与母线相连	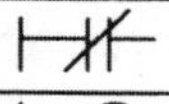 ⊣╱├	X, Y, M, T, C, S
OUT(输出)	线圈驱动	 ⊣◯	Y, M, T, C, S

(a)

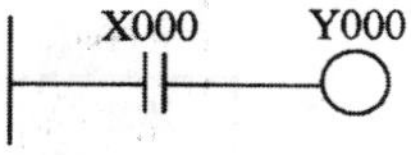

地址	指令	数据
0000	LD	X000
0001	OUT	Y000

(b) (c)

图 11-10 输入/输出指令(LD/LDI/OUT)的用法

(a)LD/LDI/OUT 指令说明;(b)梯形图;(c)指令语句表

LD 与 LDI 指令用于与母线相连的接点,此外还可用于分支电路的起点。OUT 指令是线圈的驱动指令,可用于输出继电器、辅助继电器、定时器、计数器、状态寄存器等,但不能用于输入继电器。输出指令用于并行输出,能连续使用多次。

(2)触点串联指令(AND/ANDI)、并联指令(OR/ORI)

AND 为动合触点串联指令,用于单个动合触点与前面触点的串联。

ANDI 为动断触点串联指令,用于单个动断触点与前面触点的串联。

符号(名称)	功能	梯形图表示	操作元件
AND(与)	串联一个常开触点	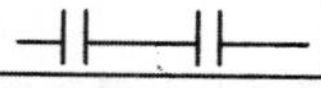 ⊣├ ⊣├	X, Y, M, T, C, S
ANDI(与非)	串联一个常闭触点	 ⊣├ ╱├	X, Y, M, T, C, S
OR(或)	并联一个常开触点		X, Y, M, T, C, S
ORI(或非)	并联一个常闭触点		X, Y, M, T, C, S

(a)

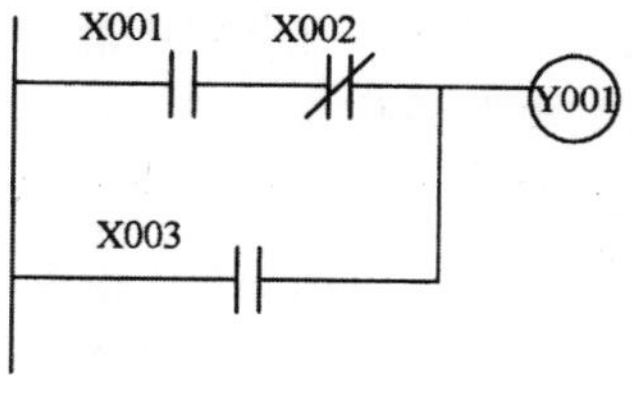

地址	指令	数据
0002	LD	X001
0003	ANDI	X002
0004	OR	X003
0005	OUT	Y001

(b) (c)

图 11-11 触点串联指令(AND/ANDI)、并联指令(OR/ORI)的用法

(a)AND/ANDI/OR/ORI 指令说明;(b)梯形图;(c)指令语句表

OR 为动合触点并联指令,用于单个动合触点与前面触点的并联。

ORI 为动断触点并联指令,用于单个动断触点与前面触点的并联。

触点串联指令(AND/ANDI)、并联指令(OR/ORI)的用法如图 11-11 所示。

AND、ANDI 指令用于一个触点的串联,但串联触点的数量不限,这两个指令可连续使用。OR、ORI 是用于一个触点的并联连接指令。

(3)电路块的并联和串联指令(ORB、ANB)

ORB 为串联电路块的并联连接指令,用于将串联电路块与前面电路并联。

ANB 为并联电路块的串联连接指令,用于将并联电路块与前面电路串联。

电路块的并联和串联指令(ORB、ANB)的用法如图 11-12 所示。

符号(名称)	功能	梯形图表示	操作元件
ORB（块或）	电路块并联连接		无
ANB（块与）	电路块串联连接		无

(a)

地址	指令	数据
0000	LD	X000
0001	OR	X001
0002	LD	X002
0003	AND	X003
0004	LDI	X004
0005	AND	X005
0006	OR	X006
0007	ORB	
0008	ANB	
0009	OR	X003
0010	OUT	Y006

(c)

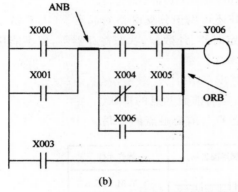

(b)

图 11-12　电路块的并联和串联指令(ORB、ANB)的用法
(a)ORB/ANB 指令说明；(b)梯形图；(c)指令语句表

含有两个以上触点串联连接的电路称为"串联连接块",串联电路块并联连接时,支路的起点以 LD 或 LDNOT 指令开始,而支路的终点要用 ORB 指令。ORB 指令是一种独立指令,其后不带操作元件号,因此,ORB 指令不表示触点,可以看成是电路块之间的一段连接线。如需要将多个电路块并联连接,应在每个并联电路块之后使用一个 ORB 指令,用这种方法编程时并联电路块的数量没有限制;也可将所有要并联的电路块依次写出,然后在这些电路块的末尾集中写出 ORB 的指令,但这时 ORB 指令最多使用 7 次。

将分支电路(并联电路块)与前面的电路串联连接时使用 ANB 指令,各并联电路块的起点使用 LD 或 LDNOT 指令;与 ORB 指令一样,ANB 指令也不带操作元件,如需要将多个电路块串联连接,应在每个串联电路块之后使用一个 ANB 指令,用这种方法编程时串联电路块的数量没有限制,若集中使用 ANB 指令,最多使用 7 次。

(4)程序结束指令(END)

程序结束指令(END)的用法如图 11-13 所示。

符号（名称）	功能	梯形图表示	操作元件
END（结束）	程序结束	END	无

图 11-13　程序结束指令（END）的用法

在程序结束处写上 END 指令，PLC 只执行第一步至 END 之间的程序，并立即输出处理。

若不写 END 指令，PLC 将以用户存储器的第一步执行到最后一步，因此，使用 END 指令可缩短扫描周期。

（5）置位/复位指令（SET、RST）

置位/复位指令根据 RLO 的值，来决定被寻址位的信号状态是否需要改变。若 RLO 的值为 1，被寻址位的信号状态被置为 1 或清 0；若 RLO 的值为 0，被寻址位的信号保持原状态不变，如图 11-14 所示。

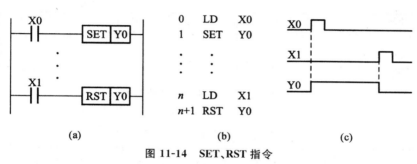

图 11-14　SET、RST 指令

（a）梯形图；（b）语句表；（c）时序图

2. 常用的功能指令的简介

（1）跳变沿检测指令

跳变沿检测指令用来检测 XID 或地址的上升沿信号和下降沿信号。

RLO 上升沿检测指令，在 RLO 从"0"变为"1"时检测上升沿，并以 RLO＝1 显示。

RLO 下降沿检测指令，在 RLO 从"1"变为"0"时检测下降沿，并以 RLO＝1 显示。

地址上升沿检测指令，将＜地址 1＞状态与存储在＜地址 2＞中的先前状态进行比较。如果当前的 RLO 的状态为"1"，而先前的状态为"0"，则在操作之后，RLO 位将为"1"。

地址下降沿检测指令将＜地址 1＞状态与存储在＜地址 2＞中的先前状态进行比较。如果当前的 RLO 状态为"0"，而先前的状态为"1"，则在操作之后，RLO 位将为"1"。

跳变沿检测的方法是：在每个扫描周期（OB1 循环扫描一周），把当前信号状态和它一前一个扫描周期的状态相比较，若不同，则表明有一个跳变沿。因此，前一个周期里的信号状态必须被存储，以便能和新的信号状态相比较。S7—300/400PLC 有两种边沿检测指令：一种是对逻辑串操作结果 RLO 的跳变沿检测的指令；另一种是对单个触点跳变沿检测的指令。

RLO 上升沿检测正跳沿实例演示如图 11-15 所示。

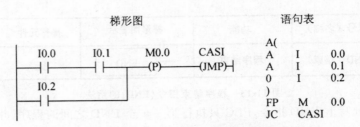

图 11-15 RLO 上升沿检测正跳沿指令

（2）传送指令

传送指令用来完成各存储单元间一个或多个数据的传送。常用的指令有以下三大类。

①单一传送、块传送指令。单一传送又分为字节、字和双字传送三种传送指令，其特点是将输入数据传送到输出，传送过程中不改变数据的大小。单一传送指令的梯形图和语句表格式见图 11-16 和表 11-1。

图 11-16 单一传送指令的梯形图
（a）传送字节；（b）传送字；（c）传送双字；（d）传送实数

表 11-1 传送指令语句表格式及功能

指令类型	语句表（STL）格式	功　　能
单一传送	MOVB　IN,OUT	传送字节
	MOVW　IN,OUT	传送字
	MOVD　IN,OUT	传送双字
	MOVR　IN,OUT	传送实数
块传送	BMB　IN,OUT,N	传送字节块
	BMW　IN,OUT,N	传送字块
	BMD　IN,OUT,N	传送双字块
子节交换和立即读写	SWAP　IN	字节交换
	BIR　IN,OUT	字节立即读
	BIW　IN,OUT	字节立即写

块传送同样分为字节、字和双字传送三种传送指令，其特点是将输入地址开始的 N 个数据传送到输出地址开始的 N 个单元，N 为字节变量，$N=1\sim255$。块传送指令的梯形图和语句表格式见图 11-17 和表 11-1。

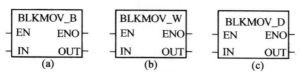

图 11-17　块传送指令的梯形图和语句表

(a)传递字节块；(b)传送字块；(c)传送双字块

②字节交换指令。字节交换指令用来交换输入字(IN)的高字节与低字节，其指令的梯形图和语句表格式见图 11-18 和表 11-1。

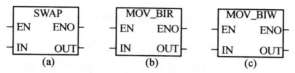

图 11-18　字节交换和立即读写的梯形图格式

(a)字节交换；(b)字节立即读；(c)字节立即写

③字节立即读写指令。字节立即读指令用来读取输入端(IN)给出的 1 个字节的物理输入点(IB)，并写入输出(OUT)；字节立即写指令用来将输入端给出的 1 个字节数值写入输出(OUT)端给出的物理输出点(QB)。如图 11-19 所示，用传送字节指令将输出 Q0.0～Q0.7 分别置 1 和置 0 的梯形图编程。

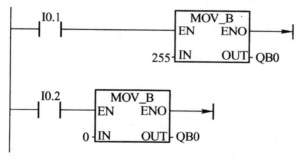

图 11-19　传送指令应用

(3)控制指令

控制指令包括逻辑控制指令、程序控制指令和主控制继电器指令。

1)逻辑控制指令

逻辑控制指令是指逻辑块内的跳转和循环指令，这些指令中止程序原有的线性逻辑辑流，跳到另一处执行程序。跳转或循环指令的操作数是地址标号，该地址标号指出程序要跳往何处，标号最多为 4 个字符，第一个字符必须是字母，其余字符可为字母或数字。

①跳转指令。无条件跳转指令(JU)将无条件中断正常的程序逻辑流，使程序跳转到目标处继续执行。还可以根据逻辑运算结果或是状态位来实现程序的跳转，即条件跳转指令 JL、JC、JCN、JCB、JNB、JBI、JNB 等，读者在使用时可参考西门子用户手册。

跳转指令应用示例如图 11-20 所示。

```
        A     I 1.0
        A     I 1.2
        JC    DELE          // 如果 RLO=1，则跳转到跳转标号 DELE。
        L     MB10
        INC   1
        T     MB10
        JU    FORW          //无条件跳转到跳转标号 FORW。
DELE:   L     0
        T     MB10
FORW:   A     I2.1          // 在跳转到跳转标号 FORW 之后重新进行程序扫描。
```

图 11-20 跳转指令应用

②循环指令。使用循环指令（LOOP）可以多次重复执行特定的程序段，重复执行的次数存在累加器 L 中，即以累加器 L 为循环计数器。LOOP 指令执行时，将累加器 L 低字中的值减 1，如果不为 0，则回到循环体开始处继续循环过程，否则执行 LOOP 指令后面的指令。循环体是指循环标号和 LOOP 指令间的程序段。图 11-21 所示为循环指令流程。

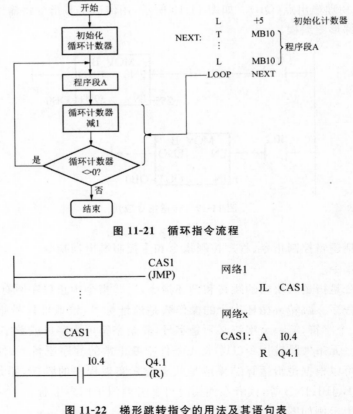

图 11-21 循环指令流程

图 11-22 梯形跳转指令的用法及其语句表

③梯形图逻辑控制指令。梯形图逻辑控制指令只有两条，可用于无条件跳转或条件跳转控制。由于无条件跳转时，对应 STL 指令 JU，因此不影响状态字；由于在梯形图中目的标号

只能在梯形网络的开始处，因此条件跳转指令会影响到状态字。如图 11-22 所示，给出了梯形跳转指令的用法及其对应的语句表。

2）程序控制指令

程序控制指令是指功能块（FB、FC、SFB、SFC）调用指令和逻辑块（OB、FB、FC）结束指令。调用块或结束块可以是有条件的或是无条件的。

调用指令应用示例如图 11-23 所示。

```
A    I2.0         // 检查输入 I2.0 的信号状态。
CC   FC6          // 如果 I2.0 为 "1"，调用功能 FC6。
L    MW 4         // 如果 I2.0=1，从调用功能返回处执行；如果 I2.0=0,
                  // 直接在 AI2.0 语句后执行。
UC   FC2          // 无条件调用 FC2
```

图 11-23　调用指令应用

3）主控继电器指令

主控继电器（MCR）是一种继电器梯形图逻辑主开关，用于激活或去活电流，可执行由＝＜位＞、S＜位＞、R＜位＞、T＜字节＞，T＜字＞，T＜双字＞等位逻辑和传送指令触发的操作。其指令见表 11-2。

表 11-2　主控继电器指令

指令	STL	LAD	功　能
激活 MCR 区	MCRA	———（MCRA）	激活 MCR 区，表明一个 MCR 区域的开始
去活 MCR 区	MCRD	——（MCRD）	表明一个按 MCR 方式操作区域的结束
开始 MCR 区	MCR(	——（MCR＜）	主控继电器，并产生一条母线（子母线）
结束 MCR 区	)MCR	——（MCRA＞）	恢复 RLO，结束子母线，返回主母线

MCRA 和 MCRD 指令必须成对使用。编程在 MCRA 和 MCRD 之间的指令根据 MCR 位的信号状态执行。编程在 MCRA～MCRD 程序段之外的指令与 MCR 位的信号状态无关。MCRA 指令必须在被调用块中使用，对块中功能（FC）和功能块（FB）的 MCR 相关性进行编程。主控继电器嵌套应用如图 11-24 所示。

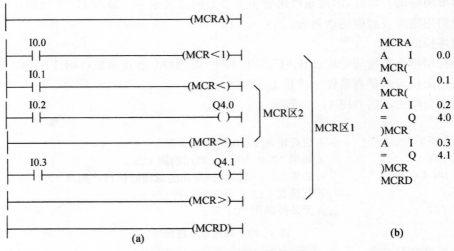

图 11-24　主控继电器嵌套应用实例

(a)梯形图;(b)语句表

(4)移位、循环移位和移位寄存指令

移位指令分为左移位和右移位指令,根据移位数又分为字节、字和双字型三种。寄存器移位指令无字节、字和双字之分,最大长度为−64~+64。移位指令的梯形图和语句表格式如图11-25和表11-3。

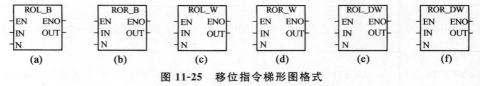

图 11-25　移位指令梯形图格式

(a)字节循环左移位;(b)字节循环右移位;

(c)字循环左移位;(d)字循环右移去;(e)双字循环左移位;(f)双字循环右移位

表 11-3　移位、循环移位和移位寄存指令表格式及功能

指令类型	语句表(STL)格式	功　能	说　明
移位指令	SLB　OUT.N	字节左移位	将输入 IN 的字节的各位向左(右)移动 N 位送到输出字节 OUT,对移出空位补 0。移动的位数 N 最多为 8 次,超出的位次数无效。所有移位次数 N 均为字节变量
	SRB　OUT,N	字节右移位	
	SLW　OUT.N	字左移位	将输入 IN 的字的各位向左(右)移动 N 位送到输出字 OUT,对移出空位补 0。移动的位数 N 最多为 16 次,超出的位次数无效
	SRW　OUT.N	字右移位	
	SLD　OUT,N	双字左移位	将输入 IN 的双字的各位向左(右)移动 N 位送到输出双字 OUT,对移出空位补 0。移动的位数 N 最大为 32 次,超出的位次数无效
	SRD　OUT,N	双字右移位	

续表

指令类型	语句表(STL)格式	功　能	说　　明
循环移位指令	RLB　OUT,N	字节循环左移	将输入 IN 的字节数值向左(右)循环移动 N 位送到输出字节 OUT。移位次数 N 为字节变量,如果 N≥8,执行循环之前先对 N 进行模 8 操作(N 除以 8 后取余数),因此实际移位次数在 0~7 之间。如果 N 为 8 的整倍数,则不进行移位操作
	RRB　OUT,N	字节循环右移	
	RLW　OUT,N	字循环左移	将输入 IN 的字数值向左(右)循环移动 N 位送到输出字 OUT。如果 N≥16,执行循环之前先对 N 进行模 16 操作(N 除以 16 后取余数),因此实际移位次数在 0~15 之间。如果 N 为 16 的整倍数,则不进行移位操作
	RRW　OUT,N	字循环右移	
	RLD　OUT。N	双字循环左移	将输入 IN 的双字数值向左(右)循环移动 N 位送到输出双字 OUT。如果 N≥32,执行循环之前先对 N 进行模 32 操作(N 除以 32 后取余数),因此实际移位次数在 0~31 之间。如果 N 为 32 的整倍数,则不进行移位操作
	RRD　OUT.N	双字循环右移	
移位寄存器指令	SHRB DATA, S_BIT,N	移位寄存器	将 DATA 端输入数据移入移位寄存器。S_BIT 指定其最低位,N=−64~+64,N 正向移位为正,负向移位为正负

循环移位指令同样分为字节、字和双字型循环右移和字节、字和双字型循环左移。其梯形图和语句表格式分别见图 11-26 和表 11-3。

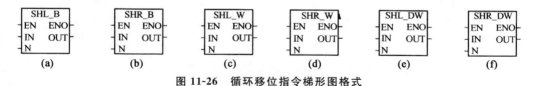

图 11-26　循环移位指令梯形图格式

(a)字节左移位;(b)字节右移位;(c)字左移位;(d)字右移位;(e)双字左移位;(f)双字右移位

移位寄存指令是为满足自动化生产需求和控制产品流的实用程序。其梯形图和语句表格式分别见图 11-27 和表 11-3。

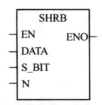

图 11-27　移位寄存指令梯形图

用循环移位和移位指令分别将 AC0 循环右移 3 位和 VB20 左移 4 位的梯形图如图 11-28 所示。

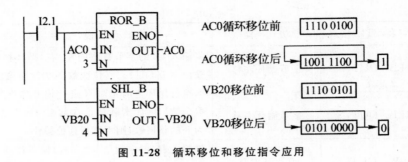

图 11-28　循环移位和移位指令应用

11.3　PLC 的设计与应用

11.3.1　PLC 编程的基本原则与技巧

1. PLC 编程的基本原则

学习了 PLC 的基本指令之后，就可以根据实际系统的控制要求编制程序，下面进一步说明编写程序的基本原则和方法。

PLC 编程应该遵循以下规则：

①外部输入/输出继电器、内部继电器、定时器、计数器等器件的接点可多次重复使用，无需用复杂的程序结构来减少接点的使用次数。

②梯形图每一行都是从左母线开始，线圈接在最右边。接点不能放在线圈的右边，在继电器控制的原理图中，热继电器的接点可以加在线圈的右边，而 PLC 的梯形图是不允许的，如图 11-29 所示。

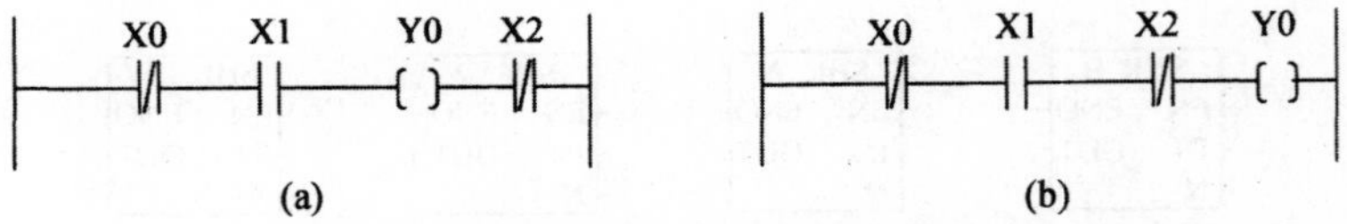

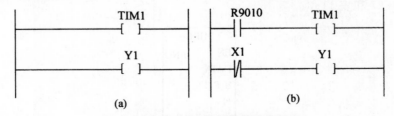

图 11-29　梯形图中接点不能放在线圈的右边
(a)不正确电路；(b)正确电路

③线圈不能直接与左母线相连。如果需要，可以通过一个没有使用的内部继电器的常闭接点或者特殊内部继电器 R9010(常 ON)的常开接点来连接，如图 11-30 所示。

图 11-30　线圈不能直接与左母线相连
(a)不正确电路；(b)正确电路

④同一编号的线圈在一个程序中使用两次称为双线圈输出。双线圈输出容易引起误操

作,应尽量避免线圈重复使用。

⑤梯形图程序必须符合顺序执行的原则,即从左到右,从上到下地执行,如不符合顺序执行的电路不能直接编程,例如图 11-31 所示的桥式电路就不能直接编程。

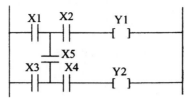

图 11-31　桥式电路

⑥在梯形图中串联接点使用的次数没有限制,可无限次地使用,如图 11-32 所示。

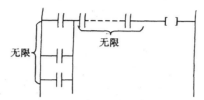

图 11-32　串联接点无限使用

⑦两个或两个以上的线圈可以并联输出,如图 11-33 所示。

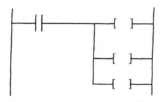

图 11-33　多个线圈并联输出

2. PLC 的编程技巧

在编写 PLC 梯形图程序时应掌握如下的编程技巧:

①把串联接点较多的电路编在梯形图上方,如图 11-34 所示。

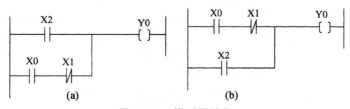

图 11-34　梯形图编程

(a)电路安排不当;(b)电路安排得当

②并联接点多的电路应放在左边,如图 11-35 所示。图 11-35(b)省去了 ORS 和 ANS 指令。若有几个并联电路相串联时,应将接点最多的并联电路放在最左边。

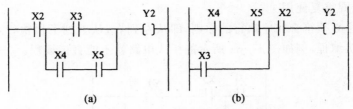

图 11-35　梯形图编程

（a）电路安排不当；（b）电路安排得当

③桥式电路编程。图 11-31 所示的梯形图是一个桥式电路，不能直接对它编程，必须重画为图 11-36 所示的梯形图程序才可进行编程。

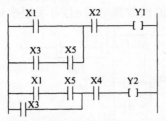

图 11-36　梯形图编程

④复杂电路的处理。如果梯形图构成的电路结构比较复杂，用 ANS、ORS 等指令难以解决，可重复使用一些接点画出它的等效电路，然后再进行编程就比较容易了，如图 11-37 所示。

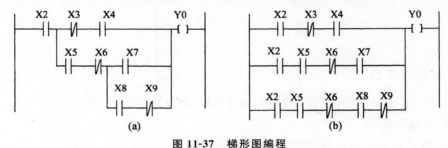

图 11-37　梯形图编程

（a）复杂电路；（b）重新排列电路

11.3.2　PLC 的简单编程

1.电动机的正、反转联锁控制

具有电气联锁的电动机正、反转控制线路，如图 11-38（a）所示。对应 PLC 控制的输入/输出接线如图 11-38（b）所示。

合上电源开关 QS，按下正向启动按钮 SB2，输入继电器 0002 的常开接点闭合，使 01001 得电吸合，线圈 KM1 通电，则电动机正转。与此同时，01001 的常闭接点断开 01002 的线圈，确保 KM2 不能吸合，实现电气互锁。按下反向启动按钮 SB3 时，00003 常开接点闭合，01002 线圈通电，KM2 得电吸合，电动机反转。与此同时，01002 的常闭接点断开 01001 的线圈，KM1 不能吸合，实现电气互锁。停机时按下按钮 SB1，输入继电器 00001 常闭接点断开；过载时，热继电器常闭触点闭合，使 00004 的常闭接点断开，则 01001 及 01002 的线圈断开，进而使 KM1 或 KM2 失电释放，电动机停转。

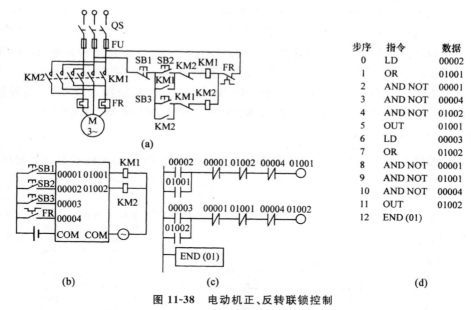

图 11-38　电动机正、反转联锁控制

(a)正、反转联锁控制线路；(b)PLC 的 I/O 接线；(c)梯形图；(d)助记符程序

2. 电动机的顺序启动控制

两台电动机的继电接触器顺序启动控制线路，如图 11-39(a)所示。用 PLC 的接线及编制的程序，如图 11-39(b)、(c)、(d)所示。

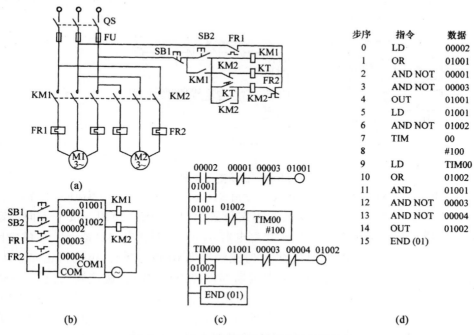

图 11-39　两台电动机顺序启动的联锁控制

(a)PLC 的 I/O 接线；(c)梯形图；(c)助记符程序

合上开关 QS,按下启动按钮 SB2,输入继电器 00002 常开接点闭合,输出继电器 01001,线圈接通并自锁,接触器 KMl 得电吸合,使电动机 M1 启动。同时 01001 常开接点闭合,定时器 TIM00 开始计时,延时 10s 后,TIM00 常开接点闭合,01002 线圈接通并自锁,KM2 得电吸合,使电动机 M2 启动。可见只有 M1 启动后,M2 才能启动。按下停机按钮 SBl,00001 常闭接点断开;M1 过载时,热继电器 FRl 常开触点闭合,使 0003 的常闭接点断开,这两种情况都使 01001 及 01002 线圈断开,进而使 KMl 或 KM2 失电释放,M1 和 M2 都停止转动。

　　3.自动限位控制

　　双向限位的继电器接触控制线路如图 11-40(a)所示。用 PLC 的接线及编制的程序,如图 11-40(b)、(c)、(d)所示。

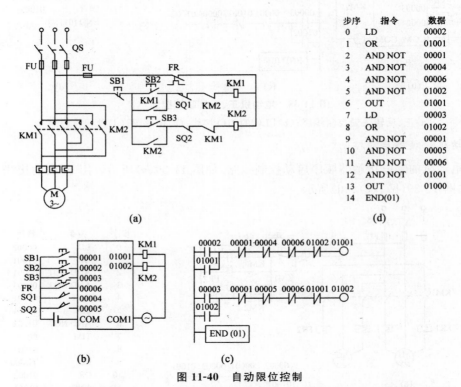

图 11-40　自动限位控制

（a)自动限位控制线咱;(b)PLC 的输入/输出接线;(c)梯形图;(d)助记符的指令程序

图中 SQl 和 SQ2 为限位开关,安装在预定位置上,作为限位使用。按下正向启动按钮 SB2,输入继电器 00002 常开接点闭合,输出继电器 01001 线圈得电并自锁,01001 的常闭接点断开输出继电器 01002 的线圈,实现互锁,这时接触器 KMl 得电吸合,电动机正向运转,运动部件向前运行。当运行到预定位置时,装在运动部件的挡铁（撞块)碰撞到限位开关 SQl 时,则 SQl 的常开触点闭合,使输入继电器 00004 常闭接点断开,01001 线圈回路断开,KMl 得电释放,电动机和运动部件都停止运行。按下反向启动按钮 SB3 时,输入继电器 00003 常开接点闭合,输出继电器 01002 线圈接通并自锁,接触器 KM2 得电吸合,使电动机反向运行。当运动部件向后运行至限位开关 SQ2 时,同理使电动机和运动部件都停止运行。需要停机时,还可以按下停止按钮 SB1,即 00001 的常闭接点断开 01001(或 01002)的线圈回路,使 KM1 或 KM2 失电而释放,则电动机停转。过载时热继电器 FR 常开触点闭合,则 00006 的常闭接点断开 01001(或 01002)线圈回路,也使电动机停转。

4.笼型电动机 Y/D 降压启动的自动控制

这种继电器接触控制线路如图 11-41(a)所示。用 PLC 的接线及编制的程序,如图 11-41 (b)、(c)、(d)所示。

图中,接触器 KM2 将电动机接 Y 形,KM3 将电动机接成 D 形。按下启动按钮 SB2 时,常开接点 00002 闭合,一方面使线圈 01001 得电工作,则 KM1 得电工作,并由 01001 的常开接点形成自锁,驱动 KM2 吸合,将电动机连接成 Y 形启动;另一方面使定时器 TIM00 开始计时,待延时 5s 后,TIM00 常闭接点断开,使 01002 线圈失电而停止工作,则 KM2 随之失电,而 TIM00 常开接点接通,使 01003 线圈得电工作并自锁,从而驱动 KM3 吸合,将电动机连接成 D 形运行。图中的 01002 和 01003 常闭接点相互串联在 KM2 和 KM3 的电路之中,起到电气互锁作用,使接触器 KM2 和 KM3 不能同时吸合;当过载时,FR 常开触点接通,即 00003 的常闭接点断开,使 01001 断电而停止工作,则 KM1 断开交流电源,起到过载保护作用。

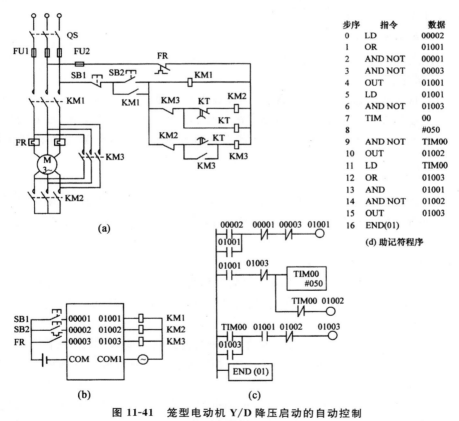

步序	指令	数据
0	LD	00002
1	OR	01001
2	AND NOT	00001
3	AND NOT	00003
4	OUT	01001
5	LD	01001
6	AND NOT	01003
7	TIM	00
8		#050
9	AND NOT	TIM00
10	OUT	01002
11	LD	TIM00
12	OR	01003
13	AND	01001
14	AND NOT	01002
15	OUT	01003
16	END(01)	

(d) 助记符程序

图 11-41　笼型电动机 Y/D 降压启动的自动控制

(a)Y/D 降压起动控制线路;(b)PLC 的输入/输出接线;(c)梯形图;(d)助记符程序

11.3.3 PLC 控制系统的设计方法

1. 系统设计的主要内容

PLC 技术最主要是应用于自动化控制工程中,应综合地运用已掌握的知识点,根据实际工程要求合理组合成控制系统,在此介绍组成 PLC 控制系统设计的主要内容。

系统设计的主要内容包括以下几方面。

①拟定控制系统设计的设计任务书,它是整个设计的依据。

②选择电气传动形式和电动机、电磁阀等执行机构。

③选定 PLC 的型号。

④编制 PLC 的输入/输出分配表或绘制输入/输出端子接线图。

⑤根据系统设计的要求编写软件规格说明书,然后进行程序设计。

⑥了解并遵循用户认知心理学,进行人机界面的设计。

⑦设计操作台、电气柜及非标准电器元部件。

⑧编写设计说明书和使用说明书。

根据具体任务,上述内容可适当调整。

2. 系统设计的基本步骤

可编程控制器应用系统设计与调试的主要步骤如图 11-42 所示。

(1)分析控制要求

被控对象就是受控的机械、电气设备、生产线或生产过程。

控制要求主要指控制的基本方式、应完成的动作、自动工作循环的组成、必要的保护和联锁等。对较复杂的控制系统,还可将控制任务分成几个独立部分,化繁为简有利于编程和调试。

(2)确定用户 I/O 设备

根据被控对象对 PLC 控制系统的功能要求,确定系统所需的用户输入、输出设备。常用的输入设备有按钮、选择开关、行程开关、传感器等,常用的输出设备有继电器、接触器、指示灯、电磁阀等。

(3)PLC 硬件系统配置

根据已确定的用户 I/O 设备,统计所需的输入信号和输出信号的点数,选择合适的 PLC 类型,包括机型的选择、容量的选择、I/O 模块的选择、电源模块的选择等。

(4)分配 I/O 输入/输出点

分配 PLC 的输入/输出点,编制出输入/输出分配表或画出输入/输出端子的接线图。接下来就可以进行 PLC 程序设计,同时可进行控制柜或操作台的设计和现场施工。

(5)设计梯形图程序

根据工作功能图表或状态流程图等设计出梯形图即编程。这一步是整个应用系统设计的最核心工作,也是比较困难的一步,要设计好梯形图,首先要十分熟悉控制要求,同时还要有一定的电气设计的实践经验。

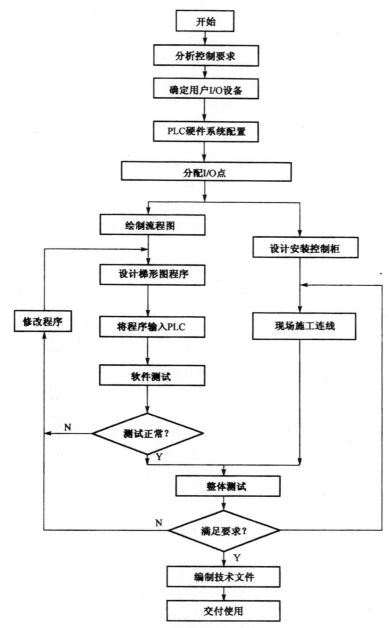

图 11-42 PLC 的应用系统设计与调试的主要步骤

（6）将程序输入 PLC

当使用简易编程器将程序输入 PLC 时,需要先将梯形图转换成指令助记符,以便输入。当使用可编程序控制器的辅助编程软件在计算机上编程时,可通过上下位机的连接电缆将程序下载到 PLC 中去。

（7）软件测试

程序输入 PLC 后,应先进行测试工作。因为在程序设计过程中,难免会有疏漏的地方。

因此在将 PLC 连接到现场设备之前,必须进行软件测试,以排除程序中的错误,同时也为整体测试打好基础,缩短整体测试的周期。

(8)整体测试

在 PLC 软硬件设计和控制柜及现场施工完成后,就可以进行整个系统的联机调试,如果控制系统由几个部分组成,则应先做局部测试,然后再进行整体测试;如果控制程序的步骤较多,则可先进行分段测试,然后再连接起来进行整体测试。测试中发现的问题,要逐一排除,直至测试成功。

(9)编制技术文件

系统技术文件包括:说明书、电气原理图、电器布置图、电气元件明细表、PLC 梯形图。

进行一个控制系统的基本步骤如上所述,根据具体情况可以有所不同。

3.PLC 的应用程序设计方法

PLC 应用程序的设计方法有多种,常用的设计方法有经验设计法、顺序功能图法等。

(1)经验设计法

经验设计法要求设计者根据被控对象对控制系统的要求,凭经验选择典型应用程序的基本环节,并把它们有机地组合起来。其设计过程是逐步完善的,一般不易获得最佳方案,程序初步设计后,还需反复调试、修改和完善,直至满足被控对象的控制要求。

用经验设计法设计简单的控制系统,简单、易行,可以收到明显的效果。

但经验设计法的设计方法不规范,没有一个普遍的规律可循,用经验设计法设计复杂的控制系统,由于连锁关系复杂,一般难于掌握,且设计周期较长。

(2)顺序功能图法

顺序功能图法首先根据系统的工艺流程设计顺序功能图,然后再依据顺序功能图设计顺序控制程序。在顺序功能图中,实现转换时使前级步的活动结束而使后续步的活动开始,步之间没有重叠。这使系统中大量复杂的连锁关系在步的转换中得以解决。而对于每一步的程序段,只需处理极其简单的逻辑关系,因而这种编程方法简单易学,规律性强,设计出的控制程序结构清晰、可读性好,程序的调试、运行也很方便,可以极大地提高工作效率。采用顺序功能图法设计时,S7—200 可编程控制器可用顺序控制继电器(SCR)指令,移位寄存器(SHRB)等指令实现编程。

11.3.4 PLC 的应用实例

按照 PLC 应用程序设计的步骤来设计一个 PLC 实例用来交通信号灯。

(1)分析控制要求

交通信号灯示意图如图 11-43 所示,该模拟交通信号灯分为南北和东西两个方向,信号灯的动作受开关总体控制,按一下启动按钮,信号灯系统开始工作,并周而复始地循环动作;按一下停止按钮,所有信号灯都熄灭。

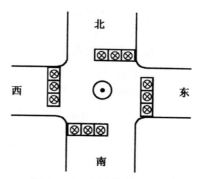

图 11-43　交通信号示意图

　　模拟十字路口交通信号灯的信号,控制车辆有次序地在东西向、南北向正常通行,本实验的要求:红灯亮 30s,绿灯亮 25s,绿灯闪亮 3s,黄灯亮 2s,完成一个循环周期为 60s,它的时序图如表 11-4 所示。

表 11-4　时序图

东西	信号	绿灯亮	绿灯闪亮	黄灯亮	红灯亮
	时间	25s	3s	2s	30s
南北	信号	红灯亮	绿灯亮	绿灯闪亮	黄灯亮时间
	时间	30s	25s	3s	2s

　　(2)分配输入/输出点

　　根据信号灯的控制要求,本模块所用的器件有:启动按钮 SB1,停止按钮 SB2,红、黄、绿色信号灯各四只,PLC 输出端子接线图如图 11-44 所示。

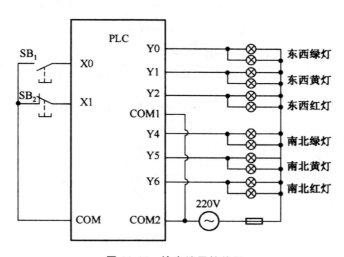

图 11-44　输出端子接线图

由图 11-44 可见，启动按钮 SB_1 接于输入继电器 X0 端，停止按钮 SB_2 接于输入继电器 X1 端，东西方向的绿灯接于输出继电器 Y0 端，东西方向黄灯接于输入继电器 Y1 端，东西方向的红灯接于输出继电器 Y2 端，南北方向绿灯接于输出继电器 Y4 端，南北方向的黄灯接于输出继电器 Y5，南北方向红接于输出继电器 Y6。将输出端的 COM1 及 COM2 用导线相连，输出端的电源为交流 220V。如果信号灯的功率较大，一个输出继电器不能带动两只信号灯，可以采用一个输出继电器驱动一只信号灯，也可以采用输出继电器先带动中间继电器，再由中间继电器驱动信号灯。

(3)设计梯形图程序

设计梯形图程序如图 11-45 所示

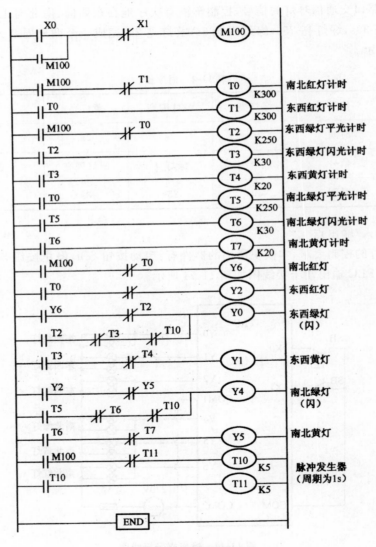

图 11-45　梯形图程序

工作时,可编程控制器处于运行状态,按下启动按钮 SB$_1$,则辅助继电器 M100 得电并自锁,由梯形图可知,首先接通输出继电器 Y6 及 Y0,使南北方向的红灯亮、东西方向的绿灯亮。按停止按钮 SB$_2$,则辅助继电器 M100 断电并解除自锁,整个系统停止运行,所有信号灯熄灭。

后续按照梯形图进行编程,测试即可完成设计。

第12章 工业企业供电与安全用电

12.1 工业企业供电

12.1.1 工业企业供电的系统

工业企业的用电主要是通过电力系统进行传输的,电力系统须先利用电力网将电能输送分配给城市和各工业企业的供电系统,电力系统的传输过程如图12-1所示。

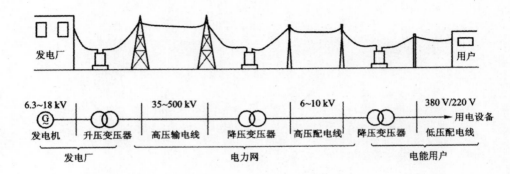

图 12-1 电力系统传输过程

工业企业供电系统由高压及低压两种配电线路、变电所(包括配电所)和用电设备组成。一般大、中型工厂均设有总降压变电所,把 35～110kV 电压降为 6～10kV 电压,向车间变电所或配电箱和其他用电设备供电。工业企业供电系统如图12-2所示。

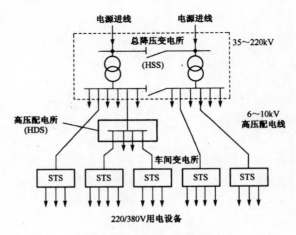

图 12-2 工业企业供电系统

工业企业设置中央变电所和配电箱,根据用电量的多少将电能分配给各车间,再由车间变电所或配电箱将电能分配给各用电设备。高压配电线的额定电压有 3kV、6kV 和 10kV 三种,低压配电线的额定电压是 380/220V。用电设备的额定电压多数为 220V 和 380V,大功率电动机的电压有 3000V 和 6000V,设备局部照明的电压是 36V。

一般工业企业的电源进线电压是 6~10kV 电压,经过高压配电线路将电能送到各车间变电所或者直接供给高压用电设备。

从车间变电所或配电箱到用电设备的线路属于低压配电线路。低压配电线路的连接方式主要有放射式和树干式两种,如图 12-3 和图 12-4 所示。

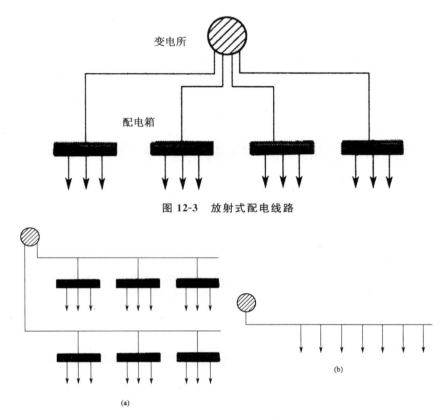

图 12-3 放射式配电线路

图 12-4 树干式配电线路

放射式配电线路适用于负载点比较分散,各负载点又有相当大的集中负载。采用放射式配电方式是将负载根据地域分组,每组配一个配电箱,各用电设备通过配电箱连接。车间配电箱放在地面上的金属柜或镶嵌在墙内的金属盒,其中装有开关和熔断器。配出线路有 4~8 路不等。

树干式配电线路适用于负载集中且负载点位于变电所或配电箱的一侧,或较均匀地分布在一条线上。树干式配电方式是从变电所经开关引出母线,不经配电箱直接引至车间。母线比较粗,一般放在设置的母线槽中,各用电设备经支线接在母线上。

放射式和树干式两种配电线路现在都被采用。放射式供电可靠,检修方便,但敷设投资较高。树干式供电可靠性较低,一旦母线损坏或需要检修时,就会影响同一母线上的负载。但是树干式灵活性较大。另外,放射式所用导线细,但总线路长,而树干式正好相反,所用导线粗,但总线路短。

12.1.2　工业企业供电的要求

工业企业是电能用户,它接收从电力系统送来的电能。工业企业供电就是指工厂把接收的电能进行降压,然后再进行供应和分配。工业企业供电系统是企业内部的供电系统。

工业企业供电工作需要高效率地为工业生产服务,切实保证工业企业的生产和生活用电的需求,并做好节能工作,这就需要有合理的工厂供电系统。合理的供电系统需达到以下基本要求。

①安全,在电能的供应分配和使用中,不应发生人身和设备事故。

②可靠,应满足电能用户对供电的可靠性要求。

③优质,应满足电能用户对电压和频率的质量要求。

④经济,供电系统投资要少,运行费用要低,并尽可能地节约电能和材料。

12.1.3　工业企业的节约用电

在工业企业供电中做到节约用电具有很重要的经济意义。

(1)提高电动机的运行水平

电动机是工厂用得最多的设备,电动机的容量应合理选择,要避免不合理用电情况,要使电动机工作在高效率的范围内;要避免电动机经常处于轻载状态运行;对工作过程中经常出现空载状态的电气设备,可安装空载自动断电装置,以避免空载损耗。

(2)更新用电设备,选用节能型新产品

目前,我国工矿企业中有很多设备(如变压器、电动机、风机、水泵等)的效率低,耗电多,对这些设备进行更新,换上节能型机电产品,对提高生产和降低产品的电力消耗具有很重要的意义。

(3)提高功率因数

工矿企业在合理使用变压器、电动机等设备的基础上,还可装设无功补偿设备,以提高功率因数。企业内部的无功补偿设备应装在负载侧,如在负载侧装设电容器、同步补偿器等,可减小电网中的无功电流,从而降低线路损耗。

(4)推广和应用新技术,降低产品电耗定额

例如,采用远红外加热技术,可使被加热物体所吸收的能量大大增加,使物体升温快,加热效率高,节电效果好。远红外加热技术和硅酸铝耐火纤维材料配合使用,节电效果更佳。在工矿企业中有许多设备需要使用直流电源,将直流电源改用硅整流器或晶闸管整流装置,则效率可大为提高,节电效果甚为显著。此外,采用节能型照明灯,在大电流的交流接触器上安装节电消声器,加强用电管理和做好节约用电的宣传工作等,也都是节约用电的重要措施。

此外,在供电工作中,应合理地处理局部和全部、当前和长远的关系,既要照顾局部和当前利益,又要顾全大局,以适应发展要求。

12.2　安全用电知识

12.2.1　用电设备安全

用电设备在运行过程中,因受外界的影响如冲击压力、潮湿、异物侵入,或因内部材料的缺陷、老化、磨损、受热、绝缘损坏以及因运行过程中的误操作等原因,有可能发生各种故障和不正常的运行情况,因此有必要对用电设备进行保护。对电气设备的保护一般有过负荷保护、短路保护、欠压和失压保护、断相保护及防误操作保护等,下面分别介绍。

（1）过负荷保护

过负荷保护是指用电设备的负荷电流超过额定电流的情况。长时间的过负荷,将使设备的载流部分和绝缘材料过度发热,从而使绝缘加速老化或遭受破坏。设备具有过负荷能力即具有一定的过载而又不危及安全的能力。对连续运转的电动机都要有过负荷保护。电气设备装设自动切断电流或限制电流增长的装置,例如自动空气开关和有延时的电流继电器等作为过负荷保护。

（2）短路保护

电气设备由于各种原因相接或相碰,产生电流突然增大的现象叫短路。短路一般分为相间短路和对地短路两种。短路的破坏作用瞬间释放很大热量,使电气设备的绝缘受到损伤,甚至把电气设备烧毁。大的短路电流,可能在用电设备中产生很大的电动力,引起电气设备的机械变形甚至损坏。短路还可能造成故障点及附近的地区电压大幅度下降,影响电网质量。短路保护应当设置在被保护线路接受电源的地方。电气设备一般采用熔断器、自动空气开关、过电流继电器等作为短路保护措施。

（3）欠压和失压保护

电气设备应能够在电网电压过低时能及时地切断电源,同时当电网电压在供电中断再恢复时,也不自动启动,即有欠压、失压保护能力。电力设备自行启动会造成机械损坏和人身事故。电动机等负载如电压过低会产生过载。通常电气设备采取接能器连锁控制和手柄零位启动等作为欠压和失压保护措施。

（4）缺相保护

所谓缺相,就是互相供电电源缺少一相或三相中有任何一相断开的情况。造成供电电源一相断开的原因是:低压熔断器或刀闸接触不良;接触器由于长期频繁动作而触头烧毛,以至不能可靠接通;熔丝由于使用周期过长而氧化腐蚀,以致受启动电流冲击烧断,电动机出线盒或接线端子脱开等等。此外,由于供电系统的容量增加,采用熔断器作为短路保护结果也使电动机断相运行的可能性增大。为此,国际电工委员会（IEC）规定:凡使用熔断器保护的地方,应设有防止断相的保护装置。

（5）防止误操作

为了防止误操作,设备上应具有能保护长久、容易辨认而且清晰的标志或标牌。这些标志给出安全使用设备所必需的主要特征。例如额定参数、接线方式、接地标记、危险标志、可能有特殊操作类型和运行条件的说明等。由于设备本身条件有限,不能在其上标注出时,则应有安装或操作说明书,使用人员应该了解注意事项。电气控制线路中应按规定装设紧急开关,防止误启动的措施,相应的连锁或限位保护。在复杂的安全技术系统中,还要装设自动监控装置。

在实际工作中要重点防止下列电气设备的误操作:

①双头刀闸。

②机械连锁组合空气开关。

③交流接触器电气连锁控制。

12.2.2 触电及其防护

1. 触电的基本知识

当人体触及带电体承受过高的电压而导致死亡或局部受伤的现象称为触电。触电依伤害程度不同可分为电击和电伤两种。

电击是指电流触及人体而使内部器官受到损害,它是最危险的触电事故。当电流通过人体时,轻者使人体肌肉痉挛,产生麻痹感觉,重者会造成呼吸困难,心脏麻痹,甚至导致死亡。电击多发生在对地电压为 220V 的低压线路或带电设备上,因为这些带电体是人们日常工作和生活中易接触到的。

电伤是由于电流的热效应、化学效应、机械效应以及在电流的作用下使熔化或蒸发的金属微粒等侵入人体皮肤,使皮肤局部发红、起泡、烧焦或组织破坏,严重时也可危及生命。电伤多发生在 1000V 及 1000V 以上的高压带电体上,它的危险虽不像电击那样严重,但也不容忽视。

人体触电伤害程度主要取决于流过人体电流的大小和电击时间长短等因素。人体触电后最大的摆脱电流,称为安全电流。我国规定安全电流为 30mA·s,即触电时间在 1s 内,通过人体的最大允许电流为 30mA。如果接触电压在 36V 以下,通过人体的电流就不会超过 30mA,故安全电压通常规定为 36V,但在潮湿地面和能导电的厂房,安全电压则规定为 24V 或 12V。

2. 触电的类型

根据电流通过人体的路径以及接触带电体的方式,一般可以分为单相触电、两相触电、跨步电压触电和接触电压触电等。

(1)单相触电

在人体与大地互不绝缘情形下,人体某一部位与大地相接触,另一部位与带电体接触的触电事故称为单相触电。单相触电又可分为中性点接地和中性点不接地两种。

①中性点接地的单相触电。如图 12-5 所示,电流经相线、人体、大地和中性点接地装置而形成通路,触电的后果很严重。

②中性点不接地的单相触电。如图 12-6 所示,对地的电容电流从另外两相流入大地,并全部经人体流入到与人手触及的相线。一般说来,导线越长,对地的

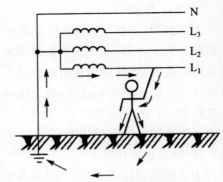

图 12-5 中性点接地的单相触电

电容电流越大,其危险性越大。

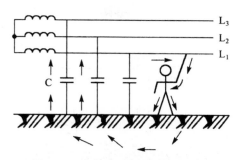

图 12-6　中性点不接地的单相触电

（2）两相触电

人体与大地绝缘的情况下,同时接触到两根不同的相线或其带电部位,电流由一根相线经过人体到另一根相线,形成闭合回路,如图 12-7 所示。

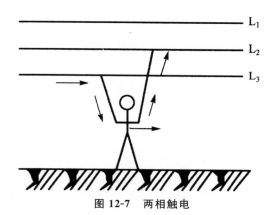

图 12-7　两相触电

（3）跨步电压触电

当带电体接地处有较强电流进入大地时,电流通过接地体向大地作半球形流散,并在接地点周围地面产生一个距离为 20m 的电场。人体如双脚分开站立,由于施加在两脚的电位不同而存在电位差,即为跨步电压,人体触及跨步电压而造成的触电即为跨步电压触电,如图 12-8 所示。

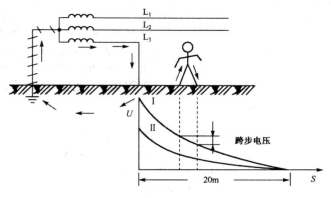

图 12-8　跨步电压触电

（4）接触电压触电

导线接地后，不但会产生跨步电压触电，还会产生另一种形式的触电，即接触电压触电，如图 12-9 所示。

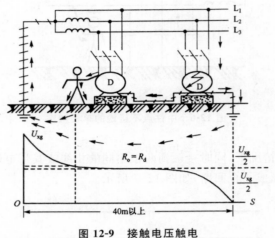

图 12-9　接触电压触电

3. 触电的急救

当发现有人触电时，首先要尽快使触电者脱离电源，然后根据具体情况采取相应的急救措施。

（1）迅速脱离电源

尽快使触电者脱离电源是抢救的第一步，是采取其他急救措施的前提，也是最重要的一步。一般方法为以下几种：

①切断电源。当电源开关或电源插头就在事故现场附近时，可立即将闸刀打开或将电源插头拔掉，使触电者脱离电源。

②用绝缘物（如木棒、竹杆、手套等）移去带电导线，使触电者脱离电源。

③用绝缘工具（如电工钳、木柄斧以及锄头等）切断带电导线，断开电源。

④拉拽触电者衣服，使之摆脱电源。

必须注意，上述办法仅适用于 220/380V 低压触电的抢救。对于高压触电应及时通知供电部门，采取相应紧急措施，以免产生新的事故。

（2）简单诊断，急救处理

解脱电源后，病人往往处于昏迷状态或"假死"阶段。只有作出明确判断，才能及时正确地进行急救。

①判断是否丧失意识。

②观察有否呼吸存在。

③检查颈动脉有否搏动。

④观察瞳孔是否扩大。

经过简单诊断的病人一般可按下列情况进行处理：

①病人神志清醒，但全身无力、头昏、心闷、出冷汗，，应当使其就地安静休息，以减轻心脏

负荷,加快恢复;情况严重时,应小心送往医疗部门,途中严密观察病人,以防意外。

②病人呼吸、心跳尚存,但神志不清。应使其仰卧,保持周围空气流通,注意保暖,并且立即通知医生或送往医院抢救。此时还要严密观察,作好人工呼吸和体外心脏挤压急救的准备工作。

③病人已处于"假死"状态,呼吸停止,但仍有脉搏,应立即采用口对口人工呼吸法维持气体交换;并立即向医疗部门告急抢救。口对口人工呼吸法的步骤如下。

步骤一:让触电者仰卧,禁止用枕头。把头侧向一边,掰开嘴,清除口腔中的异物,同时解开衣领、腰带,松开上身的紧身衣服,使胸部可以自由扩张。

步骤二:抢救者位于触电者一边,用一手捏紧触电者的鼻孔,另一手托在触电者颈后,使触电者颈部上抬,头部后仰,将下巴拉开,嘴巴张开。

步骤三:抢救者深吸一口气,紧贴触电者的口吹气约 1s,使其胸部扩张,略有起伏。

步骤四:吹气完毕后,立即离开触电者的口,同时放开其鼻孔,使触电者胸部自然恢复排气。

按上述步骤不断进行急救,如图 12-10 所示,每 5s 一次,直至好转。如果掰不开触电者的嘴可用口对鼻吹气。对幼小儿童用此法时,鼻孔不必捏紧,吹气不能过猛。

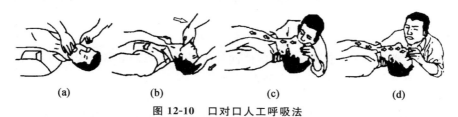

图 12-10　口对口人工呼吸法

(a)清理口腔异物;(b)让头后仰;(c)口对口吹气;(d)放开口鼻换气

④若心脏停止跳动,则用体外人工心脏挤压法来重新维持血液循环;若呼吸心跳全停,则需同时施行体外心脏挤压和口对口人工呼吸。同时应立即向医疗部门告急抢救。胸外心脏挤压法步骤如下。

步骤一:触电者仰卧,清除口腔中异物,解开衣领、松开衣服、腰带,姿势与人工呼吸相同,但后背着地处须结实,为硬地或木板之类,不可躺在沙发或弹簧床上。抢救者跨腰跪在触电者腰部(或跪在触电者一侧肩旁),掌根放在触电者胸骨下 1/3 处(心窝稍上一点,两乳头间略下一点),中指指向颈部凹陷处,这时的手掌根部所在位置即为正确的压区,如图 12-11 所示。

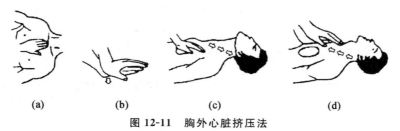

图 12-11　胸外心脏挤压法

(a)手掌位置;(b)两手相叠;(c)掌根用力下压;(d)突然放松

步骤二:抢救者两手相叠,两手臂伸直与触电者身体垂直,不可弯曲。

步骤三:抢救者利用身体的力量,通过肩部和手臂,在找准的压区内自上而下垂直均衡地向下挤压,使其胸部下陷 3~4cm,可以压迫心脏,达到排血的作用。

步骤四:挤压到位后,掌根突然放松,但手掌不要离开,只是不用力。依靠胸部的弹性自动回复原状,使心脏自然扩张,血液流回心脏。

按上述步骤不断地进行挤压,挤压和放松动作要有节奏,挤压和放松的时间间隔相同,每分钟宜挤压 100 次左右,不可中断,直至触电者苏醒为止。挤压时定位要准确,用力要适当,防止用力过猛给触电者造成内伤和用力过小挤压无效。

对触电形成的假死,一定要坚持救护,直至触电者复苏或医务人员前来进行救治。

4. 触电的防护

为了防止人身触电事故,通常采用的防护措施有以下几种方法。

(1)绝缘

它可以防止人体触及带电体,绝缘物把带电体封闭起来。瓷、玻璃、云母、橡胶、木材、胶木、塑料、布、纸和矿物油等都是常用的绝缘材料。

(2)外壳保护

为了防止人员误触电气元件裸露的带电部位,将电气元件安装在金属盒或盒内,对人起到安全防护作用。

(3)屏护

即采用遮拦、护照、护盖箱闸等把带电体同外界隔绝开来。电器开关的可动部分一般不能使用绝缘,而需要屏护。高压设备不论是否有绝缘,均应采取屏护。

(4)间距

就是保证必要的安全距离。间距除用防止触及或过分接近带电体外,还能起到防止火灾、防止混线、方便操作的作用。在低压工作中,最小检修距离不应小于 0.1 米。

(5)保护接地

电气设备在使用中,若设备绝缘损坏或击穿而造成外壳带电,人体触及外壳时有触电的可能。为此,电气设备必须与大地进行可靠的电气连接,即接地保护,使人体免受触电危害。

保护接地是指为保证人身安全,防止人体接触设备外露部分而触电的一种接地形式。在中性点不接地系统中,设备外露部分(金属外壳或金属构架)必须与大地进行可靠电气连接。

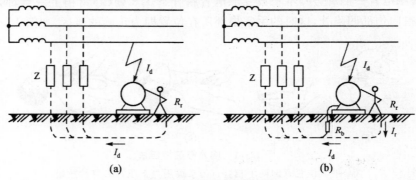

图 12-12 保护接地原理图

(a)无接地;(b)有接地

在中性点不接地系统中,设备外壳不接地且意外带电,外壳与大地间存在电压,人体触及外壳,人体将有电容电流流过,如图 12-12(a)所示,这样,人体就遭受触电伤害。如果将外壳接地,人体与接地体相当于电阻并联,流过每一通路的电流值将与其电阻的大小成反比。人体电阻比接地体电阻大得多,人体电阻通常为 $600\sim1001\Omega$,接地电阻通常小于 4Ω,流过人体的电流很小,这样就完全能保证人身安全,如图 12-12(b)所示。

保护接地适用于中性点不接地的低压电网。

（6）保护接零

保护接零是指在电源中性点接地的系统中,将设备需要接地的外露部分与电源中性线直接连接,相当于设备外露部分与大地进行了电气连接。

当设备正常工作时,外露部分不带电,人体触及外壳相当于触及零线,不会产生危险,如图12-13 所示。采用保护接零时,应注意不宜将保护接地和保护接零混用,而且中性点工作接地必须可靠。

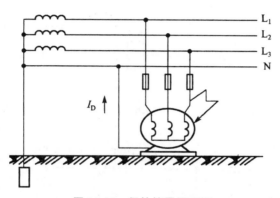

图 12-13　保护接零原理图

（7）重复接地

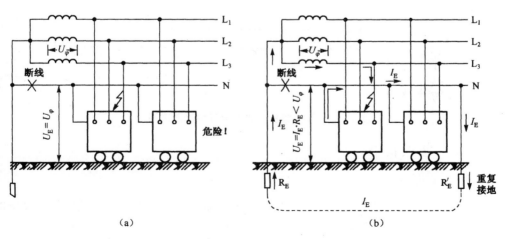

(a)　　　　　　　　　　　　(b)

图 12-14　重复接地原理图

在电源中性线做了工作接地的系统中,为确保保护接零的可靠性,还需相隔一定距离将中性线或接地线重新接地,称为重复接地。从图 12-14(a)可以看出,一旦中性线断线,设备外露部分带电,人体触及同样会有触电的可能。而在重复接地的系统中,如图 12-14(b)所示,即使出现中性线断线,但外露部分因重复接地而使其对地电压大大下降,对人体的危害也大大下降。不过应尽量避免中性线或接地线出现断线的现象。

(8)漏电保护

漏电保护为近年来得到推广采用的一种新的防止触电的保护装置。在电气设备中发生漏电或接地故障而人体尚未触及时,漏电保护装置已切断电源;或者在人体已触及带电体时,漏电保护器能在非常短的时间内切断电源,减轻对人体的危害。漏电保护器的种类很多,这里介绍目前应用较多的晶体管放大式漏电保护器。

晶体管放大式漏电保护器原理图如图 12-15 所示,由零序电流互感器、输入电路、放大电路、执行电路、整流电源等构成。

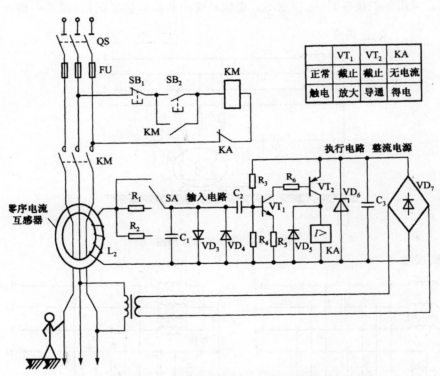

图 12-15 晶体管放大式漏电保护器原理图

12.2.3 电气防火、防爆

1.电气火灾和爆炸产生的原因

电气火灾和爆炸是指由于电气原因引起的火灾和爆炸事故。不仅造成建筑物和设备的毁坏等直接的经济损失,还可能造成大规模、长时间的停电引起其他的间接经济损失。

电气火灾和爆炸的发生主要有三个原因。

(1)使用不当

由于电气使用不当导致电器高温引起的。例如,不适当的过载使设备或电源持久发热、通风冷却条件差而引起电器过热;电烙铁、电熨斗之类高温设备使用不注意,烤燃了周围易燃物品等。

（2）设备故障

由于电气设备发生故障引起的。例如,绝缘物损坏,引起短路造成过流而引起高温;因开关或触点接触不良形成放电火花等。

（3）静电或雷电等其他因素

大型仓库、大型的金属构件、油库等,由于静电荷的累积出现自然放电,可能引起火灾和爆炸事故。

2.电气防火防爆的措施

为此,应采取以下主要措施。

（1）合理选择防爆类型、适量配备灭火器材

根据使用电气设备场所的不同,应从安全可靠的角度出发,合理选择电气设备的性能参数、防爆型的等级。选用的电气装置应具有合格的绝缘强度,电线和其他导体的载流量规格要符合要求,接触点必须牢固,接触良好,以防止过热氧化。同时,还应在现场配备相应规格和数量的灭火器材,以防万一。

（2）保持良好环境、有序进行工作

为了保持电气设备的正常运行,应保持电气设备的良好通风,做到工作场所整洁、规范、有序。在使用电气设备要正确连接线路,按照规定对电气设备进行定期检测和修理,及时更换损坏的零部件。工作中要防止由于机械损伤、绝缘破坏等造成短路。使用人员应严格遵守操作规程,禁止盲目操作。

（3）安装保护装置、及时消除隐患

为了使电气设备安全可靠地工作,除了电气本身有一定的保护设施外,还应当根据安全标准加装必要的保护装置,加强对这些保护装置和电气设备进行监测,一旦发现安全隐患,就应及时采取有效措施予以消除。

（4）正确使用消防器材、有效防止人身触电

在出现电气火灾时,首先应使用绝缘工具迅速切断电源,然后救火和立即报警。一般情况下,禁止带电灭火。

3.电气火灾的扑灭

电气火灾与一般火灾相比有两个特点:一是着火后电气装置可能仍然带电,如不当心会引起触电事故;二是充油电气设备的绝缘油属可燃液体,受热后有可能喷油甚至爆炸,会造成火灾蔓延。

根据电气火灾的上述特点,灭火人员在进入灭火现场前,必须采取一定的安全措施。

（1）断电灭火

发生电气火灾时,应尽可能先切断所有电源,然后再扑救,以防人身触电。切断电源时要意以下几点:

①在火灾现场,由于开关设备受潮或受烟熏、火烤,其绝缘性能会下降,因此切断电源时应使用绝缘工具操作,以免触电。

②切断电源范围要适当,以免断电后影响灭火工作,例如夜间灭火在切断电源时应考虑照明用电。

③剪断电线时,不同相的电线应在不同部位剪断,以免造成短路。

切断电源后,应立即使用现场附近的灭火工具,将初起的火源及时扑灭。

(2)带电灭火

如果发生电气火灾时火势迅猛,情况危急,来不及断电,或由于某种原因不能断电,为了争取灭火时机,防止火灾扩大,就要带电灭火。但必须注意以下几点:

①进行带电灭火时,应使用不导电的灭火剂,例如二氧化碳、四氯化碳、二氟—氯—溴甲烷(简称1211)和化学干粉等。但在使用二氧化碳或四氯化碳灭火器时应打开门窗,防止液态二氧化碳喷射时形成的雪花状干冰使人冻伤和窒息,防止四氯化碳受热时与空气中的氧生成有毒气体使人中毒。泡沫灭火机是一种常用的灭火机,但由于泡沫具有一定的导电性,所以在带电灭火时禁止使用。水具有较高的导电性,一般也不能随便用来进行带电灭火。

②使用水枪进行带电灭火时,应穿绝缘靴,戴绝缘手套,并将水枪金属喷嘴可靠接地。

③进行带电灭火时,人体及所使用的导电消防器材与带电部分应保持足够的安全距离。如果带电导线断落地面,应划出一定的警戒区,防止跨步电压触电。进入警戒区的抢救人员必须穿绝缘鞋,戴绝缘手套。

(3)充油电气设备的灭火

变压器、油开关、电容器等充油电气设备着火时,应设法将设备内部的油放至事故蓄油坑或其他安全地方,坑内和流散在周围地面上或沟道内的油火可用干砂和上述提到的各种灭火机扑灭。但要注意地面上的油火不得用水喷射,因为油的比重比水小,会漂浮在水面使火势蔓延。

扑灭油火时,应先扑灭边缘,后扑灭中心,这样可以防止油火蔓延扩大。

12.2.4 电气防静电、防雷电

1.静电的产生与防护

任何物体内部都是带有电荷的,一般状态下,其正、负电荷数量是相等的,对外不显出带电现象,但当两种不同物体接触或摩擦时,一种物体带负电荷的电子就会越过界面,进入另一种物体内,静电就产生了。而且因它们所带电荷发生积聚时产生了很高静电压,当带有不同电荷的两个物体分离或接触时出现电火花,这就是静电放电的现象。产生静电的原因主要有摩擦、压电效应、感应起电、吸附带电等。

①当物体产生的静电荷越积越多,形成很高的电位时,与其他不带电的物体接触时,就会形成很高的电位差,并发生放电现象。

②固体物质在搬运或生产工序中会受到大面积摩擦和挤压,产生静电。

③一般可燃液体都有较大的电阻,由于相互碰撞、喷溅与管壁摩擦或受到冲击时,都能产生静电。

④粉尘在研磨、搅拌、筛分等工序中高速运动,使粉尘与粉尘之间,粉尘与管道壁、容器壁或其他器具、物体间产生碰撞和摩擦而产生大量的静电,轻则妨碍生产,重则引起爆炸。

⑤压缩气体和液化气体,因其中含有液体或固体杂质,从管道口或破损处高速喷出时,都

会在强烈摩擦下产生大量的静电。

静电的主要危害是由于静电放电而引起爆炸和火灾,其次还会发生电击和妨碍生产。

预防措施:

①为管道、储罐、过滤器、机械设备、加油站等能产生静电的设备设置良好的接地装置,以保证所产生的静电能迅速导入地下。

②为防止设备与设备之间、设备与管道之间、管道与容器之间产生电位差,在其连接处使用金属导体以消除电位差,达到安全的目的。

③在不导电或低导电性能的物质中,掺入导电性能较好的填料和防静电剂,或在物质表层涂抹防静电剂等方法增加其导电性,降低其电阻,从而消除生产过程中产生静电的火灾危险性。

④减少摩擦的部位和强度也是减少和抑制静电产生的有效方法。限制和降低易燃液体、可燃气体在管道中的流速,也可减少和预防静电的产生。

⑤检查盛装高压水蒸气和可燃气体容器的密封性,以防其喷射、漏泄引起爆炸,同时,要注意轻取轻放,不得使用未接地的金属器具操作。严禁用易燃液体作清洗剂。

⑥在有易燃易爆危险的生产场所,应严防设备、容器和管道漏油、漏气。

⑦可采用旋转式风扇喷雾器向空气中喷射水雾等方法,增大空气相对湿度,增强空气导电性能,防止和减少静电的产生与积聚。

⑧在易燃易爆危险性较高的场所工作的人员,应先以触摸接地金属器件等方法导除人体所带静电,方可进入。同时还要避免化纤衣物和导电性能低的胶底鞋。以预防人体产生的静电在引发火灾及电击伤害。

⑨可在产生静电较多的场所安装放电针(静电荷消除器),使放电范围的空气游离,空气成为导体,从而静电荷而无法积聚。

2. 雷电的防护

雷电是一种大气中的自然放电现象。雷电的放电能量很大,雷电电压可高达数千万伏,雷电电流达数十万安。雷电会给人、畜、建筑物和电气设备带来危害,必须采取措施加以防护。

(1)个人防雷基本原则

一是要远离可能遭雷击的物体和场所,二是在室外时设法使自己及其随身携带的物品不要成为雷击的"爱物"。

(2)室外防雷

雷电天气发生时,应远离输配电线、架空电话线缆,不要携带金属物,应迅速躲入有防雷装置保护的建筑物内,防雷装置一般有避雷针、避雷带、避雷网、避雷器等等。

避雷针实际上是将雷电吸引到自身,再安全的导入到大地,以此起到保护作用。

避雷带和避雷网一般采用圆钢或扁钢制成接闪器,用于保护高层建筑免遭雷击。

避雷带沿屋顶周围装设,高出屋面 10～15cm,如图 12-16 所示。避雷带多用于民用建筑,特别是山区。

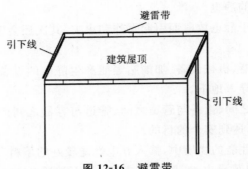

图 12-16　避雷带

避雷网除沿屋顶周围装设外,屋顶上面还要纵横连接成网,它具有更好的防雷性能,多用于重要高层建筑物。

避雷器是一种雷电过电压保护器,通常装接于被保护的电气设备的进线与大地之间,如图 12-17 所示。在没有雷电入侵低压电路时,它可阻止线路电流流入大地,当雷电过电压沿架空输电线向电气设备或室内行进时,首先到达避雷器,使避雷器产生短时击穿而短路,将雷电流导入大地,从而保护电气设备免受雷电波的侵入。当雷电流消失后,避雷器又恢复正常断路状态。

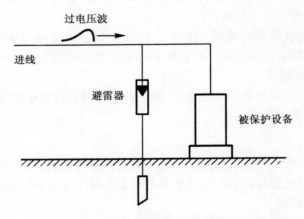

图 12-17　避雷器工作原理

万一发生了不幸的雷击事件,同行者要及时报警求救,同时为伤员或假死者做人工呼吸和体外心脏按摩。

(3)室内防雷

雷电来临时,躲到室内是比较安全的,但这也只是相对室外而言。在室内如果不注意采取措施外,除了会遭受球形雷直接袭击外,更可能遭受间接雷击的侵害。因此,一定要关闭好门窗,尽量远离金属门窗、金属幕墙和有电源插座的地方,不要站在阳台上。

在室内不要靠近、更不要触摸任何金属管线,包括水管、暖气管、煤气管等。房屋如无防雷装置,在室内最好不要使用任何家用电器,最好可以拔掉所有使用电器的电源。

第13章 电工测量

13.1 电工测量的基本知识

电工测量的主要任务是选用适当的电工仪器、仪表,采用合适的方法对电流、电压、电功率、电能、电阻等各种电量和电路参数进行测量。各种电工、电子产品的生产、调试、鉴定和各种电气设备的使用、检测、维修都离不开电工测量。电工仪器、仪表和电工测量技术的发展,保证了生产过程的顺利进行,也为科学研究提供了有利条件。

13.1.1 电工测量

所谓电工测量,就是将被测的电量或磁量与同类标准量进行比较的过程、是研究电学量和磁学量的测量仪器仪表及测量方法的科学。

电工测量的对象主要是指电流、电压、电功率、相位、频率、功率因数和电阻,还包括各种非电量(如温度、压力、流量、速度等)的测量。

电工测量仪表具有以下优点:体积小、重量轻、使用方便;测量准确度高、测量能力强、范围广;容易实现遥测、遥控;便于进行连续测量和自动测量及监控等。它广泛应用于科学实验研究、工农业生产、工程建设、交通运输等领域。所以,了解常用电工仪器仪表的原理、结构、功能,掌握正确的使用方法和精湛的测量技术是对当代大学生的基本要求。

13.1.2 测量的误差

测量是指采用实验的方法,将未知量与标准量进行比较,以得到被测量的具体数值,是对被测量的定量认识过程。任何仪表在测量过程由于仪表本身所存在的基本误差(结构不精确)和外界各种因素(温度、电磁干扰,测量方法不准确、读数不准确等)的影响,总会有被测值与标准值之间的差异,这种差异即为误差。基本误差也叫仪器误差,是每个仪器自身固有存在的,制造完成就已经存在了。所以这样的误差也被称为允许误差。

根据误差的表示方法可分为绝对误差、相对误差、引用误差三类。

①绝对误差是指测得值与被测量实际值之差,用 Δx 表示,即

$$\Delta x = x - x_0 \tag{13-1}$$

式中,x 代表测量值,x_0 代表实际值。绝对误差是具有大小、正负和量的数值。

在实际测量中,除了绝对误差外,还经常用到修正值的概念,它的定义是与绝对误差等值反号,即

$$c = x_0 - x \tag{13-2}$$

知道了测量值和修正值 c,由式(13.2)就可求出被测量的实际值 x_0。

绝对误差的表示方法只能表示测量的近似程度,但不能确切地反映测量的准确程度。为

了便于比较测量的准确程度,提出了相对误差的概念。

②相对误差是指测量的绝对误差与被测量(约定)真值之比(用百分数表示),用 γ 表示,即

$$\gamma = \frac{\Delta x}{x_0} \times 100\% \tag{13-3}$$

式(13-3)中,分子为绝对误差,当分母所采用量值不同时相对误差又可分为:相对真误差、实际相对误差和示值相对误差。相对误差是一个比值,其数值与被测量所取的单位无关;能反映误差大小和方向;能确切地反映测量准确程度。因此,在测量过程中,欲衡量测量结果的误差或评价测量结果准确程度时,一般都用相对误差表示。

相对误差虽然可以较准确地反映量的准确度,但用来表示仪表的准确度时不甚方便。因为同一仪表的绝对误差在刻度范围内变化不大,这样就使得在仪表标度尺的各个不同部位的相对误差不是一个常数。如果采用仪表的量程 x_m 作为分母就解决了上述问题。

③引用误差是指测量指示仪表的绝对误差与其量程之比(用百分数表示),用 γ_n 表示。即

$$\gamma_n = \frac{\Delta x}{x_m} \times 100\% \tag{13-4}$$

实际测量中,由于仪表各标度尺位置指示值的绝对误差的大小、符号不完全相等,若取仪表标度尺工作部分所出现的最大绝对误差作为式(13-4)中的分子,则得到最大引用误差,用 γ_{nm} 表示。

$$\gamma_{nm} = \frac{\Delta x_m}{x_m} \times 100\% \tag{13-5}$$

最大引用误差常用来表示电测量指示仪表的准确度等级,它们之间的关系是

$$\gamma_{nm} = \frac{\Delta x_m}{x_m} \times 100\% \leqslant \alpha\% \tag{13-6}$$

式(13-6)中,α 表示仪表准确等级指数。

根据我国的相关规定,电流表和电压表的准确度等级 α 如表 13-1 所示。仪表的基本误差在标度尺工作部分的所有分度线上不应超过表 13-1 中的规定值。

表 13-1　准确度等级以及基本误差

准确度等级 α	0.05	0.1	0.2	0.3	0.5	1.0	1.5	2.0	2.5	5.0
基本误差(%)	±0.05	±0.1	±0.2	±0.3	±0.5	±1.0	±1.5	±2.0	±2.5	±5.0

由表可见,准确度等级的数值越小,允许的基本误差越小,表示仪表的准确度越高。

式(13-6)说明,在应用指示仪表进行测量时,产生的最大绝对误差为

$$\Delta x_m \leqslant \pm \alpha\% \cdot x_m \tag{13-7}$$

当用仪表测量被测量的示值为 x 时,可能产生的最大示值相对误差为

$$\gamma_m = \frac{\Delta x_m}{x_m} \times 100\% \leqslant \alpha\% \cdot \frac{x_m}{x} \times 100\% \tag{13-8}$$

因此,根据仪表准确度等级和测量示值,可计算直接测量中最大示值相对误差。当被测量量值愈接近仪表的量程,测量的误差愈小。因此,测量时应使被测量量值尽可能在仪表量程的 2/3 以上。

根据误差的性质和特点也可将误差分为系统误差、随机误差和粗大误差。

13.1.3　电工仪表

测量各种电磁量的仪器仪表，统称为电工仪表。电工仪表不仅可以用来测量各种电磁量。还可以通过相应的变换器来测量非电磁量，例如，温度、压力、速度等。

1. 电工测量仪表的分类

电工测量仪表种类繁多，分类方法也很多。

①按测量方法可分为比较式和直读式两类。比较式仪表需将被测量与标准量进行比较后才能得出被测量的数量，常用的比较式仪表有电桥、电位差计等。直读式仪表将被测量的数量由仪表指针在刻度盘上直接指示出来，常用的电流表、电压表等均属直读式仪表。

直读式仪表测量过程简单，操作容易，但准确度不可能太高；比较式仪表的结构较复杂，造价较昂贵，测量过程也不如直读法简单，但测量的结果较直读式仪表准确。

②按被测量的种类可分为电流表、电压表、功率表、频率表、相位表等。

③按电流的种类可分为直流、交流和交直流两用仪表。

④按工作原理可分为磁电式、电磁式、电动式仪表等。

⑤按显示方法可分为指针式（模拟式）和数字式。指针式仪表用指针和刻度盘指示被测量的数值；数字式仪表先将被测量的模拟量转化为数字量，然后用数字显示被测量的数值。

⑥按准确度可分为 0.1、0.2、0.5、1.0、1.5、2.5 和 5.0 共 7 个等级。

而大多数人喜欢将电工仪表分为电测量指示仪表、数字仪表和比较仪器三大类。

各种交直流电流表、电压表、功率表、万用表等都属于电测量指示仪表。这种仪表又称为直读仪表，它的特点是把被测电磁量转换为可动部分的角位移，然后根据可动部分的指针在标尺上的位置直接读出被测量的数值。

数字仪表也是一种直读式仪表，它的特点是把被测量转换为数字量，然后以数字方式直接显示出被测量的数值。

比较仪器用于比较法测量，它包括各类交直流电桥，交直流补偿式的测量仪器。比较法的测量准确度比较高，但操作过程复杂，测量速度较慢。

2. 电工仪表的表面标记

电工仪表的表面有各种标记符号，以表明它的基本技术特性。根据国家规定，每一只仪表应有测量对象的电流种类、单位、工作原理的系别、准确等级、工作位置、外界条件、绝缘强度、仪表型号以及额定值等的标志。电工仪表常见的表面标记符号如图 13-1 所示。

进行测量工作时要选择合适的仪表来进行测量。被测量是直流电流（电压）还是交流电流（电压），选用直流仪表或交流仪表。在测量交流电流（电压）时，还应考虑被测量的频率。一般常用的交流仪表（如电磁系，电动系和感应系）的应用频率范围较窄，因此，当被测量的频率较高时，应选择频率范围与其相对应的仪表（如电子系仪表）。选择仪表的准确度时，应综合考虑各方面的因素。一般来说，准确度 0.1 级和 0.2 级的仪表通常作为标准表用于校验其他仪表或用于精确测量，实验室一般用 0.5～1.0 级仪表，工厂用做监视生产过程的仪表一般是 1.0～5.0 级。还应根据被测量的大小来选择量程合适的仪表。仪表量程应该选为被测量最大值的 1.2～1.5 倍。

仪表名称和符号					
被测量	仪表名称	符号	被测量	仪表名称	符号
电流	安培表	Ⓐ	电功率	瓦特表	Ⓦ
电流	毫安表	mA	电阻	欧姆表	Ω
电压	伏特表	Ⓥ	频率	频率表	Hz
电压	毫伏表	mV	相位差	相位表	φ

仪表工作原理符号							
类型	符号	类型	符号	类型	符号	类型	符号
磁电系	⌓	电磁系	⌇	电动系	⊟	感应系	⊙

电流种类符号							
直流	—	交流（单相）	∿	直流和交流	≈	三相交流	≈≈ 或 3∼

仪表准确度等级（以指示值百分数表示）符号						
0.1%	0.2%	0.5%	1.0%	1.5%	2.5%	5.0%
⓪.1	⓪.2	⓪.5	①.0	①.5	②.5	⑤.0

仪表工作位置符号			
水平放置	⎕	垂直放置	⊥
		与水平面倾斜某一角度	∠60°

仪表绝缘强度符号			
不进行绝缘强度试验	试验电压为 500V	试验电压为 2000V	危险
☆0	☆	☆2	⚡

图 13-1　电工仪表常见的表面标记符号图

13.2　电工测量仪表的基本结构和工作原理

指示仪表按照工作原理分类，可以分为磁电式仪表、电磁式仪表以及电动式仪表。下面对这三类仪表的基本构造及工作原理进行介绍。

13.2.1　磁电式仪表

磁电式仪表的构造如图 13-2 所示。仪表的固定部分包括马蹄形永久磁铁、极掌 NS 及圆柱形铁芯等。极掌与铁芯之间的空气隙的长度均匀，由此可以产生均匀的辐射方向的磁场，如图 13-3 所示。仪表的可动部分包括铝框及线圈，前后两根半轴 O 和 O′，螺旋弹簧及指针等。另有线圈铝框套在铁芯上，线圈的两头与连在半轴 O 上的两个螺旋弹簧的一端相接，弹簧的另一端固定，以便将电流通入线圈。指针也固定在半轴 O 上。

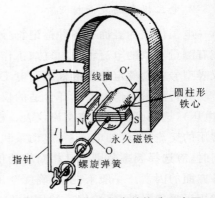

图 13-2　磁电式仪表的构造示意图

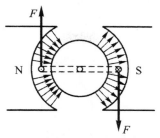

图 13-3　磁电式仪表的电磁力示意图

当线圈通有电流 I 时,与均匀磁场的相互作用,线圈的两有效边受到大小相等、方向相反的电磁力 F,其方向(图 13.2)由左手定则确定,其大小为

$$F = BlNI$$

式中,B 为空气隙中的磁感应强度;l 为线圈在磁场内的有效长度;N 为线圈的匝数。

如果线圈的宽度为 b,则线圈所受的转矩为

$$T = Fb = BlbNI = k_1 I$$

驱动力矩 T 与电流 I 成正比,k_1 是比例常数。当指针偏转时,与它相连的螺旋弹簧被扭转而产生一个反作用力矩 T_c。T_c 与指针偏角仅成正比,即 $T_c = k_2 \alpha$(k_2 也是比例常数)。当 $T_c = T$ 时,指针静止在一定位置上,此时可得

$$k_1 I = k_2 \alpha$$

或

$$\alpha = \frac{k_1}{k_2} I = kI \tag{13-9}$$

根据式(13-9)可以看出,磁电系仪表的指针偏转角度是与线圈中的电流成正比的,因此可在刻度盘上作均匀刻度,根据偏转角的大小就可读出被测电量的大小。当线圈中无电流时,指针应指在零位,如不在零位,可用校正器调整。

磁电系仪表的阻尼力矩由放置线圈的铝框产生。此铝框相当于另一个闭合线圈,当它随线圈一起转动时,将切割永久磁铁的磁力线,在框内感应出电流,这一电流再与磁场作用,使铝框受到与转动方向相反的制动力矩,于是仪表的可动部分就受到阻尼作用,迅速静止在平衡位置上。这是一种电磁阻尼。

磁电式仪表的优点:刻度均匀、灵敏度高、准确度高、消耗功率小、受外界磁场影响小等。

磁电式仪表的缺点:结构复杂、造价较高、过载能力小,而且只能测量直流,不能测量交流。

使用注意事项:电表接入电路时要注意极性,否则指针反打会损坏电表。通常磁电式仪表的接线柱旁均标有"＋""—"记号,以防接错。

13.2.2　电磁式仪表

电磁式仪表是利用电流磁场对铁磁物质的磁化作用原理制成的,分为推斥式和吸入式两种,如图 13-4、13-5 所示。在图 13-4 所示的推斥式电磁仪表中,固定的圆柱型线圈内侧装有一固定的软铁片,并具有相同的磁化方向,同一端产生的极性方向是相同的,因而产生互相排斥的作用力,可以近似地认为,作用在铁片上的吸力或仪表的转动转矩是和通入线圈的电流的

平方成正比的。在通入直流电流 I 的情况下,仪表的转动转矩为 $T = k_1 I^2$。

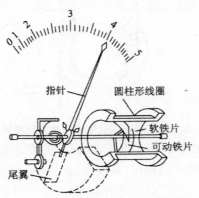

图 13-4　推斥式电磁式仪表装置图

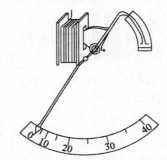

图 13-5　吸入式电磁式仪表装置图

在通入交流电流 i 时,仪表的可动部分的偏转决定于平均转矩,它和交流电有效值 I 的平方成正比,即

$$T = k_1 I^2$$

在此力矩作用下,动铁片带动指针偏转,指针后面的尾翼在空气中移动时受到阻尼作用。跟磁电式仪表相同,也是由转轴上的螺旋弹簧产生反力矩 T_c,指针的偏转角度 α 与反力矩成正比,即

$$T_c = k_2 \alpha$$

当转动力矩与反力矩平衡时,$T = T_c$,指针的偏转角度 α 正比于电流的平方,即

$$\alpha = \frac{k_1}{k_2} I^2 = k I^2 \quad (k \text{为常数}) \tag{13-10}$$

由式(13-10)可以看出,电磁式仪表指针的偏转角度 α 近似地与通过线圈的电流的平方成正比,所以表盘刻度是不均匀的。电磁式仪表的阻尼力矩通常由空气阻尼器产生,装置图如图 13-6 所示。

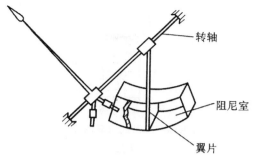

图 13-6　空气阻尼装置图

由于磁场和铁片被磁化的方向都随线圈中电流方向的变化而变化,所以偏转角方向与电流的方向无关。因此电磁式仪表既可以测量直流电,也可以测量交流电。

电磁式仪表的优点:坚固耐用,过载能力强,制造简单,价格便宜,交直流及非正弦电路都能用,还能直接用于大电流测量。

电磁式仪表的缺点:磁场弱,易受外界磁场的干扰;铁片被交变磁化时产生铁损,消耗的功率较大;受铁片中涡流的影响,灵敏度和准确度都比较低。

电磁式仪表主要用于测量工频交流电流和交流电压。

13.2.3　电动式仪表

电动式仪表的工作原理基本与电磁式相同,差别在于电动式仪表的磁场不是永久磁铁提供,而是由通过电流的固定线圈产生,其构造如图 13-7 所示。它有两个平行排列的圆形线圈,固定不动的为电流线圈,匝数少,导线较粗,可通过较大电流;可转动的线圈为电压线圈,匝数较多,导线较细,用以通过较小的电流。和磁电式仪表一样,可动线圈中的电流也是通过螺旋弹簧引入的。

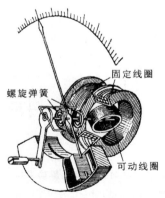

图 13-7　电动式仪表构造简图

当固定线圈通有电流 I_1 时,在其内部产生磁场(磁感应强度为 B_1),可动线圈中的电流 I_2 与此磁场相互作用,产生大小相等、方向相反的两个力,如图 13-8 所示,其大小则与磁感应强度 B_1 和电流 I_2 的乘积成正比。而 B_1 可以认为是与电流 I_1 成正比的,所以作用在可动线圈上的力或仪表的转动转矩与两线圈中的电流 I_1 和 I_2 的乘积成正比,即

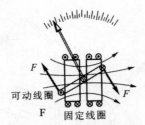

图 13-8 电动式仪表的转矩

$$T = kI_1I_2$$

在该转矩的作用下,可动线圈和指针便发生偏转。任何一个线圈中的电流的方向改变,指针偏转的方向就随着改变。两个线圈中的电流的方向同时改偏转的方向不变。因此,电动式仪表也可用于交流电路。

当线圈中通入交流电流 $i_1 = I_{1m}\sin\omega t$ 和 $i_2 = I_{2m}\sin(\omega t + \varphi)$ 时,转动转矩的瞬时值即与两个电流的瞬时值的乘积成正比。但仪表可动部分的偏转是决定于平均转矩的,即

$$T = k'_1 I_1 I_2 \cos\varphi \qquad (13\text{-}11)$$

式(13-11)中,I_1 和 I_2 是交流电流 i_1 和 i_2 的有效值;φ 是 i_1 和 i_2 之间的相位差。

当螺旋弹簧产生的阻转矩 $T_c = k_2\alpha$(k_2 为常数,α 为指针偏转角度)与转动转矩达到平衡时,可动部分便停止转动。这时

$$T = T_c$$

即

$$\alpha = kI_1I_2(\text{直流}) \text{ 或 } \alpha = kI_1I_2\cos\varphi(\text{交流})$$

由电动式仪表的工作原理可知,电动式仪表除可制成交、直流电流表和电压表外,还可作为功率表使用,固定线圈(电流线圈)与被测电路串联,用来反映负载电流;活动线圈(电压线圈)串联一个分压电阻,与被测电路并联,用来反映负载电压。电动式仪表用于测量单相功率和三相功率的测量电路如图 13-9 所示。

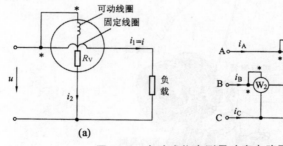

图 13-9 电动式仪表测量功率电路图

(a)单相功率的测量;(b)用两功率测量三相功率

电动系仪表的阻尼力矩通常是由空气阻尼器产生的(见图 13-6)。

电动式仪表的优点:交、直流都可用,没有磁滞和涡流影响,准确度较高。

电动式仪表的缺点:易受外界磁场影响;过载能力不强;刻度不均匀;成本较高。

电动系仪表可用在交流或直流电路中测量电流、电压和电功率等电量。

13.3　电流、电压和功率的测量

13.3.1　电流的测量

测量电流时应把电流表串联在被测电路中,为了使电流表的串入不影响电路原有的工作状态,电流表的内阻应远小于电路的负载电阻。因此,如果不慎将电流表并联在电路的两端,则电流表将被烧毁,在使用时必须注意。

1. 直流电流的测量

直流电流的测量一般使用磁电式仪表。这种仪表的测量机构只能通过几十微安到几十毫安的电流。若被测电流不超过测量机构的容许值,可将表头直接与负载串联,如图 13-10(a)所示;若被测电流超过测量机构的容许值,就需要在表头上并联一个称为分流器的低值电阻 R_A,如图 13-10(b)所示。

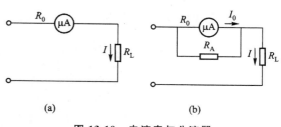

图 13-10　电流表与分流器

图中 R_0 为表头的内阻,流过磁电式电流表的表头部分的电流 I_0 是被测电流 I 的一部分。两者的关系即为

$$I_0 = \frac{R_A}{R_0 + R_A} I$$

由此得出分流器的电阻 R_A 的计算公式,即

$$R_A = \frac{R_0}{\dfrac{I}{I_0} - 1} \tag{13-12}$$

由式(13-12)可知,需要扩大的量程愈大,则分流器的电阻应愈小。分流器可以安装在仪表的表壳内,也可以安装在仪表的表壳外,供扩大电流量程时使用,有多种规格可以选择。使用分流器测量直流电流的原理如图 13-11 所示。

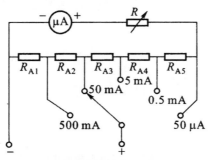

图 13-11　分流器测量直流电流的原理图

例 13-1　有一磁电式电流表,当无分流器时,表头的满标值电流为 5mA。表头电阻为

20Ω。今欲使其量程(满标值)为 1A,问分流器的电阻应为多大?

解:

$$R_A = \frac{R_0}{\dfrac{I}{I_0} - 1}\Omega = \frac{20}{\dfrac{1}{0.005} - 1}\Omega = 0.1005\Omega$$

2.交流电流的测量

交流电流的测量一般使用电磁系仪表,进行精密测量时使用电动系仪表。由于这两种仪表的线圈既有电阻又有电感,若用并联分流器的办法扩大其量程,分流器是很难做得准确的。因此一般不并联分流器,而是将固定线圈分成几段,用几段线圈的串、并联来实现不同的量程要求。例如图 13-12 所示为 TA 型 5A、10A 双量程交流电流表,当两组绕组串联时量程为5A,当两组绕组时并联时量程为10A。

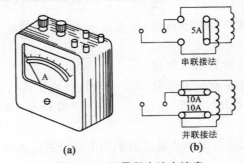

(a)　　　　**(b)**

图 13-12　双量程交流电流表

(a)外形;(b)内部接线

当被测电流很大时,可以使用电流互感器来扩大量程。

13.3.2　电压的测量

1.直流电压的测量

测量直流电压常用磁电式电压表,测量交流电压常用电磁式电压表。电压表是用来测量电源、负载或某段电路两端的电压的,所以必须和它们并联,如图 13-13(a)所示。为了使电路工作不因接入电压表而受影响,电压表的内阻必须很高。而表头的电阻 R_0 值很小,所以必须和它串联一个称为倍压器(doublers)的高值电阻 R_V 如图 13-13(b)所示,这样就使电压表的量程扩大了。

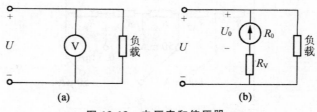

(a)　　　　　　　**(b)**

图 13-13　电压表和倍压器

(a)电压表;(b)倍压器

由图 13-13 中可以得出经过表头的电压 U 和被测的电压 U_0 之间的关系,即

$$\frac{U}{U_0}=\frac{R_0+R_V}{R_0}$$

从式中可以得到倍压器的电阻 R_V 的计算结果,即

$$R_V=R_0(\frac{U}{U_0}-1)$$

由上式可知,需要扩大的量程愈大,则倍压器的电阻应愈高。多量程电压表具有几个标有不同量程的接头,这些接头可分别与相应阻值的倍压器串联。电磁式电压表和磁电式电压表都须串联倍压器,如图 13-14 所示为三量程的电压表。

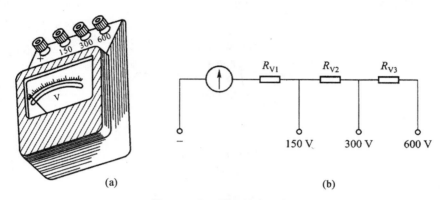

图 13-14　三量程的电压表

(a)外形;(b)内部接线

例 13-2　有一个电压表,其量程为 50V,内阻为 2000Ω。今欲使其量程扩大到 300V,问还需串联多大电阻的倍压器?

解:

$$R_V=R_0(\frac{U}{U_0}-1)=2000\times(\frac{300}{50}-1)\Omega=10000\Omega$$

2.交流电压的测量

测量交流电压常用电磁系仪表,其表头内的固定线圈是用细导线绕制而成的,匝数较多,它与磁电系仪表一样串有倍压器以扩大量程。测量交流电压的原理电路如图 13-15 所示。

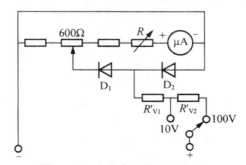

图 13-15　交流电压的原理电路图

测量 600V 以上的高压时,一般都要通过电压互感器将电压降低以后再测量。

13.3.3 功率的测量

功率由电路中的电压和电流决定,因此用来测量电功率的仪表必须具有两个线圈,一个是用来反映电压;另一个用来反映电流。功率表通常用电动系仪表制成,其固定线圈导线较粗,匝数较少,称为电流线圈;其可动线圈导线较细,匝数较多,串有一定的附加电阻,称为电压线圈,如图 13-16 所示。使用功率表时,电流、电压都不允许超过各自线圈的量程。改变两组固定线圈的串联、并联连接方式,可以改变电流线圈的量程;改变串入可动线圈的附加电阻,可以改变电压线圈的量程,接线图如图 13-17 所示。

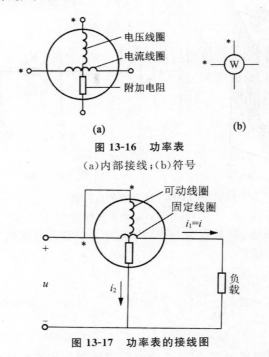

图 13-16 功率表

(a)内部接线;(b)符号

图 13-17 功率表的接线图

1.直流功率的测量

直流功率可以用电压表和电流表间接测量求得,也可用功率表直接测得。功率表的接线方法如图 13-17 所示,电流线圈应与负载串联,电压线圈(包括附加电阻)应与负载并联。还要注意电流线圈和电压线圈的始端标记"±"或"＊",应把这两个始端接于电源的同一端,使通过这两个接线端电流的参考方向同为流进或同为流出,否则指针将要反转。

根据电动系仪表的偏转角 α 与两个电流乘积成正比。由于通过电流线圈的电流即为负载电流 I,通过电压线圈的电流与负载电压成正比,因此电动系仪表的偏转角 α 与 IU 的乘积成正比,即与负载的功率成正比。只要读出指针的偏转格数,就可算出被测量的电功率数值。

多量程功率表一般有两个电流量程,若干个电压量程,它的标度尺只标有分格数,并不标明被测功率的瓦数,这是因为在选用不同的电流量程和电压量程时,每一分格都代表不同的瓦数。每一分格所代表的瓦数可按下式计算

$$C = \frac{U_m I_m}{\alpha_m}$$

式中, U_m 为功率表的电压量程, m 为电流量程, α_m 为功率表表盘的满刻度格数。测量时若指针偏转 α 格,则被测功率即为

$$P = C\alpha$$

例 13-3　某功率表的满刻度为 1250 格,现选用电压为 250V、电流为 10A 的量程,读得指针偏转的刻度为 400 格,求被测的功率为多少?

解:功率表的每一分格所代表的瓦数为

$$C = \frac{U_m I_m}{\alpha_m} = \frac{250 \times 10}{1250} \text{W/格}$$

则被测功率为　$P = C\alpha = 2 \times 400 \text{W} = 800 \text{W}$

2. 单相功率的测量

测量单相功率与直流功率所使用的功率表原理是一样的,其功率表的接线图(图 13-17)中由于并联线圈串有高阻值的倍压器,它的感抗与其电阻相比可以忽略不计,所以可以认为其中电流 i_2 与两端的电压 u 同相。根据公式 $\alpha = k I_1 I_2 \cos\varphi$。 I_1 为负载电流的有效值 I, I_2 与负载电压的有效值 U 成正比, φ 即为负载电流与电压之间的相位差,而 $\cos\varphi$ 即为电路的功率因数。因此得到公式

$$\alpha = k U I \cos\varphi = k P$$

可见电动式功率表中指针的偏转角 α 与电路的平均功率 P 成正比。功率表的电压线圈和电流线圈各有其量程。改变电压量程的方法和电压表一样,即改变倍压器的电阻值。实验室常使用的多量程单相功率表如图 13-18 所示. 电流线圈常常是由两个相同的线圈组成,当两个线圈并联时,电流量程要比串联时大一倍。

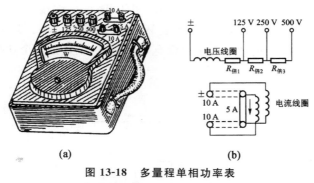

图 13-18　多量程单相功率表

(a)外形;(b)内部接线

3. 三相功率的测量

在工程中广泛采用三相交流电,因此三相交流电功率的测量也就成了基本的电测量之一。三相功率的测量仪表,大多采用单相功率表,根据使用的功率表的个数可以分为单表法、两表法、三表法,有时偶尔也会使用三相功率表。在这些使用方法中,使用频率最高的是两表法。

(1)单表法

在对称三相系统中,可用一只单相功率表测其中一相的功率,三相总功率就等于功率表读数乘以 3,即

$$P_{三相} = 3P_{单相}$$

式中，$P_{三相}$ 为三相总功率；$P_{单相}$ 为功率表读数。单表法测三相功率接线方法如图 13-19 所示。

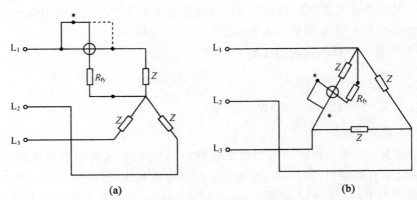

图 13-19　单表法测三相功率接线图

(a)测 Y 对称负载接法；(b)测△对称负载接法

功率表的电流线圈串连接入三相电路中的任意一相，通过电流线圈的电流为相电流；功率表电压支路两端的电压是相电压。这样，功率表两个线圈中电流的相位差为零，所以功率表的读数就是其中一相的功率。

(2)两表法

在三相三线制电路中，不论负载连成星形或三角形，也不论负载是否对称，都可采用两表法来测量三相总功率。其接线方法是如图 13-20 所示。图中功率表 W_1 的电流线圈串连接入 L_1 相线，通过电流 I_1，电压支路的"﹡"端也接 L_1 相线，而另一端接至 L_3 相线，这样加在功率表 W_1 上的电压为 U_{13}。以此类推，加在功率表 W_2 上的电压为 U_{23}。这时两个功率表都将显示出一个读数，就每个功率表的读数来说并没有什么意义，但是把两个功率表的读数加起来却是三相总功率。

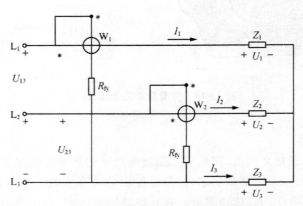

图 13-20　两表法测三相功率连线图

当负载功率因数较低时，功率表的指针可能会向相反方向偏转，这时必须将电流线圈反接，才能测量出结果，但是在计算总功率时，这只被反接电流线圈的功率表的读数，应计为负数。三相功率应为两表读数的代数和。

（3）三表法

三相四线制负载多数是不对称的,所以需要用三个单相功率表才能测量,"三表法"测三相功率接线方法如图 13-21 所示。

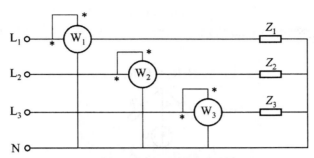

图 13-21　三表法测三相功率接线图

每个单相功率表的接线和用一个单相功率表测量对称三相负载的功率时的接线一样,只是把三个功率表的电流线圈相应地串接入每一相线,三个功率表的电压支路的"＊"端接到该功率表电流线圈所在的线上,另一端都接到中线上。这样,每个功率表测量了一相的功率,所以三相电路总的功率就等于三个功率表读数之和,即

$$P = PW_1 + PW_2 + PW_3$$

（4）三相功率表测三相功率

据三表法和两表法的原理,可制成三相功率表,它们实质上就是装在公共轴上的三只或两只单相功率表,分别称为三元三相功率表和二元三相功率表。三元三相功率表适用于测量三相四线制电路的功率,而二元三相功率表则适用于测量三相三线制电路的功率。图 13-22 所示为二元三相功率表的接线方法。它有 7 个接线端钮,4 个为电流端钮,3 个为电压端钮。功率表中的读数即为三相总功率 P。

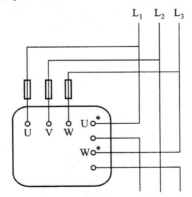

图 13-22　二元三相功率表的接线图

13.4　电阻、电容和电感的测量

在生产和科学研究中常用各种电桥来测量电路元件的电阻、电容和电感,在非电量的电测技术中也常用到电桥。电桥(bridge)是一种比较式仪表,它的准确度和灵敏度较高。

13.4.1 电阻的测量

1. 直流电桥

最常用的是单臂直流电桥（Wheatstone bridge，惠斯通电桥），是用来测量值（1Ω～0.1MΩ）电阻的，其电路如图 13-23 所示。当检流计 G 中无电流通过时，电桥达到平衡。电桥平衡的条件为

$$R_1 R_4 = R_2 R_3$$

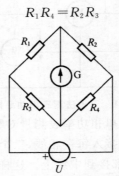

图 13-23　直流电桥电路图

设 $R_1 = R_x$ 为被测电阻，则

$$R_x = \frac{R_2}{R_4} R_3$$

式中，$\dfrac{R_2}{R_4}$ 为电桥的比臂，R_3 为较臂。测量时先将比臂调到一定比值，而后再调节较臂直到电桥平衡为止。

电桥也可以在不平衡的情况下来测量：先将电桥调节到平衡，当 R 有所变化时，电桥的平衡被破坏，检流计中流过电流，这电流与见有一定的函数关系，因此，可以直接读出被测电阻值或引起电阻发生变化的某种非电量的大小。不平衡电桥一般用在非电量的电测技术中。

2. 交流电桥

交流电桥（ACbridge）的电路如图 13-24 所示。4 个桥臂由阻抗 Z_1、Z_2、Z_3 和 Z_4 组成，当电桥平衡时

$$Z_1 Z_4 = Z_2 Z_3$$

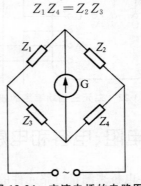

图 13-24　交流电桥的电路图

将阻抗写成指数形式,则为

$$|Z_1| \mathrm{e}^{j\varphi_1} |Z_4| \mathrm{e}^{j\varphi_4} = |Z_2| \mathrm{e}^{j\varphi_2} |Z_3| \mathrm{e}^{j\varphi_3}$$

或

$$|Z_1||Z_4| \mathrm{e}^{j(\varphi_1+\varphi_4)} = |Z_2||Z_3| \mathrm{e}^{j(\varphi_2+\varphi_3)}$$

由此得

$$|Z_1||Z_4| = |Z_2||Z_3|$$
$$\varphi_1 + \varphi_4 = \varphi_2 + \varphi_3$$

为了使调节平衡容易些,通常将两个桥臂设计为纯电阻。

设 $\varphi_2 = \varphi_4 = 0$,即 Z_2 和 Z_4 是纯电阻,则 $\varphi_1 = \varphi_3$,即 Z_1 和 Z_3 必须同为电感性或电容性的。

设 $\varphi_2 = \varphi_3 = 0$,即 Z_2 和 Z_3 是纯电阻,则 $\varphi_1 = -\varphi_4$,即 Z_1 和 Z_4 中,一个是电感性的,另一个是电容性的。

13.4.2　电容的测量

测量电容的电路如图 13-25 所示,电阻 R_2 和 R_4 作为两臂,被测电容器(C_x, R_x)(R_x 是电容器的介质损耗所反映出的一个等效电阻)作为一臂,无损耗的标准电容器(C_0)和标准电阻(R_0)串联后作为另一臂。

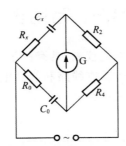

图 13-25　测量电容的电路图

电桥平衡的条件为

$$(R_x - \mathrm{j}\frac{1}{\omega C_x})R_4 = (R_0 - \mathrm{j}\frac{1}{\omega C_0})R_2$$

由此可以得

$$R_x = \frac{R_2}{R_4}R_0$$

$$C_x = \frac{R_2}{R_4}C_0$$

为了要同时满足上两式的平衡关系,必须反复调节$\frac{R_2}{R_4}$和 R_0 或 C_0 直到平衡为止。

13.4.3　电感的测量

测量电感的电路如图 13-26 所示,R_x 和 L_x 是被测电感元件的电阻和电感。

电桥平衡的条件为

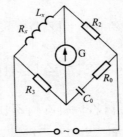

图 13-26　测量电感的电路图

$$R_2R_3 = (R_x + \mathrm{j}\omega L_x)(R_0 - \mathrm{j}\frac{1}{\omega C_0})$$

由此可以得

$$L_x = \frac{R_2 R_3 C_0}{1 + (\omega R_0 C_0)^2}$$

$$R_x = \frac{R_2 R_3 C_0 (\omega C_0)^2}{1 + (\omega R_0 C_0)^2}$$

调节 R_2、R_3 和 R_0 使电桥平衡。

13.5　万用表

万用表是电工测量中最常用的多功能仪表,具有测量种类多,量程范围广、价格低廉以及使用方便,便于携带等优点,特别适用于检查线路和修理电气设备,是电气工作人员必不可少的使用工具。万用表有指针式和数字式两种。

13.5.1　指针式万用表

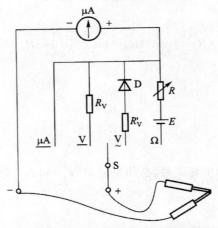

图 13-27　指针式万用表简化原理电路图

指针式万用表一般由高质量的磁电系表头配上若干分流器、倍压器以及电池、半导体二极管、转换开关等组成,其简化的原理电路如图 13-27 所示。可以使用万用表测量直流电流、直流电压、交流电压和电阻等,实际上测量每一种电量都有多种量程。

万用表的型号规格很多,但其面板结构和使用方法却大同小异,面板示意图如图 13-28 所示。下面开始说明万用表的使用方法。

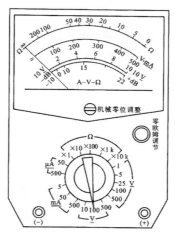

图 13-28　万用表面板示意图

1. 测直流电流

万用表的直流电流量程有 $50\mu A$、$500\mu A$、$5mA$、$50mA$ 和 $500mA$ 五挡。将转换开关转至 μA 或 mA 中某一挡,就可按此量程测量直流电流。指针偏转时按面板上第二条标有"mA"的刻度尺读数,但要注意这上面标的是最大量程($500mA$)的刻度,其他量程应按比例读数。例如,当转换开关在 $5mA$ 挡时,读取刻度值应除以 100;当转换开关在 $500\mu A$ 挡时,读取刻度值应除以 10^3。

在实际使用时,如果对被测电流的大小不了解,应先由最大挡量程试测,以防指针被打坏,然后再选用适当的量程,以减小测量误差。接线方法与直流电流表一样,应把万用表串联在电路中,让电流从"＋"端流进,"－"端流出。

测量直流电流的原理电路如图 13-29 所示。被测电流从"＋"、"－"两端进出。$R_{A1} \sim R_{A5}$ 是分流器电阻,它们和微安表连成一闭合电路。改变转换开关的位置,就改变了分流器的电阻,从而也就改变了电流的量程。例如,放在 $50mA$ 挡时,分流器电阻为 $R_{A1} + R_{A2}$,其余则与微安表串联。量程愈大,分流器电阻愈小。图中的 R 为直流调整电位器。

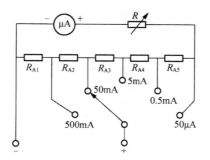

图 13-29　测量直流电流的原理电路图

2. 测直流电压

直流电压的量程有 1V、5V、25V、100V 和 500V 五挡,仍按面板上第二条刻度尺读数,该刻度尺的右端除标有"mA"外,还标有"V",表示这条刻度尺为电流、电压共用。各档量程同样按比例读数。

测量直流电压时,应把万用表与被测电路并联,并注意"+"、"-"号不可接反。测量直流电压的原理电路如图 13-30 所示。被测电压加在"+"、"-"两端。R_{V1},R_{V2},R_{V3} 等是倍压器电阻。量程愈大,倍压器电阻也愈大。

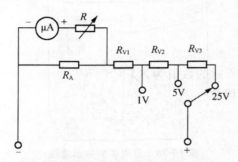

图 13-30　测量直流电压的原理电路图

电压表的内阻愈高,从被测电路取用的电流愈小,被测电路受到的影响也就愈小。可以用仪表的灵敏度,也就是用仪表的总内阻除以电压量程来表明这一特征。例如,万用表在直流电压 25V 档上仪表的总内阻为 500kΩ,则这档的灵敏度为 $\frac{500}{25}=20\text{k}\Omega/\text{V}$。

3. 测交流电压

交流电压的量程有 10V、100V 和 500V 三挡。磁电系仪表本身只能测量直流,但由于在线路中增加了整流元件——二极管(见图 13-31 中的二极管 D_1 和 D_2),二极管只允许一个方向的电流通过,反方向的电流不能通过。被测变流电压也是加在"+"、"-"两端。在正半周时,设电流从"+"端流进,经二极管 D_1,部分电流经微安表流出。在负半周可见,通过微安表的是半波电流,读数应为该电流的平均值。为此,表中有一交流调整电位器(图中的 600Ω 电阻),用来改变表盘刻度。于是,指示读数便被转换为正弦电压的有效值。故可以把交流电变为直流电后再进行测量。测量交流电压的原理电路如图 13-31 所示。至于量程的改变,则和测量直流电压时相同。R'_{V1},R'_{V2},R'_{V3} 等是倍压器电阻。

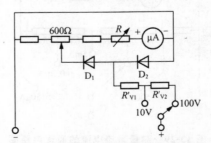

图 13-31　测量交流电压的原理电路图

面板第二条刻度尺的左端标有"∽"符号,表示该刻度尺为交、直流两用。因此交流电压的测量值也从这条刻度尺按比例读取,经过表内线路的调整,读取的数值为交流电压的有效值。由于二极管是非线性原件,特别当被测电压较低时,对读数有较大影响,面板上另有第三条标有"10 V"的刻度尺,是专供 10V 交流档读数。万用表电压档的灵敏度一般比直流电压档的低。

普通万用表只适用于测量频率为 45～1000Hz 的交流电压。

4.测电阻

测量电阻时,需先将转换开关转向测量电阻(Ω)的位置上,并把待测电阻的两端分别与两支表笔相接触,这时表内电池、调节电阻尺、表头与待测电阻组成回路,当待测电阻越大,则电流越小,偏转角度就越小,当被测电阻为无限大时,电流为零,指针不动,指在∞刻度上;反之,指针指在 0 刻度上。所以电阻的刻度方向与电流、电压的刻度方向相反,它刻在面板的最上端,标有"Ω"符号。刻度尺上所标的数值为×1 量程的欧姆数,当使用×10、×100、×1k、×10k 等量程时,其阻值数等于读数乘以该量程的倍数。例如,把转换开关转在×100 的位置上,则读数乘以 100 才等于被测电阻的欧姆数,其余类推。

测量电阻的原理电路如图 13-32 所示。测量电阻时要接入电池,被测电阻也是接在"＋"、"－"两端。被测电阻愈小,指针的偏转角愈大。在实际测量电阻时,需要先进行欧姆调零。调零时先将转换开关转至所选的欧姆挡,将两表笔短接,这时指针应向满刻度方向偏转并指在 0 刻度上,否则应转动"零欧姆调节"电位器进行校正,然后再将两表笔分开去测量待测电阻。每换一挡量程,都要重新调零。如果转动电位器不能使指针调到 0 刻度上,则说明表内的电池已用完,需要更换了。

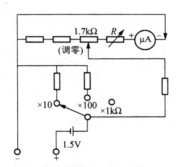

图 13-32　测量电阻的原理电路图

为了提高测量电阻的准确度,应尽量使用刻度尺的中间段(在全刻度的 20％～80％范围内),为此要选择合适的量程。

万用表应水平放置使用,不得受震动,并注意防潮。使用前应先选好转换开关的位置和量程,不准带电转动量程开关旋钮,用毕后应将转换开关转到高电压挡,以免下次使用不慎而损坏电表。

13.5.2　数字式万用表

数字式万用表利用电子技术将被测量值直接用数字显示出来,避免了读数误差,并免除了机械运动和摩擦,故灵敏度和准确度高,功耗低,体积小。数字式万用表的型号规格也很多,现以 DT—830 型数字式万用表为例来说明它的测量范围和使用方法。

1.数字式万用表测量范围

直流电压(DCV)分五挡:200mV、2V、20V、200V、1000V。

交流电压(ACD)分五挡:200mV、2V、20V、200V、1000V。频率范围为45～500Hz。

直流电流(DCA)分五挡:200μA、2mA、20mA、200mA、10A。

交流电流(ACA)分五挡:200μA、2mA、20mA、200mA、10A。

电阻分六档:200Ω、2kΩ、20kΩ、200kΩ、2000kΩ、20MΩ。

另外,还可以依据线路的通断和晶体二极管的导电性能,测量晶体三极管的电流放大倍数 h_{FE}。

2.数字式万用表的面板说明

图 13-33 所示是 DT-830 型数字式万用表的面板图。面板上主要有液晶显示器、电源开关、量程选择开关、输入插口和 h_{FE} 插口。

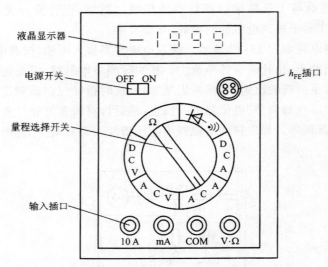

图 13-33　DT－830 型数字式万用表的面板图

(1)液晶显示器

显示四位数字,最高位只能显示 1 或不显示数字,最大指示值为 1999 或－1999。当被测量超过最大指示值时,显示"1"或"－1"。具有自动显示极性功能。若被测电压或电流的极性为负,显示值前将带"－"号。

(2)电源开关

使用时将电源开关置于"ON"位置;使用完毕置于"OFF"位置。

(3)量程选择开关

用以选择功能和量程。根据被测的电量(电压、电流、电阻等)选择相应的功能位;按被测量的大小选择适当的量程。

（4）输入插口

将黑色测试笔插入"COM"插座。红色测试笔有如下 3 种插法：测量电压和电阻时插入"V·Ω"插座；测量小于 200mA 的电流时插入"mA"插座；测量大于 200mA 的电流时插入"10A"插座。

（5）h_{FE} 插口

在面板右上部有一个四眼插座，插入晶体管可测量它的电流放大倍数。

DT－830 型数字式万用表的采样时间为 0.4s，电源为直流 9V。

3. 数字式万用表的使用方法

（1）直流电压的测量

将量程开关转到"DCV"范围内的适当量程挡，黑色表笔插入"COM"插口，红色表笔插入"V·Ω"插口，将电源开关拨至"ON"，表笔并接在测量点上，显示屏便出现测量值。

（2）交流电压的测量

将量程开关转到"ACV"范围内的适当量程挡，其他与测量直流电压时相同。

（3）直流电流的测量

将量程开关转到"DCA"范围内的适当量程挡，黑色表笔插入"COM"插口，红色表笔插入"mA"插口，可测量 200mA 以下的直流电流，若所测电流大于 200mA，需将红色表笔插入"10A"插口。

（4）交流电流的测量

将量程开关转到"ACA"范围内的适当量程挡，其他与直流电流的测量方法相同。

（5）电阻的测量

将量程开关转到"Ω"范围内的适当量程挡，红色表笔插入"V·Ω"插口，即可测量电阻。

（6）线路通断的检查

将量程开关转到"·)))"蜂鸣器挡，红、黑表笔分别插入"V·Ω"和"COM"插口，两表笔的另一端分别连接被测电路的测试点，若两点间电阻值低于（20±10）Ω，蜂鸣器发出叫声，说明线路是通的，否则电路不通。注意，不允许在被测电路通电的情况下进行检测。

13.6　兆欧表

13.6.1　兆欧表的工作原理

检查电机、电器及线路的绝缘情况和测量高值电阻，常应用兆欧表（megohm meter）。兆欧表是一种利用磁电式流比计的线路来测量高电阻的仪表，其构造如图 13-34 所示。在永久磁铁的磁极间放置着固定在同一轴上而相互垂直的两个线圈。一个线圈与电阻 R 串联，另一个线圈与被测电阻 R_x 串联，然后将两者并联于直流电源。电源安置在仪表内，是一手摇直流发电机，其端电压为 U。

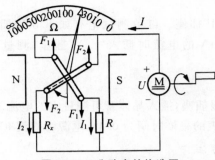

图 13-34　兆欧表的构造图

在测量时两个线圈中通过的电流分别为

$$I_1 = \frac{U}{R_1 + R}$$

和

$$I_2 = \frac{U}{R_2 + R_x}$$

式中，R_1 和 R_2 分别为两个线圈的电阻。两个通电线圈因受磁场的作用，产生两个方相反的转矩：

$$T_1 = k_1 I_1 f_1(a)$$
$$T_2 = k_2 I_2 f_2(a)$$

式中，$f_1(a)$ 和 $f_2(a)$ 分别为两个线圈所在处的磁感应强度与偏转角之间的函数关系。因为磁场是不均匀的，所以这两个函数关系并不相等。

仪表的可动部分在转矩的作用下发生偏转，直到两个线圈产生的转矩相平衡为止。这时

$$T_1 = T_2$$

即

$$\frac{I_1}{I_2} = \frac{k_2 f_2(a)}{k_1 f_1(a)} = f_3(a)$$

或

$$a = f\left(\frac{I_1}{I_2}\right)$$

上式表明，偏转角 a 与两线圈中电流之比有关，故称为流比计。

由于

$$\frac{I_1}{I_2} = \frac{R_2 + R_x}{R_1 + R}$$

所以

$$a = f\left(\frac{R_2 + R_x}{R_1 + R}\right) = f(R_x)$$

可见偏转角 a 与被测电阻 R 有一定的函数关系，因此，仪表的刻度尺就可以直接按电阻来分度。这种仪表的读数与电源电压 U 无关，所以手摇发电机转动的快慢不影响读数。

13.6.2　兆欧表的使用

（1）兆欧表的选择

兆欧表主要根据被测设备的额定电压来选择。兆欧表手摇发电机发出的电压主要 250V、500V、1000V、2500V、5000V 等，这就是兆欧表的额定电压。一般应选兆欧表的额定电压略高于被测设备的额定电压。例如测量额定电压为 380V 的三相异步电动机的绝缘电阻时，应选用额定电压为 500V（或 1000V）的兆欧表。若选用额定电压为 250V 的兆欧表，则有将设备绝缘击穿的危险。

（2）测量前的准备

测量前，应将被测设备与电源断开并擦拭干净，对有电容的设备还应进行短路放电。测量后也应及时放电。

测量前，还应对兆欧表作一次开路试验和短路试验，即先使将兆欧表端钮开路，摇动手柄看指针是否指向"∞"，然后将"E"和"L"端钮短接，轻轻摇动手柄看指针是否指向"0"。如若不是，说明兆欧表有故障，必须检查修理。要注意短路试验时间不能过长，以免损坏兆欧表。

（3）接线

兆欧表上有三个接线端钮，一个是"地"（E）端钮，应与被测设备的外壳或接地端相连；另一个是"线"（L）端钮，应与被测设备的导线相连，如图 13-35 所示；还有一个"屏"（G）端钮，是与"线"端钮外面的一个铜环连接的，在测量电缆或绝缘导体对地绝缘电阻时，为了防止被测物表面泄漏电流的影响，应与被测物的中间绝缘层相连，如图 13-35（c）所示，一般测量时 G 端钮可空着不用。接线时，应选用单股导线分别单独连接 L 和 E，不可用双股导线或绞线，因为线间的绝缘电阻会影响测量结果。

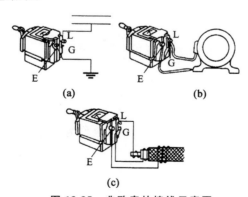

图 13-35　兆欧表的接线示意图
（a）测量导线对地绝缘；（b）测量电动机绝缘；（c）测量电缆缆心对缆壳绝缘

（4）测量

摇动手柄应由慢逐渐加快，待调速器发生滑动后，应保持转速（120r/min 左右）稳定不变（容许变动±20%），继续摇动手柄使表针稳定不动，并读取数据。如果发现表针摆到"0"，说明被测设备短路，应立即停止摇动手柄，以免损坏兆欧表。

由于手摇发电机发出的电压很高，在兆欧表没有停止转动，设备尚未放电前，切莫用手去触及被测设备的带电部分和兆欧表的接线端钮,或动手进行拆除接线的工作,以免触电。

　　在测量大电容设备的绝缘电阻时,读数后不能立即停止摇动兆欧表,否则已被充电的电容器将对兆欧表放电,有可能烧坏仪表。应在读数后一方面降低手柄转速,一方面拆去接地端接头,待兆欧表停转后,拆去线路接头,再对被测物进行放电。

参考文献

[1]李小龙,黄华飞,郭凤鸣.电工技术[M].北京:北京理工大学出版社,2012.

[2]鹿晓力.电工技术[M].北京:北京航空航天大学出版社,2011.

[3]赵不贿,周新云.电工学Ⅰ:电工技术[M].江苏:江苏大学出版社,2011.

[4]秦曾煌.电工学(上)[M].第7版.北京:高等教育出版社,2009.

[5]席时达.电工技术[M].第3版.北京:高等教育出版社,2007.

[6]赵莹,李艳娟.电工技术[M].北京:北京大学出版社,2014.

[7]刘明.电工技术(电工学Ⅰ)[M].北京:电子工业出版社,2013.

[8]姜学勤.电工技术基础[M].北京:化学工业出版社,2009.

[9]林育兹.电工技术[M].北京:科学出版社,2006.

[10]杨家树,关静等.电工技术(电工学Ⅰ)[M].北京:机械工业出版社,2010.

[11]黄锦安,钱建平等.电工技术基础[M].第二版.北京:电子工业出版社,2011.

[12]杨凤.电工技术(电工学Ⅰ)[M].北京:机械工业出版社,2013.

[13]杨振坤.应用电工电子技术[M].北京:电子工业出版社,2011.

[14]马鑫金.电工仪表与电路实验技术[M].北京:机械工业出版社,2010.

[15]毕淑娥.电工与电子技术[M].北京:电子工业出版社,2011.

[16]刘晓惠.电工与电子技术基础[M].北京:北京理工大学出版社,2011.

[17]蒋中.电工技术[M].北京:北京大学出版社,2007.

[18]卢小芬.电路分析[M].北京:中国电力出版社,2011.

[19]孙陆梅.电工学[M].北京:中国电力出版社,2011.

[20]张绪光.电路与模拟电子技术[M].北京:北京大学出版社,2009.

[21]杨凌,董力,耿惊涛.电工电子技术[M].第3版.北京:化学工业出版社,2015.

[22]谭政.实用电工技术[M].北京:中国电力出版社,2015.

电工技术概论

DIANGONG JISHU GAILUN

李　创，男，1983 年 12 月出生，毕业于上海交通大学自动化系控制理论与控制工程专业，获得博士学位，于 2013 年进入海南大学机电工程学院电气工程系工作。目前，主持海南省自然科学基金项目 1 项，参与 2 项国家自然科学基金项目和多项横向课题，负责理论研究和应用研究工作。截至 2015 年发表论文 11 篇，其中 SCI 收录 9 篇。研究方向以分数阶微积分、分数阶控制理论、分布式预测控制和鲁棒控制为主。

储春华，女，1981 年 11 月出生，硕士，讲师，湖北随州人，毕业于武汉理工大学自动化学院控制工程系。2006 年 7 月至今在海南大学机电工程学院电气工程系从事教学与科研工作，主要承担《自动控制原理》、《电工学》、《可编程控制器原理》等课程的教学。近年来主持海南省教育厅教育教研课题 1 项，参研国家公益性行业（农业）科研专项子课题、海南省自然科学基金等课题，发表学术论文多篇。

于　涛，男，汉族，1982 年出生，山东威海人，硕士研究生，海南大学机电工程学院讲师。2006 年 6 月毕业于华南热带农业大学电气工程及其自动化专业；2006 年 10 月至今，就职于海南大学机电工程学院，从事电气工程、电子信息、自动化等专业课程教学和科研工作；近年来，参与国家自然科学基金、海南省重大科技项目等研究课题 6 项，指导学生参加全国电子设计大赛、"飞思卡尔"杯智能汽车竞赛等全国性学科竞赛，并屡次获奖。

ISBN 978-7-5170-3459-9

9 787517 034599 >

定价：56.00 元